生命伦理学的中国哲学思考

罗秉祥　陈强立　张颖　著

中国人民大学出版社

·北京·

序言

　　香港浸会大学应用伦理学研究中心成立于 1992 年，在亚洲邻近区域内算是先行者，也是目前香港 8 所大学中唯一的专注于应用伦理学的研究机构。自成立以来，生命伦理学一直是一个重要的研究项目，我们召开了多次国际学术会议，出版了多本英文专著，与西方学术界接轨及交流。同时，为了推动生命伦理学在中国的发展，自 1998 年年初开始至今，我们中心投入大量人力及经济资源，负责编辑《中外医学哲学》期刊，并与香港城市大学的范瑞平教授合作，推动更多有心人参与这个学术领域的建设。

　　我们研究中心的几位核心研究员，也长期关注以中国传统思想为资源来建构本土的生命伦理学；这本由我们三位成员所合著的书，可以说是一个初步成果。我们所引用的中国思想资源，主要来自儒、释、道三家，还有《墨子》、《黄帝内经》及其他医书。本书旨在透过生命伦理学议题，让中国文化传统与西方思想对话。在这个全球化的年代，当很多人担心西方思想会支配世界时，我们有责任在中国及世界学术界建立多元文化，让中国的悠久文化思想，协助我们更深入讨论一些与生命科学及技术有关的悠久哲学问题。

　　我们不只是用汉语来写作，而且要立足于中华文化或华人社会的视野。我们的理想是有创意地融通中外，融贯古今。我们追求的不是空泛的"有中国特色"，而是一个复杂的诠释学活动，把医学及生物科技、西方哲学、中国哲学及思想这三个"视域"融通为一。这是一个极高的要求，但为了促进东西方对话，促进中国传统思想与现代世界接轨，我们必须勇敢尝试，敬请各位朋友指正。

罗秉祥

香港浸会大学应用伦理学研究中心

2013 年初春

作者简介

罗秉祥教授（Ping-cheung Lo）：美国留学获取两个博士学位：道德哲学（美国纽约州立大学布法罗分校，State University of New York at Buffalo）、宗教伦理学（耶鲁大学，Yale University）。自 1990 年起任教于香港浸会大学宗教及哲学系，现为教授，曾任系主任 7 年，文学院副院长 4 年。2004 年至今出任应用伦理学研究中心主任。研究领域包括中西比较生命伦理学、中西比较战争伦理学、比较宗教伦理学等。被选为美国 *The Journal of Religious Ethics*（A&HCI）编委（2012—2018 年），曾任《台湾大学哲学论评》编委（2007—2011 年），现任北京大学《哲学门》编委（2004 年至今）。近年编著包括 *The Common Good in the 21st Century：A Sino-American Dialogue*，co-edited（Dordrecht：Springer，2013）；*Ritual and the Moral Life：Reclaiming the Tradition*，co-edited（Dordrecht：Springer，2012）；"Confucian Ethic of Death with Dignity and Its Contemporary Relevance," in *Applied Ethics：A Multi-cultural Approach*，5th ed.，edited by Larry May，Kai Wong，and Jill Delston（Upper Saddle River，N. J.：Prentice Hall，2011）；《耶儒对谈：问题在哪里?》，上下册，广西师范大学出版社，2010。

陈强立博士（Jonathan Chan）：香港中文大学（Chinese University of Hong Kong）哲学博士，香港浸会大学应用伦理学研究中心副主任、宗教及哲学系副教授，并兼任《中外医学哲学》期刊编辑。研究领域包括比较（中西）应用伦理学（生命伦理学、战争伦理学及环境伦理学）、人权思想、思考方法学及逻辑哲学等。近年发表有关伦理学/应用伦理学的论文包括："Classical Confucianism, Punitive Expeditions, and Humanitarian Intervention," Co-author: Sumner B. Twiss, *Journal of Military Ethics*, Vol. 2, 2012; "The Classical Confucian Position on the Legitimate Use of Military Force," Co-author: Sumner B. Twiss, *Journal of Religious Ethics*, Vol. 3, 2012; "Ritual, Harmony, and Peace and Order: A Confucian Conception of Ritual," in *Ritual and the Moral Life: Reclaiming the Tradition*, edited by D. Solomon, et al. (Dordrecht: Springer, 2012);《贫穷与人权》，载《哲学与文化》，2009，36(7); "Ecosystem Sustainability: A Daoist Perspective," in *Environmental Ethics: Intercultural Perspectives*, edited by King-Tak Ip (Amsterdam/New York: Editions Rodopi B. V., 2009); "Therapeutic Cloning, Respect for Human Embryo, and Symbolic Value," in *The Bioethics of Regenerative Medicine*, edited by King-Tak Ip (New York: Springer, 2008) 等。

张颖博士（Ellen Zhang）：美国莱斯大学（Rice University）宗教哲学博士。曾执教于美国费城的天普大学（Temple University）宗教系。现执教于香港浸会大学宗教及哲学系，浸会大学应用伦理学中心研究员及《中外医学哲学》期刊主编。同时，张博士为美国国际生命伦理学（Bioethics International's World Council）特邀会员，美国哲学家协会（APA）会员，以及北美中国哲学家（ACPA）会员和 ACPA 编辑顾问委员会会员。其研究领域包括中国哲学（老庄及佛学中观）、比较宗教哲学和应用伦理学。近年有关伦理学/应用伦理学的论文包括 " 'Weapons Are Nothing but Ominous Instruments': The *Daodejing*'s View on War and Peace," *Journal of Religious Ethics*, Vol. 3, 2012; "Givenness: An Ethical Dimension of Jean-Luc Marion's Theology of *Gift* and the Buddhist Principle of *Dāna*," *CTSG Journal*, No. 50, 2011; "Community, the Common Good, and Public Healthcare: Confucianism and its Relevance to Contemporary China," *Public Health Ethics*, Vol. 3, No. 3, 2010 等。

目录

第一部分
生命伦理学与生死问题

　　生命伦理学中最重要，而且是无法避免的问题，都与死亡有关。自杀、安乐死、临终关怀、确定死亡等，皆是本部分要处理的问题。而且，中西文化思想之差异，在这些议题中相当突出。

　　首先，罗秉祥在《在泰山与鸿毛之间——儒家存生取死的价值观》中指出，古代中国人对自杀的道德评价，与古代西方人很不同。古代的西方社会（启蒙时期前的欧洲）大部分对自杀的道德讨论，都是关于为己性的自杀，并且大都对这种自杀作一负面的评价。古代（民国以前）的中国社会，也同意为己性的自杀在道德上而言大都是错误的。然而，与古代西方社会不同，很少人对为己性自杀的个人权利作出辩护。古代中国人虽然也有对某些特殊的为己性自杀作出讨论（例如讨论为保持尊严而自杀），但大部分道德上的争论，都是集中于在古代相当普遍的为他性自杀。古代中国人并不认为为他性自杀是犯了道德上的错误，所以不需要为这种行动辩护。相反，在某些情况下如不肯自杀，才需要为不自杀而辩护，解释为何在这些情况下竟然不自杀。该文分析儒家伦理对中国人自杀观的影响，并且把这些观点陈述为六个论题。作者认为这六个论题，已充分地把儒家传统对自杀伦理的多元思考陈述出来。

　　在《自杀与儒家的生死价值观：以〈列女传〉为例》中，张颖以《后汉书·列女传》为例，探讨女性在节死问题上的道德取向及对自杀行为的道德诠释。张颖认为，《列女传》所体现的价值取向属于儒家道德的大传统，同时由于其"性别伦理"的特质，又涵盖了特殊的生死观，反映出儒家在"肉身"价值与"精神"价值议题上的考虑。该文试图说明，女性自杀有其背后特有的时代精神与文化传统，因此对它的道德评估要比儒家大传统中所谓"为己性"与"为他性"的划分更为复杂，它既反映出儒家在女性问题上的困境，也反映出儒家在生死问题上的复杂性。"节死"议题所反映的不仅仅是一个单一的儒家价值取向，因为任何道德理论或规范在"具体化"的实践过程中都会存在诠释上的多元性与复杂性。

在《儒家的生死价值观与安乐死》中，罗秉祥把自杀的讨论延伸到安乐死，逐一检讨在西方四个常见的赞成安乐死的论据（仁慈、生命质素、尊严、自决），并且指出这四个论据分别与中国儒家的价值观（仁、所欲有甚于生、士可杀不可辱、泰山与鸿毛）有不同程度的共鸣及相通之处。由于这些共鸣及相通之处只是在某种程度上，而非彻底相通，所以透过与中国古代的价值观的对照，也可以更清楚地看出这四个西方论据之性质及其可能限制。作者的结论是，从儒家的价值观来看，除了在某些极端的情况中，一般来说这四个支持安乐死的论据都说服力不足。

除了儒家，中国另一个思想大传统是道家。在《〈庄子〉的生命伦理观与临终关怀》中，张颖以道家的生死智慧来讨论临终关怀。临终关怀也称为"安宁疗护"、"善终服务"、"宁养服务"，主要指对生命临终病人及其家属进行生活护理、医疗护理、心理护理、社会服务等的关怀照顾，是现代社会一种强调身—心—灵的全人、全家、全社会，以及全程的全方位医疗方式。其目的是为临终者及家属提供心理及灵性上的支持照顾，使临终者达到最佳的生活质量，并使家属顺利度过与亲人分离的悲伤阶段。该文以现代生死学为框架，从道家哲学，特别是《庄子》一书中所体现的生命伦理观，探讨构建道家临终关怀的可能性与现实性。

本部分最后要讨论一个隐藏在医学背后的哲学问题，在《确定死亡之医学及哲学问题》中，罗秉祥指出确定死亡要分开三个层次：死亡的定义、死亡的判准、死亡的测试；当中既有医学问题，也有哲学问题。"全脑死亡"（简称脑死亡）的提出，并非要修改传统对死亡的定义；全脑死亡只是一个新的死亡判准，在死亡的测试上既可用新的脑功能测试，但也不排斥传统的心肺功能测试，视情况而定。因此，全脑死亡判准，并没有提出一个新的死亡观来取代旧的死亡观。反对全脑死亡判准的意见走向两个极端。有些人认为全脑死亡只是一个人的死亡的必要但非充分条件，还需心肺死亡配合才构成充分条件。但另一些人则认为，全脑死亡是作为万物之灵的人之死亡的既非充分也非必要条件，真正的必要（甚至充分）

条件是上脑（大脑）死亡。要彻底处理这些医学争论问题，不可避免地我们要问"死亡是什么?""生命是什么?"及进一步追问"人是什么?"这些哲学问题。中国古代的形神观及魂魄观讨论，可以协助我们反思西方医疗技术发展所带来的哲学问题。

在泰山与鸿毛之间——儒家存生取死的价值观

罗秉祥

一、引言

　　1927 年 6 月 2 日，著名的清华大学教授王国维先生，自沉于北京前御花园（颐和园昆明湖）。他的自杀，引起不少的讨论，当中有非常多令人争议之处。[①] 他的同事，著名的知识分子梁启超，写了几篇颂扬他的挽文。当时中国正处于新旧文化交替时期，知识分子颇受西方文化的影响。于是梁氏在其中一篇挽文内，特地提醒他的学生及同事，切勿用西方的角度衡量王国维的自杀。梁氏在文章中声明，欧洲人一直以来都视自杀为懦夫的行径，基督教更视自杀为宗教上的罪。相反，在古代中国，除了有一些平民百姓为个人琐事而自杀外，很多有名的历史人物，都用自杀来表示自己的抱负，表达他们有别于世俗的志气。他在《王静安先生墓前悼辞》中说：

> 　　自杀这个事情，在道德上很是问题。依欧洲人的眼光看来，这是怯弱的行为；基督教且认做一种罪恶。在中国却不如此，除了小小的自经沟渎以外，很多伟大的人物有时以自杀表现他的勇气。孔子说："不降其志，不辱其身，伯夷叔齐欤！"宁可不生活，不肯降辱；本可不死，只因既不能屈服社会，亦不能屈服于社会，所以终究要自杀。伯夷叔齐的志气，就是王静安先生的志气！违心苟活比自杀还更苦；一死明志，较偷生还更乐。所以王先生的遗嘱说："五十之年，只欠一死。经此世变，义无再辱。"这样的自杀，完全代表

---

　　① 近 60 年来关于王国维自杀的争论，差不多均收于罗继祖主编：《王国维之死》，台北，祺龄出版社，1995。

中国学者"不降其志，不辱其身"的精神；不可以欧洲人的
眼光去苛评乱解。①

梁氏认为，不应草率地用欧洲人的价值观，判断叱责这些为中国人所称颂的自杀。

我认为梁氏的意见大体而言是正确的。传统中国伦理对自杀的评价，与西方的评价（罗马时期的斯多亚派思想除外）大大不同。② 正如西方人对自杀的观点，是受到古希腊哲学家（毕达哥拉斯、柏拉图和亚里士多德）及奥古斯丁影响下的基督教思想所洗礼；同样的，中国人（特别是读书人）对自杀的观点，是大大地受到先秦儒家思想所熏陶。因此，本文将会分析历代儒家伦理对自杀的各种看法，整理为六个论题，并检讨其内在关联。

在道德上的讨论而言，我们不能对各类型的自杀都作同一道德性质看待③；所以，在进行深入的伦理学分析之前，我们先对各种类型的自杀作一区分。众所周知，法国社会学家杜尔凯姆（Emile Durkheim）从社会学的角度把自杀分为三类：利己（egoistic）、利他（altruistic）以及失调（anomie）型态。④ 由于本文的目的并非研究造成自杀的社会因素，所以并不会采用这种分类法。从伦理学的角度，笔者首先会把自杀分为两大类：为自己的缘故（self-regarding）而自杀（以下将简称"为己性自杀"），如因久病厌世、畏罪或无力偿还债务而自杀，以及为他人的缘故（other-regarding）而自杀（以下将简称"为他性自杀"），如为丈夫、主公、国君、社稷、朋友而自

---

① 梁启超：《王静安先生墓前悼辞》，见罗继祖主编：《王国维之死》，75 页。

② 早于新文化运动初期，社会学家陶履恭也提出过类似的见解："东方人对于自杀与西方人不同，向来是容让并且奖励这个自由的。……道德家，史学家更拿殉国，殉夫，殉贞洁，三种事鞔验一代之风气。历史，志书，都特别记载这忠臣烈妇的事迹。"陶履恭：《论自杀》，载《新青年》，1919 年第 6 卷第 1 号，15～16 页。

③ 有关伦理学上讨论人的行为与单纯事件之间的分别，参见 Alan Donagan, *The Theory of Morality* (Chicago：University of Chicago Press, 1977)，pp. 37 - 52。

④ 参见 Emile Durkheim, *Suicide：A Study in Sociology*. trans. John A. Spaulding and George Simpson (New York：Free Press, 1951)，第 2 卷，特别是 209、221、258 页。

杀。① 在分析之先，我先对这两种分类作一解释。首先，为他性自杀，可以是为一个人，也可以是为很多人甚至整个国家的人而死。其次，为他性自杀所包含的含义比利他性自杀更为广泛。因为"利他性自杀"是后果为本的（consequence-oriented），即为他人的利益而自杀。"为他性自杀"虽然也可以是以后果为本，但不一定是为他人的利益而自杀，而可以是为了表示自己对某人或某些人全然的委身而自杀。

古代的西方社会（启蒙时期前的欧洲）大部分对自杀的道德讨论，都是关于为己性的自杀，并且大都对这种自杀作一负面的评价。② 反对自杀不需多费唇舌去论证；相反地，若有人要赞成自杀，才必须为自己的立场反复辩护，而这些为自杀作辩护的人，大都是集中讨论为己性自杀（如 1 世纪的罗马哲学家塞涅卡及 18 世纪初的怀疑论哲学家休谟）。③ 换言之，他们的主要道德争论

---

① 对古代中国人不同类型的自杀，更详细的讨论见 P. J. Maclagan, "Suicide (Chinese)," in *Encyclopedia of Religion and Ethics*, ed. James Hastings, volume 12 (Edinburgh: T & T Clarks, 1908), p. 26; Andrew C. K. Hsieh, and Jonathan D. Spence：《近代以前的中国社会的自杀行为与家庭的关系》，见林宗义、Arthur Klienmann 编，柯永河、萧欣义译：《文化与行为：古今华人正常与不正常行为》，25～40 页，香港，香港中文大学出版社，1990；Ju-K'ang T'ien, *Male Anxiety and Female Chastity: A Comparative Study of Chinese Ethical Values in Ming-Ch'ing Times* (Leiden: E. J. Brill, 1988); Joseph S. M. Lau, "The Courage to Be: Suicide as Self-fulfillment in Chinese History and Literature," *Tamkang Review* 19: 1-4 (Autumn 1988 - Summer 1989): 715-734; 郭大东：《东方死亡论》，沈阳，辽宁教育出版社，1989，第八章（151～165 页）；Yuan-huei Lin, *The Weight of Mt. T'ai: Patterns of Suicide in Traditional Chinese History and Culture*, Ph. D. Dissertation, (Ann Arbor, Michigan: University Microfilms International, 1990)；黄俊杰、吴光明：《古代中国人的价值观：价值取向的冲突及其解消》，见汉学研究中心编：《中国人的价值观国际研讨会论文集》，55～75 页，台北，汉学研究中心，1992；林元辉：《卖身买得千年名：论中国人的自杀与名欲》，载《中国文哲研究集刊》，1992 (2)，423～449 页；何显明：《中国人的死亡心态》，145～180 页，上海，上海文化出版社，1993；张三夕：《死亡之思与死亡之诗》，5～50 页，武昌，华中理工大学出版社，1993；何冠彪：《生与死：明季士大夫的抉择》，台北，联经出版事业公司，1997。

② 相对于古代中国而言，利他性自杀或为他性自杀，在西方较少见，所以杜尔凯姆认为这只常见于"低级社会"（Durkheim, *Suicide: A Study in Sociology*, p. 217）。

③ 塞涅卡 (Seneca) 在其《道德书信》中，专门有一篇是讨论自杀的。他认为生存固然可贵，可是我若愿意付出任何代价来生存下去，便是懦弱；当环境不值得我们生存下去时，便应该选择死。环境要坏到什么程度，我们便可决定一走了之？塞涅卡认为，当世事环境使人不能心境安宁，当活下去会被病魔或敌人残酷折磨，当祸福无常，造物弄人时，我们便可以提早了断，释放自己。我们在生时也许需要为他人而活，死时却可以完全为己而死，无须理会他人会如何评论。我们所该注意的唯一一考虑，是尽快摆脱命运对自己的捉弄。参见 Seneca, *The Epistles of Seneca* (London: William Heinemann, 1920), pp. 56-73。18 世纪启蒙初期的英国哲学家休谟，在其《论自杀》一文中也反复为个人因自己的缘故自杀的权利辩护。透过多重论证，他认为人只要对人生厌倦，活于痛苦、坎坷、不幸、疾病、耻辱、贫穷之中，就有权利自杀。参见 David Hume, "Of Suicide," in *Hume's Ethical Writings*, ed. Alasdair MacIntyre (London: Collier Books, 1965), pp. 297-306。

是：自杀（特别是为己性自杀）是否道德上可容许？

古代（民国以前）的中国社会，也同意为己性自杀在道德上而言大都是错误的。然而，与古代西方社会不同，很少人对为己性自杀的个人权利作出辩护。古代中国人虽然也有对某些特殊的为己性自杀作出讨论（例如讨论为保持尊严而自杀），但大部分道德上的争论，都是集中于在古代相当普遍的为他性自杀。古代中国人并不认为为他性自杀是犯了道德上的错误，所以不需要为这个行动辩护。相反，在某些情况下如不肯自杀，才需要为不自杀而辩护，解释为何在这些情况下竟然不自杀。著名的辩护，多是为免于自杀的权利而辩护，为了可以豁免于为他性自杀而陈情（例如为管仲的拒绝自杀所作的辩护，见下文第六部分）。这里最主要的道德争论是：不自杀（特别是为他性自杀）是否道德上可容许？①

二、早期儒家的观点及其影响

早期的儒家伦理思想清楚表明，肉身生命并不具有最高价值，正如孔子所说：

> 志士仁人，无求生以害仁，有杀身以成仁。（《论语·卫灵公》）

同样地，孟子也有相类似的看法：

> 鱼，我所欲也，熊掌，亦我所欲也，二者不可得兼，舍鱼而取熊掌者也。生，亦我所欲也；义，亦我所欲也，二者不可得兼，舍生而取义者也。生亦我所欲，所欲有甚于生者，故不为苟得也；死亦我所恶，所恶有甚于死者，故患有所不辟也。……由是则生而有不用也，由是则可以辟患而有不为也。是故所欲有甚于生者，所恶有甚于死者，非独贤者有是心也，人皆有之，贤者能勿丧耳。（《孟子·告子上》）

---

① 纯粹从道德问题的形式而言，古代的西方及中国社会，对自杀都有着相同的道德争论，他们都争论"道德上可否容许不做某一特定的义务？"但从道德问题的内容而言，古代的西方人要面对的义务是人有不自杀的义务；而古代的中国人要面对的义务却是人有自杀的义务。

这两段话遂成为先秦儒家对生命价值的经典论据，对后世有重大影响。根据这个价值观，保存肉身的生命是好的，但肉身的生命却并不具有最高的价值；死亡是人所厌恶的，但并不是最令人厌恶的。既然只有仁与义才具有最高的价值，是至善的，人不可以为求生存下去而放弃仁义；相反地，人要为持守仁义而不惜主动地或被动地结束一己之性命。就道德价值而言，失去仁义比失去生命是更重大的损失。因此，为成仁取义而自杀在道德上不单是可容许，并且是值得赞扬的；成仁取义的自杀并不是一项超义务的行动，而是一项义不容辞的责任。近代西方道德思想有所谓生命神圣（sanctity of life）论，先秦儒家不会赞成这个论点，因为儒家学说认为仁义道德才是神圣不可侵犯的，肉身的生命却不然。生物生命本身并不具本然的道德价值，道德生命才具有这样的价值。人并没有责任去无条件保存及延续肉身生命，但却有责任无条件去坚守仁义。西谚有所谓"生死攸关的事"（matters of life and death），言下之意，生死是最迫切和极度重要之事。然而，根据先秦儒家思想，生与死虽非等闲事，但也绝非无上重要的事，"仁义攸关的事"才具有至高无上的重要性。为便利起见，下文将以"正论题一"来代表此项儒家的存生取死价值观。

正论题一：为持守仁义道德，人应在必要时被动地甚至主动地结束一己的性命。

为了进一步阐释这项论题的含义，我们可以文天祥的自杀思想作说明。13世纪时，蒙古人入侵中原，南宋将灭，国家将亡，很多将帅宁愿自杀也不投降。文天祥也不例外，他在口袋里常带着绝命书，开头两句便是"孔曰成仁，孟曰取义"。他在《过零丁洋》这首诗中写道："人生自古谁无死，留取丹心照汗青。"（见《宋史·列传第一百七十七》）。

文天祥这句名言指出既然人皆会死，人不应不惜一切去逃避或延迟死亡。长寿本身并不具有最高的价值；仁义的生活，青史留名，才具最高价值。因此在某些情况下，若生存下去会违反仁义，人便应为持守仁义而自杀。（在文天祥的情况中，若要继续生存下去便要投降蒙古人，而这却会违反他对南宋朝廷的忠诚。）既然"人生自古谁无死"，那么人应选择一个可以使他的生命充满意义或光荣的死法。换言之，虽然死亡是生命的终结，进入死亡却是生命的一部分；"怎样进入死亡"是"怎样生活"的一部分。由是，进入死亡也应为生命而服务，人若有义务去照顾安排自己的人生，便也有义务去安排打理自己的进入死亡；人若要活得光荣高洁，也要死得光荣高洁。要活得有意义，意味着要好好处理死亡的时机及方式，使自己的死也要死得有意义。尽其天年本身并不是最值得人渴望的，最值得人渴望的应该是生命的质素，而非生命的长短，而生命质素的高低是由仁义操守的多寡来决定的。在某些情况下，人必须不惜放弃生命，以免苟且偷生，求身害仁，舍义取生，导致生命质素暴降。

古代中国有很多名言诗句都反映了这种古典的儒家生死价值观，例如：

- 不可死而死是轻其生……可死而不死是重其死。（李白：《比干碑》）
- 君子不为苟存，不为苟亡。（《三国志·魏书·梁习传》裴松之注）
- 曲生何乐，直死何悲。（韩愈：《祭穆员外文》）
- 不畏义死，不荣幸生。（韩愈：《清边郡王杨燕奇碑文》）
- 宁以义死，不苟幸生。（欧阳修：《纵囚论》）
- 宁为短命全贞鬼，不作偷生失节人。（《京本通俗小说·冯玉梅团圆》）
- 勇将不怯死以苟免，壮士不毁节而求生。（关羽，见《三国演义》七十四回）①

这些格言都表达了一个观点，就是人应向往道德的生命，而有些生存状态是不值得留恋的。道德生命的质素比肉身生命的长短更重要。

简言之，儒家思想教人要"杀身成仁"，"舍生取义"。这种思想不但令不计其数的中国人为一些崇高的目标而冒生命的危险，也推动了很多中国人为一些崇高的理想而自杀。这些人的自杀，不单不会受人谴责，相反地，他们这种向往及献身于仁义的行为，备受推崇，获高度的赞扬。这种思想一直到20世纪初仍为中国人所接纳。两位自杀而死的知识分子，梁巨川（1918年卒）及

---

① 这些格言见陈光磊等编著：《中国古代名句辞典》，559～564页，上海，上海辞书出版社，1986。"舍生取义"条目下。

王国维（1927 年卒）均为人所称颂，认为他们实践了仁义。① 甚至在一些中国佛教徒的传记中，记载僧人自焚供佛，作者仍不忘引用儒家的仁义论，来解释他们的行为。②

还有一个对古代中国人有深远影响的生死价值论，便是司马迁的观点。虽然一直以来，人们都没有把司马迁这位伟大的历史学家视为一位儒者，但是在他的《史记》中清楚可见他对儒家的赞赏，他甚至把孔子列为世家之一。他著名的《报任安书》，是他为自杀与否煞费思量之后所写的自白书。他在这封信中写下他的千古名句："人固有一死，死或重于泰山，或轻于鸿毛，用之所趣异也。"用现代的话来说，就是人皆会死，这是人人都一样的，但是每个人的死亡价值却并不相同。有些人死得很有价值，但有些人却死得毫无价值，关键在于死亡的前因后果。假如死于此时此境有重大的意义（重于泰山），便应毫不犹疑地结束自己的生命；假如此时此境自杀只能带来微不足道的意义（轻于鸿毛），便不应自杀。换言之，根据司马迁的看法，人的死亡并不只是一个生理事件或自然现象而已，死亡的前因后果会使蓄意死亡带有意义。因此，从司马迁及儒家道德的角度来看，问题并非在于人可否自杀，因为儒家思想根本从无绝对禁止人自杀，儒家的生死价值观并不认为任何自杀皆本质上有过错。自杀的真正道德问题乃是，为何因由而自杀？为琐碎的事，抑或为重大的理由？自杀会带来何种影响？若为仁义而自杀，便是重于泰山之死。

因此，紧接的重要问题是：仁与义的内容是什么？这些价值如何付诸具体的行动？何种自杀为成仁取义的自杀？

仁和义都有狭义及广义之分。狭义而言，仁义是"仁义礼智"中的其中两个德目，是仁爱和正义。广义而言，仁与义，特别是当两者结合并称时，是指最高的美德或道德，是"全德"或"至德"。就"杀身成仁"及"舍生取义"而言，可从广义来理解仁义。然而，我们应该注意到，自汉代以降，仁义道德并不再是从普遍性或一般性的抽象角度去理解（如仁者爱人），而是透过不同的特定人伦关系来呈现。换言之，对仁义的理解，并非主要透过博爱或对社会的义务来理解，而是透过人际关系中对他人的委身来理解。仁义表现于忠（就君臣关系而

① 参见罗继祖主编：《王国维之死》，54、63 页。

② Yun-hua Jan, "Buddhist Self-Immolation in Medieval China," *History of Religions* 4（1964）：260，又见下文第四部分。

言，臣要忠于君），孝（就父子关系而言，子要对父行孝），贞（就夫妻关系而言，妻要为夫守贞），以及信（就朋友关系而言，对朋友要守信）。换言之，仁义是透过具体的家庭、社会及政治上的人伦关系，表现为一为他性的道德。

因此，为某一具体的人伦对象而作出的为他性自杀，大部分都被视为成仁取义的自杀。这些自杀而死的人，都为人所赞赏、歌颂及尊崇。其中比较重要的例子有：

（1）为君主或国家（朝廷）而自杀（殉死或死谏）；

（2）为刚逝世的丈夫而自杀；

（3）为主公而自杀；

（4）为恩公自杀，士为知己者死；

（5）为朋友自杀，特别是为结义兄弟而自杀；

（6）为确保能为某人保守秘密而自杀；

（7）为拯救他人的性命而自杀；

（8）为报父母、丈夫、主公或结拜兄弟之仇而自杀。

（9）情郎薄幸，为显示爱情坚贞而自杀。

我们应该注意到，以上这些为他性自杀，在伦理学上大概可分为两类：以后果为本及并非以后果为本的。[①] 以后果为本的为他性自杀（即利他性自杀），例子有朝廷命官为唤醒及劝谏自我放纵的昏君而自杀。非以后果为本的为他性自杀，例子有朝廷命官在君主死后或寡妇在丈夫死后，自杀以相随；因为对某人的全然委身，导致要与对方同生共死，即使自杀并不能为任何人带来利益，也要为之自杀，因为这是义之所在，义不容辞。不管是否以后果为本，这些为他性自杀都表达出一种全然以他人为中心的献身，为之不惜一切，为之生，也为之死。这种自我牺牲的行为，备受高度赞扬，是可以理解的。[②]

---

① 也就是所谓目的论（teleological）及义务论（deontological）之不同进路。

② 我认为这种先秦儒家的生死价值观，与西方哲学家康德的意见，非常类似。在有关自杀的讲义中，康德一方面坚决反对自我毁灭，另一方面他却高度赞扬自我牺牲的行为。他认为那些愿意为他人的好处而冒生命的危险，甚至遭受杀害的人，都是值得颂扬的。再者，为他人好处而主动结束一己生命也是伟大的行为，他引用古罗马共和国小加图（Cato the Younger，前95—前46）作为例子，小加图通过自杀来激励罗马人抵抗恺撒的独裁，康德对这一义举非常赞许［Immanuel Kant, *Lectures on Ethics*, trans. Louis Infield (London: Methuen Co., 1930), pp. 149 – 152］。

以上所述的自杀，都可视作是成仁取义的自杀。此外，由于这些行为目的并非为自毁，所以在言辞上通常不会称之为自杀、自裁、自尽、自经、自戕等等。相反地，这些行为通常会用具有褒义的词称之，例如"殉"（殉君、殉主、殉夫、殉情、殉葬、殉死、殉道、殉节、殉国）或"节"（死节、气节、士节、殉节、节烈、节操）等。当代新儒家唐君毅先生把这种"殉"与"节"的死亡，与早期基督教的殉道相比较。正如基督徒的殉道者为坚守信仰而甘愿付出任何代价，甚至甘为保持信仰而死。服膺儒家思想的人，无论男女，亦会为气节坚守仁义而甘愿付出任何代价，甚至不惜为仁义而死。唐君毅认为当中无可否认有一种宗教性的信仰（对仁义完全的委身，无条件的献身，对义的绝对信仰）。①

在这里再举两个备受赞扬的自杀例子。第一个是元代著名的杂剧《赵氏孤儿》（纪君祥编，全名《赵氏孤儿大报仇》），是据历史改编而成，事件最早记载于《左传》及《史记·赵世家》（换言之，很多中国人在元朝以前已对这个故事相当熟悉）。在明朝时，中国的耶稣会传教士把这部杂剧带到欧洲，受到广泛的欢迎，并被译成英、法、德等语。②伏尔泰（Voltaire）不但将之改编成为舞台剧，名之为《中国孤儿》，而且成功将之搬上舞台，在巴黎演出。德国哲学家叔本华（Arthur Schopenhauer）在他的文章《论自杀》中也曾提及此剧，予以赞赏。③这个故事讲述一个赵氏贵族家庭，为政敌屠岸贾所逼迫，除了一名婴儿外，举家被杀。这个家庭的一些朋友，竭尽所能去拯救这一赵氏孤

---

① 参见唐君毅：《中国文化与世界》，见《说中华民族之花果飘零》，144 页，台北，三民书局，1974。当然，有很多自杀都不可视为合乎仁义的自杀。大部分的为己性自杀均不属此类，例如：为补偿过错而自杀；为避免受罚或遭受公开嘲弄而自杀；为解决私人问题，如财政上或婚姻上的困难而自杀；为厌倦生命而自杀。这些都是值得可怜及受轻视的自杀。至于为他性自杀，也并非所有为他人缘故的自杀皆是成仁取义的自杀。例如古代女子若有婚前或婚外性关系，事件曝光后，由于被视为严重违反礼教，会导致家庭及宗族名声受破坏（甚至被认为"辱及祖先"），就算这名女子想继续生存下去，她很可能会感到巨大压力要她自尽以补偿过错，挽回家族名声。她一天不死，就会一天让家人活于羞耻及讥笑中。她若自杀，这行动并不会使她因此受赞扬，而只会使她罪咎减轻。因此，这种为他（家庭声誉）自杀并非出于道德义务，不能算是成仁取义的自杀。[以上这种女子自杀的情节在中国古代民间小说中时有所闻，参见李咏仪对"三言"中的妇女自杀的分析，李咏仪：《明代妇女自杀——伦理学研究的进路》，载《中外医学哲学》，2001，3 (2)]。

② Adrian Hsia, "The Orphan of the House Zhao in French, English, German, and Hong Kong Literature," *Comparative Literature Studies* 25 (1988)：335 - 351.

③ 参见《叔本华论说文集》，439 页，北京，商务印书馆，1999。

儿。在拯救的过程中，所有参与这次行动的人（如韩厥、公孙杵臼）都为确保行动成功而自杀；这些都是利他性自杀。故事的尾声，当赵氏孤儿长大成人，为父报仇之后，整个保护孤儿行动的策划者程婴也自杀身亡，为的是要下到阴间，告诉所有为救孤儿而自杀的人，他们的死并非徒然。京剧中至今仍保存这部戏，可见故事仍为人所喜爱。

第二个例子来自中国近代史。在现代中国诞生的过程中，新旧交替的时代，一些中国知识分子的自杀引起了相当多的回响及讨论。梁巨川及王国维都以儒者自居[①]；然而，在此我想多谈一点关于陈天华（1875—1905）的死，因为他的生平及自杀遗言都能清晰阐明上述的儒家"正论题一"。

在清末，无论海内外，都有一些华人在推动革命，策划推翻清廷的统治。陈天华热烈支持革命运动，并编写了许多小册子及文章传播革命的思潮，宣扬革命的需要。在他留学日本的短暂时期，他起初认为海外留学生是拯救祖国免受军国主义消灭的唯一希望。然而，他稍后发现留日的中国学生有许多卑鄙劣行，此等败德劣行为日本报章所广泛批评。陈天华对此深恶痛绝，写下《绝命辞》后蹈海自沉。

在《绝命辞》中，他清楚解释他做此惊人之举的原因。（1）他认为自己只具平庸之才，即使继续生存下去也不能为国家作出很大的贡献。（2）他认为将来他可能有两个发展。一是继续写作以警世，有如黑暗时期的先知，呼吁国人团结一致，使中国免于灭亡。一是遇上适当的时机，便把握时机死去。（3）他认真仔细地考虑了后者，他考虑到，即使他在中国留日学生中能成为一个言论上的领袖，他也感到不满意。因他不欲成为一个只有空谈救国之大言，而少付诸实行之人。（4）他决定耗尽他一生的精力，以拯救国家，因此他要考虑清楚，哪一条人生之路最能达到这个目的。（5）他考虑到当时的情况，留日的中国学生缺德败行，对中国的存亡热心不足。于是他推断以自杀去警诫国人，不失为救国的好方法。他希望以一死唤醒 8 000 中国留日学生，团结一致，激励他们投身于救国事业，拯救中华。（6）陈天华一再重申，他并非一具超卓才能

---

① 对前者自杀的评价，参见林毓生：《论巨川先生的自杀——一个道德保守主义含混性的实例》，见《中国传统的创造性转化》，北京，生活·读书·新知三联书店，1988；对后者自杀的争论，参见罗继祖主编：《王国维之死》，1995。

之士，凡是才能稍胜于他的人，千万不要学他蹈海自尽。①

虽然无证据显示陈天华以儒者自居，但我认为他这种尽责而亡的自杀能清楚阐明儒家"正论题一"。在这个例子中，仁义的具体表现为救国。他非常投入于救国事业中，甚至愿意为之生为之死。换言之，他以救国为人生的目标，救国可以使他决定生存下去，也可以使他决定舍生取死。他是根据国家情况的变化，而非根据个人价值观的转变而决定生存或死亡。他把个人死亡的时间和境况视为人生的一部分，所以也是为人生目的而服务。在他看来，肉体生命本身并非具有本然价值（所以自杀本身并不必然是错误的），而只有工具价值，是为建立道德人格而服务的手段。因此，假如于某境况中结束生命更能实践道德目标，人便应舍生取死；这样的死亡，表面上是毁灭生命（生物生命），其实是建设生命（道德生命）。

陈天华与《赵氏孤儿》中的自杀者有非常重要的相同之处，就是为了实践人生的目标而自杀。在《赵氏孤儿》一剧中，拯救及抚养孤儿既是公孙杵臼及程婴生存下去的原因，也是他们自杀的理由。或存生，或取死，视乎哪种方式是实践人生目标的最有效手段。同样的，陈天华之生是为救国而生，他的死也是为救国而死；如何更有效实践人生的目标，是影响存生取死抉择的最关键因素。

以上的段落是从人生目标的视野来看自杀，以下的段落则是从人生活质素的角度来理解自杀。

三、尊严死

古代中国人通常会认为，大部分的为己性自杀（例如：为补偿过错而自杀；为避免受罚或遭受公开嘲弄而自杀；为解决私人问题，如财政上或婚姻上的困难而自杀；为厌倦生命而自杀），都是错的，因此也没有讨论的必要。不过有一类特别的为己性自杀曾引起过一些讨论，用现代的术语来说，这类型的自杀可称为"尊严死"。

---

① 陈氏的自杀是为警诫世人，是为死谏，在中国历史上可溯源至屈原（见下文第五部分）。有人认为可与西方的自杀示威相提并论。参见 Margaret Pabst Battin, *The Death Debate: Ethical Issues in Suicide* (Upper Saddle River, New Jersey: Prentice-Hall, 1996), pp. 92 - 93。

　　西汉时，由于儒者董仲舒的献策，使儒家思想的官学地位得到大大提升，促成独尊儒术、罢黜百家的局面。虽然近代中国哲学学者通常都认为董仲舒的哲学思想在哲学史上的地位不高，但他对中国历史的影响却相当深远。要注意的是，汉代所推崇的儒家思想，并非原始儒家思想。董氏有创意地把其他各家的学说融合于原始儒家思想中，而他的杰作《春秋繁露》是解释《春秋》之作。《春秋》相传是孔子所作，董氏视之为儒家最重要的经典。在《春秋繁露》中，他把上述"正论题一"加以发挥，而这个新版本的儒家生死价值观也是西汉初儒家著作所认可的。

　　在《春秋繁露》第八章《竹林》中，董氏讨论了一位生活在他数百年前的皇帝及其谋士。事缘齐顷公战败，军队遭受晋军包围，情况危急，顷公随时会遭受俘虏及杀害，谋士逢丑父凑巧面貌与顷公相似，于是与顷公交换所穿的衣服，好让顷公能乔装平民，偷偷逃回本国。晋军误认逢丑父为顷公，使顷公得以成功逃出，便杀死逢丑父。

　　董仲舒却没有因而颂扬丑父的急智、委身奉献及牺牲精神，反而对他的行为加以谴责。董氏认为要一国之君抛弃尊严，穿上平民的装束，偷偷摸摸地潜回国，即使能挽回生命，也不应接受此种侮辱。董氏认为："夫冒大辱以生，其情无乐，故贤人不为也……天施之在人者，使人有廉耻，有廉耻者，不生于大辱。"[①] 他并且引用汉初的其他儒家作品，以示他这个道德判断是来自儒家的典籍。"曾子曰：'辱若可避，避之而已；及其不可避，君子视死如归。'"[②] 而这又正是《礼记·儒行》所言，"儒……可杀而不可辱也"之意。

　　既然有尊贵身份的人应舍生避辱，董氏认为逢丑父应对顷公说："今被大辱而弗能死，是无耻也；而复重罪，请俱死，无辱宗庙，无羞社稷。"就当时的情况而言，"当此之时，死贤于生，故君子生以辱，不如死以荣，正是之谓也"[③]。

　　简言之，根据西汉时期的儒家思想，肉身的生命是宝贵，但是荣誉及尊严比肉身生命更为宝贵。死亡是不可欲的，但有一些事物比死亡更令人厌恶，就是失去荣誉，遭受侮辱。这样的生存状态有损人格尊严，不值得人留恋；人应为保

---

① 董仲舒著、赖炎元注释：《春秋繁露今注今译》，45～46 页，台北，台湾商务印书馆，1984。
② 董仲舒著、赖炎元注释：《春秋繁露今注今译》，46 页；引自《大戴礼·曾子制言》。
③ 董仲舒著、赖炎元注释：《春秋繁露今注今译》，46 页。

持尊严、避免受辱而选择死亡。为保持尊严而死是光荣的，甚至是义不容辞的。这观点是儒家"正论题一"的发展和变奏，因为有仁义者必定有廉耻之心，有廉耻之心必定会恶羞辱过于恶死亡（"所恶有甚于死者"）；焦点重心从为他的角度，转移到为己的角度。为便利起见，以下将简称之为儒家"正论题二"。

正论题二：为避免受辱或为保持个人尊严，人应主动结束一己之性命。

我建议用"尊严死"来形容这种为保持个人尊严而自杀的价值观。"尊严死"的反面并非"有损尊严的死"，而是"有损尊严的生"。换言之，"尊严死"反对人不顾尊严地活下去，当一贯以来享有的尊严受到剥夺时，人应为避免失去尊严而选择死亡，这个选择是光荣的，也是道德上的责任。

总而言之，和"正论题一"相同，"正论题二"也反对生物生命神圣论，而赞成生命质素论：为了避免生命质素下降至不可接受的低水平，人可以自杀，正所谓"宁为玉碎，不为瓦全"。

这种"尊严死"的行为在古代中国相当普遍，在司马迁的《史记》中，就可以找到相当多的例子。太史公与董仲舒同时代，但略为年轻，他在《史记》中记载了不少自杀事件，就以七十列传为例，当中有两类舍生避辱的自杀特别值得我们注意。

第一类是当事人自知难逃一死，或因（1）闻悉或预料会受诛①，（2）兵败拒降②，（3）谋反失败③。在这三种情况中，当事人都知道会遭他人处斩，而这样死是非常不体面、失尊严的。因此，既是好汉一条，便选择"与人刃

---

① 例如：魏齐（《史记·列传第十九》）、吕不韦（《史记·列传第二十五》）、蒙恬（《史记·列传第二十八》）、夏侯颇（《史记·列传第三十五》）、晁错之父（《史记·列传第四十一》）、公孙诡（《史记·列传第四十八》）、羊胜（《史记·列传第四十八》）、王恢（《史记·列传第四十八》）、齐王刘次景（《史记·列传第五十二》）、王温舒（《史记·列传第六十二》）。

② 例如：庞涓（《史记·列传第五》）、燕将（《史记·列传第二十三》）、涉间（《史记·列传第二十九》）、魏咎（《史记·列传第三十》）、田横与他的两个宾客和五百壮士（《史记·列传第三十四》）。

③ 例如：白公胜（《史记·列传第六》），串谋杀高祖的十余人及贯高（《史记·列传第二十九》），赵王刘遂（《史记·列传第三十五》），赵午等人（《史记·列传第四十四》），齐王刘将闾、楚王刘戊、胶西王刘卬、胶东王刘雄渠、菑川王刘贤、济南王刘辟光（《史记·列传第四十六》）、刘长、刘安、刘赐（《史记·列传第五十八》）。

我，宁自刃"（《史记·列传第二十三》），自己先下手为强，自我了断，以免遭受处斩的耻辱。

第二类是当事人生命完全不受威胁，但因为某些"生命中不能承受的辱"，便舍生取死以避辱。正是"礼不下庶人，刑不上大夫"（《礼记·曲礼上》），当士大夫犯罪要受惩治时，有廉耻的士大夫便选择自杀，以避免下狱受刑的耻辱。① 甚至有士大夫认为审讯过程本身就已经非常有损尊严，所以宁自杀也不肯对簿公堂②；就算是受诬告，也不愿接受审讯之辱，而选择舍生避辱，保存尊严。③ 对于这第二类的舍生避辱，司马迁自己也有很深的体会。因受李陵案的株连，他惨受腐刑，受尽奇耻大辱。在《报任安书》中他也自认："传曰：'刑不上大夫。'此言士节不可不勉励也。……故士有画地为牢，势不可入；削木为吏，议不可对，定计于鲜也。"

简言之，上述《史记·列传》中的两类型自杀都可视为"尊严死"，这两类型自杀之常出现于《史记·列传》中，证实了古代中国人是广泛接纳儒家"正论题二"的。④

值得注意的是，部分当代中国知识分子仍然接纳儒家"正论题二"。"文化大革命"期间，很多大学教授、文化界人士，不论男女，均遭受公开的拷问、残害及侮辱，很多人都因而自杀（例如傅雷、老舍）。⑤ 有些人是因为不能忍受肉体上及情感上的逼迫煎熬，有些人则是因为不能忍受此种侮辱而自杀。就老舍之死，至少有两位评论者是以"士可杀，不可辱"来解释他的自杀。⑥ 一

---

① 如汉初丞相李蔡（《史记·列传第四十九》）、太守胜屠公（《史记·列传第六十二》）。

② 如汉朝名将李广（《史记·列传第四十九》）。

③ 如汉武帝时之御史大夫张汤（《史记·列传第六十三》）。

④ 日本武士道精神与剖腹自杀，也与尊严死有关，参见 Carl B. Becker, "Buddhist Views of Suicide and Euthanasia," *Philosophy East and West* 40: 4 (October 1990): 551; ［加拿大］布施丰正：《自杀与文化》，112～120页，北京，文化艺术出版社，1992; Pinguet, *Voluntary Death in Japan*, pp. 80, 86-87.

⑤ 有关两位知识分子自杀的激烈讨论，见于汪曾祺：《八月骄阳》，载《人民文学》，1986（8）；陈村：《死：给"文革"》，载《上海文学》，1986（9）；苏叔阳：《老舍之死》，载《人民文学》，1986（8）；黄子平：《千古艰难唯一死：读几部写老舍、傅雷之死的小说》，载《读书》，1989（4）。

⑥ 参见汪曾祺：《八月骄阳》，载《人民文学》，1986（8）；苏叔阳：《老舍之死》，载《人民文学》，1986（8）。苏叔阳更是透过小说中人，以现代语言来解释"士可杀，不可辱"的价值观："我一辈子追着革命呀，为什么要骂我个里里外外不是人？人的尊严可以随便儿地污辱，人的价值可以随便儿地践踏，这能忍受吗？……不死，还等什么?！"（苏叔阳：《老舍之死》）

位著名的北京大学哲学系教授在 1993 年告诉我，他知道一位同事在 "文革" 期间一直默默地、平静地忍受整肃，但是当有一天早上，他发现有一张贴在他家门上的大字报，是由他的学生所写的时候，他深深感到伤害，于是留下一张便条，写道 "士可杀，不可辱"，然后便去自杀。由此可见，部分当代中国知识分子仍然认同儒家 "正论题二"。①

　　为保持个人尊严而自杀，虽然是出于 "为己" 而不是 "为他"，但仍然得到认同及备受赞扬。然而，这种主流的观点，也曾遭受到一些异议者的反对。例如司马迁，虽然他在《史记》中赞扬了许多为 "尊严死" 而自杀的人，但当他自己遭受到极度有损尊严的对待——在狱中受宫刑，他仍然拒绝自杀。司马迁曾为兵败投降匈奴的李陵将军辩护，事情发展下来，汉武帝认为李陵是叛国者，于是所有曾经为他求情的人均牵连受罚。司马迁因而下狱，遭处以宫刑，这刑罚给他带来极度的耻辱。他明白他人会认为他该舍生避辱，然而经过一番挣扎后，他决定拒绝自杀。他拒绝自杀，并不是因为他不顾尊严，无廉耻地苟且偷生，而是为了他未完成的杰作《史记》，忍辱负重，甘愿忍受这种打击尊严、奇耻大辱的刑罚。他非常明白他有责任要自杀，但他认为有更重要的责任要完成，就是要完成他那伟大的历史著述。(在《报任安书》中他解释："亦欲以究天人之际，通古今之变，成一家之言。草创未就，会遭此祸；惜其不成，是以就极刑而无愠色。"②) 他的《报任安书》可被视为一个饱受折磨的灵魂，

----

　　①　康德对为己性义务的见解，又与儒家正论题二非常相似。康德认为若某人被误判为叛国者，只可选择死刑或终生为奴的话，他应选择前者；选择后者是忍辱偷生，是人所不齿的。同理，女人应宁死也不要遭受污辱。然而，康德就此打住，他虽赞成被动地舍弃生命以避免耻辱，但他却反对主动地以自杀避辱。参见 Kant, *Lectures on Ethics*, pp. 154 - 157。因此当代学者 Battin 正确地指出康德在此处立场不一致，假如人有非常重要的为己性的责任去避免尊严下坠，"而唯一可行及道德上可容许避免下坠的方法是舍生取死，人应主动选取这唯一的方法——结束一己之性命"。参见 Battin, *The Death Debate: Ethical Issues in Suicide*, p. 109。换言之，正如另一位出色的当代康德学者所指出的，康德伦理学的精神，会容许一些为己性自杀。参见 Thomas E. Hill, "Self-Regarding Suicide: A Modified Kantian View," in *Suicide and Ethics: A Special Issue of Suicide and Life-Threatening Behavior*, eds. Margaret P. Battin and Ronald W. Maris (New York: Human Sciences Press, 1983), pp. 254 - 275。

　　②　正如清代包世臣所言："史公之身乃《史记》之身，非史公所得自私；史公可为少卿死，而《史记》必不能为少卿废。"转引自徐中玉主编：《古文鉴赏大辞典》，341 页，杭州，浙江教育出版社，1989。

恳求当时的人体谅他的不自杀之自白。①

简言之，遭受奇耻大辱时，尊严死并不是唯一的选择。为履行天职而继续生存下去，仍是活得有尊严，而不是苟且偷生。司马迁在《报任安书》中，也引用了很多历史人物来说明这一点。（"盖文王拘而演《周易》；仲尼厄而作《春秋》；屈原放逐，乃赋《离骚》；左丘失明，厥有《国语》；孙子膑脚，兵法修列；不韦迁蜀，世传《吕览》；韩非囚秦，《说难》、《孤愤》。"）面对"人生中不能承受的辱"，除了舍生避辱一途外，还有另一选择，就是忍辱负重。司马迁拒绝自杀的决定，对后世的中国人有深远的影响。他的观点与儒家"正论题二"成一强烈的对比，以下简称之为儒家"反论题二"。

反论题二：当生命不受威胁，而又清楚自己的天职时，虽然遭遇极大不幸，尊严受侮辱，仍应活下去，以完成个人的天职。

在当代中国，不少"文革"的"幸存者"正是以司马迁为典范，而没有选择以自杀来明志。死难，生更难。

可是，另一方面，有些人对于自己的幸存始终有点罪咎感，也感到司马迁的例子常被滥用来成为人们偷生乱世的主要支撑点。② 透过对傅雷自杀的反省，有人认为"在我眼里，一个生命的尊严远远高于一橱最珍贵的书籍。书毕竟只是书。我要完整的司马迁，宁可没有《史记》"③。黄子平也提问："实际

---

① 在《报任安书》中，我们可清楚地看到司马迁就自杀问题所经历的心灵辩论。赞成他该自杀的论据是：（1）死节；（2）士大夫既不应接受审判刑罚之辱，而腐刑又为至辱，更应宁死不屈；（3）"臧获婢妾，犹能引决"，士大夫之表现当然要优于奴婢；（4）古时及西汉时人不乏宁死不受辱的个案先例（见于《史记·列传》）。另一方面，支持他不自杀的理由计有：（1）史官地位低微，"流俗之所轻也。假令仆伏法受诛，若九牛亡一毛，与蝼蚁何以异？"他若自杀，将无人理会。（2）由于他个性孤傲，与"世俗"格格不入，他若以死避辱，别人不会认为这是死节，反而会认为他畏罪而死，"特以为智穷罪极、不能自免、卒就死耳"。（3）为了避免宫刑才决定自尽才是太迟了，因为他在狱中受辱已有一年，"今交手足，受木索，暴肌肤，受榜箠，幽于圜墙之中，当此之时，见狱吏则头抢地，视徒隶则心惕息。何者？积威约之势也。及以至是，言不辱者，所谓强颜耳，曷足贵乎！"他的尊严已老早受损，现在才来"尊严死"，根本缺乏说服力。（4）"勇者不必死节，怯夫慕义，何处不勉焉！"（5）"所以隐忍苟活，幽于粪土之中而不辞者，恨私心有所不尽，鄙陋没世而文采不表于后世也。"（6）古时也有不少受辱而不寻死，忍辱负重，做出一番大事业的人（文王、仲尼、屈原、左丘明、孙子、吕不韦、韩非）。

② 参见黄子平：《千古艰难唯一死：读几部写老舍、傅雷之死的小说》，载《读书》，1989（4）。

③ 陈村：《死：给"文革"》，载《上海文学》，1986（9）。

上，当猩红的岩浆涌来，连傅雷也不再执着于他的'史记'，而如此冷静从容地弃世而去。即使有某种'事业'支撑着我们，对耻辱的忍受是否依然有一个限度？"① 张三夕也感叹："老实讲，中国人像司马迁那样不自杀而后确实'尽了伟大任务'的人是不多的。中国人有太多的忍辱负重，中国人太能够原谅自己，中国人苟且偷生的耐心与耐力之强是世界少有的，与日本大和民族相比，我们中华民族真正勇于自杀的人实在是太少了！"② 可见"正论题二"与"反论题二"，在当代中国知识分子心灵中仍是辩论激烈，旗鼓相当。

四、佛道思想的影响

儒家的自杀伦理，在古代中国也曾受非议。为更清晰地理解儒家的观点，最好将之与道佛思想比较。

道家哲学中，老子及庄子都对儒家伦理作出批评。庄子特别批评儒家的成仁取义自杀观。在《庄子·骈拇》篇中，庄子认为仁与义都外在于人的本性，是人为，而非出于自然。为仁义而死是残生伤性的行为，与为名声、利益而死的人无分别。

> 自三代以下者，天下莫不以物易其性矣。小人则以身殉利，士则以身殉名，大夫则以身殉家，圣人则以身殉天下。故此数子者，事业不同，名声异号，其于伤性以身为殉，一也。……彼其所殉仁义也，则俗谓之君子；其所殉货财也，则俗谓之小人。其殉一也……残生损性。③

庄子认为人应保持个人天生的本性，生命本身就是目的，不应成为赢取道德美名的手段。（正如在下一部分所解释的，贾谊就用这个道家观点来叹惜屈原的自杀。）

道教更坚决地反对各种类型的自杀，因为道教的宗教目的是要求长生不死。蓄意结束一己之性命，是违反追求长生这一宗教目的的。简言之，道家与

---

① 黄子平：《千古艰难唯一死：读几部写老舍、傅雷之死的小说》，载《读书》，1989（4）。

② 张三夕：《死亡之思与死亡之诗》，113 页，武汉，华中理工大学出版社，1993。

③ 郭庆藩：《校正庄子集释》，323 页，台北，世界书局，1974。

道教都认为自杀本质上是错的。

另一方面，佛教并不如道家思想般，对自杀抱绝不同情的态度。根据佛教的世界观，死亡只是轮回过程中的过渡时期，所以最关键的问题，并不是几时死，而是怎样死。换言之，该考虑的是，死亡的方式会为来生积聚好业或坏业。所以，佛教会根据自杀的动机来评估自杀的正当性。[①]

早期印度佛教虽然严厉禁止自杀，但是印度大乘佛教中的利他性自杀却备受高度赞扬。为布施而自杀（例如为避免饥饿的母老虎吃掉自己的幼虎，而自杀喂虎），肉身布施，正显示了对众生的高度慈悲。[②]中国大乘佛教徒以另一种形式表达这种利他性自杀，即燃身供佛，自焚而死。为数不少的佛教僧人以这种方式自杀结束生命，是因为他们受到《妙法莲花经·药王菩萨本事品第二十二》所启发。[③]（《高僧传》卷十二《亡身第六》、《续高僧传》卷二十七《遗身第六》及《宋高僧传》卷二十三《遗身第七》都载有僧侣用这种方式自杀的案例。[④]）

五、屈原

由于儒家内部也有不同学派，古代的儒者对某些自杀在道德上的评价也有

---

① L. De La Vallee Poussin, "Suicide (Buddhist)," in *Encyclopedia of Religion and Ethics*, 12 (1908). 正如释恒清所言："在轮回转生的思想下，死亡并非那么可怕，因为它代表新生，而死亡方式本身——是否自然死亡，意外丧生，或自杀——并不那么重要。重要的是在死亡时刻心灵是否澄净，而这临终的正念则有赖平日在身心两方面的修炼。……不过，这也不是说可以随便舍弃身体，因为像'弊宿经'中所说，为了自身精神领域的开拓和饶益他人的努力，都有赖于身体的存在。然而……原始佛教很明显地暗示，当一个人已经达到或即将达到证悟程度，而且其身体无法再有自利利人的作用时（如像得了不治之症），这时候如有自杀行为，即使这种行为不受到鼓励，至少是被默许的。"[释恒清：《论佛教的自杀观》，载《台大哲学论评》，1986（9）。]

② Har Dayal, *The Bodhisattva Doctrine in Buddhist Sanskrit Literature* (London: Routledge & Kegan Paul, 1932), pp. 178 - 188.

③ "我虽以神力供养于佛，不如以身供养……于日月净明德佛前以天宝衣而自缠身，灌诸香油，以神通力愿而自燃身，光明遍照八十忆恒河沙世界。"楼宇烈编：《中国佛教思想资料选编》，第4卷，第1册，335页，北京，中华书局，1992。

④ 典型个案如下："释慧绍……乃密有烧身之意。常雇人斫薪，积于东山石室，高数丈，中央开一龛，足容己身。……至初夜行道，绍自行香，行香既竟，执烛燃薪，入中而坐，诵药王本事品。……年二十八。"释慧皎：《高僧传》卷十二《亡身第六》，见《大藏经》二〇五九，第五十册，404页。其他个案见于释道宣、释赞宁所编的高僧传记；初步的分析，见 Yun-hua Jan（冉云华），"Buddhist Self-Immolation in Medieval China," *History of Religions*, 4 (1965): 243 - 268.

所争论。屈原的自杀，以及管仲的不自杀，在漫长的历史中，一直引起历代儒者的争论。在此，我先讨论屈原，在下一节将会讨论管仲。

在古今华人社会中，唯一纪念古人的民族节日是端午节，是纪念屈原自沉汨罗江而死。事实上，他的自杀并未使他的道德人格蒙上污点；相反，自尽为他赢取了很大的道德美名，使他名垂千古。（在西方社会，这是不可思议的。）

古人对屈原的自杀有两种解释。第一，以死相谏。论者认为，屈原自杀之所以可歌可泣，是因为他目睹楚国的衰落，但又因为受楚王误会而被放逐，进谏无门，爱莫能助，于是便毅然自杀，希望以一死来刺激顷襄王的最后觉悟，这是一个牺牲小我以成全大我的伟大行为。第二，以身殉国。秦国看准时机，挥军进攻楚国，楚军节节败退，首都郢都沦陷，楚王远逃。论者认为，屈原眼看楚军兵败如山倒，亡国指日可待，便用自杀的方式来为国家殉葬。两种解释都显示出他的自杀是为他性的，表示他对国家的热爱和忠心，是一种成仁取义的自杀，反映了儒家"正论题一"。在中国历史上很多人都追随屈原的做法，例如本文开始时提及王国维的投湖自尽，就被视为是仿效屈原的自沉。①

在漫长的中国历史中，虽然主流思想是赞扬屈原的自杀，但也有些不同的意见，认为屈原的自杀，不值得赞赏。当中可分为两类原因：第一，从道家的角度来看，是不赞成自杀的，即使是为他性自杀，也不会得到认同，因为这有害于个人的本性，是违反保存个人生命的责任的。例如汉代的辞赋家贾谊在他的《吊屈原赋》中便说："凤漂漂其高逝兮，固自引而远去。袭九渊之神龙兮，沕深潜以自珍……所贵圣人之神德兮，远浊世而自藏。"② 第二，从利益与代价的角度来计算，屈原不应自杀，应保留性命，以对楚国或其他国家，在社会、政治或文化上作出更大的贡献，为一昏庸的国君而死并不值得。例如汉代思想家扬雄，在他的《反离骚》中便表达了这种思想，并提出屈原应效法孔子，周游列国，寻觅有眼光的明君，"昔仲尼之去鲁兮，斐斐迟迟而周迈。终回复于旧都兮，何必湘渊与涛濑？"③ 即使是朱熹这位伟大的宋代儒者，也不大认同屈原的自杀。他在注释《反离骚》时虽然批评扬雄对屈原的评价太苛刻，

---

① 参见罗继祖主编：《王国维之死》，56～57、63、67、70、80页。

② 贾谊：《吊屈原赋》，见孔镜清、韩泉欣注译：《两汉诸家散文选》，21页，三联书店（香港）、上海古籍出版社，1994。

③ 朱熹：《楚辞集注》，238页，上海，上海古籍出版社，2001。

但自己也承认："夫屈原之忠，忠而过者也；屈原之过，过于忠者也。……不能皆合于中庸矣。"① 换言之，在漫长的中国历史上，对屈原的自杀，始终是争论不休。② 在儒家赞成自杀"正论题一"的影响下，主流的意见始终认为屈原这种为他性自杀是值得表扬的。至于非主流的意见，有认为屈原根本并无责任要死，有认为屈原有其他比死更重要的责任，因此他们皆认为不必把屈原的自杀提升至道德高峰。③

六、管仲

另一个长期引起争论的人物是古代杰出的政治家管仲。齐国是春秋时的大国，齐国的公子纠及公子小白在齐僖公驾崩后，争夺君位。当时协助公子纠的有召忽及管仲，而协助公子小白的是鲍叔牙。小白终于夺得君位，继位为齐桓公，下令杀公子纠；公子纠死，召忽自尽随之。管仲却没有如召忽般自杀殉主，相反地，在鲍叔牙的举荐下，他改而投靠齐桓公，助齐成大国，成春秋五霸之首，稳定周室，尊王攘夷。管仲亦成一代名相，为后人所赞扬。

后世对于管仲的功过有不少的争论，《论语》便记载子路询问孔子，有关管仲没有殉公子纠而死的事。

> 子路曰："桓公杀公子纠，召忽死之，管仲不死。"曰："未仁乎？"子曰："桓公九合诸侯，不以兵车，管仲之力也。如其仁！如其仁！"

孔子另一学生子贡也同样质疑管仲是否合乎"仁"，他问孔子：

> "管仲非仁者与？桓公杀公子纠，不能死，又相之。"子曰："管仲相桓公，霸诸侯，一匡天下，民到于今受其赐。微管仲，吾其被发左衽矣。岂若匹夫匹妇之为谅也，自经于沟渎而莫之知也。"（《论语·宪问》）

换言之，孔子的两名得意弟子都认为管仲的行为违反仁，因为管仲不但没

① 朱熹：《楚辞集注》，241页。
② 参见黄中模：《屈原问题论争史稿》，北京，北京十月文艺出版社，1987。
③ 进一步而言，我们可用儒家思想中三不朽的观念来解释这两种道德判断上的分歧，见下文。

有如召忽般殉主，而且还为杀主仇人服务。他们认为管仲明显是为"求身以害仁"，管仲应为成仁取义而自杀，这才与儒家"正论题一"相符合。但孔子却为管仲辩护，他认为管仲仍是仁的，因为（1）管仲使诸侯国之间保持太平，平息内争；（2）他帮助齐桓公成为春秋五霸之首，尊王攘夷，阻止外族入侵；（3）他对周王朝有重大贡献。因此，不能用衡量平民百姓的区区道德小节，来评价管仲的拒绝自杀。

孔子豁免管仲不受儒家"正论题一"的道德约束，此举是耐人寻味的。虽然孔子在后世被尊为圣人，有无上道德权威，但很多儒生仍对管仲的不自杀耿耿于怀，认为管仲不随主公而死，在道德人格上有严重的瑕疵。后世的儒生在注释《论语》时，虽然不少人也认同孔子为管仲的辩护，但亦有很多儒生对此感到困惑，认为孔子无理由会赞同管仲的不自杀；他们坚持管仲在这种情形下是需要自杀的，因此用各种方法去诠释（其实都是曲解）《论语》中孔子的话，或诠释为根本没有赞赏管仲，或为对管仲的道德人格表示怀疑。[①] 理学家程颐甚至把兄弟的出生次序倒转，以公子小白为长子，以公子纠为弟，由此而把公子小白继位为齐桓公的事合法化。按照这个诠释，虽然管仲不随主公而死是道德上的错误，但是因为公子小白是合法继位人选，所以管仲倒过来协助他，仍合乎政治伦理。相反地，假如小白以幼弟的身份，抢夺哥哥的王位继承权，管仲还去协助他，便是非常不道德的行为；公子纠被诛后，他除了自杀一途外，并无其他选择。[②] 然而，正如后世很多注释者指出的，程颐错误地把齐氏兄弟的出生次序倒转，真实的情况与他的说法正好相反。程颐把出生次序倒转，"特乱其事……正相颠倒"，因为这是唯一的方法，可为孔子替管仲辩护之事开脱。[③] 这显示有些后世儒生如何强烈地认为管仲应该自杀。

关于管仲拒绝自杀，从伦理学的分析来看，关键是双方对仁的不同诠释。

---

① 参见程树德：《论语集释》，981～996 页，北京，中华书局，1990。

② "程子曰：桓公，兄也。子纠，弟也。仲私于所事，辅之以争国，非义也。桓公杀之虽过，而纠之死实当。仲始与之同谋，遂与之同死，可也；知辅之争为不义，将自免以图后功亦可也。故圣人不责其死而称其功。若使桓弟而纠兄，管仲所辅者正，桓夺其国而杀之，则管仲之与桓，不可同世之仇也。若计其后功而与其事桓，圣人之言，无乃害义之甚，启万世反复不忠之乱乎？如唐之王珪魏徵，不死建成之难，而从太宗，可谓害于义矣。后虽有功，何足赎哉？"转引自朱熹：《四书章句集注》，153～154 页，北京，中华书局，1983。

③ 参见程树德：《论语集释》，995、988 页。

主流的儒者只从个人伦理的角度理解仁，认为凡是不全然委身给主公（不死主公，且事二君）便违反了君臣一伦，违反仁，在道德人格上造成极大的瑕疵。他们认为无论建立了怎样的功业，在政治及社会上作出了怎样大的贡献，也不能弥补这种人格上的瑕疵。正如董仲舒的名言，"正其谊不谋其利，明其道不计其功"。因此，他们把孔子所说的"如其仁"之褒辞，诠释为貌似仁而非真仁之贬辞，"管仲乃假仁之人，非有仁者真实之仁"；"仁者，心之德，爱之理。若不论心而但论功，是判心术事功为二。按之前后论仁，从无如此立说也"①。然而，宋代儒学有一小传统，称为事功学派，主要的代表人物有陈亮和叶适。他们批评主流的理学过分强调个人的道德心性，而忽视了对社会及政治上的建树。对于他们来说，在社会和政治事功上有所贡献，也是仁的其中一种表现；仁并非只是修身，也是治国平天下。例如陈亮就非常赞赏孔子为管仲所作的辩护②；反观朱熹，通过书信往还，与陈亮反复辩论后，仍然对管仲的不自杀感到不释然。③对陈亮及事功学派的儒生而言，管仲坚持活下去非但没有违反仁，而且正是根据仁。从管仲的仁者之功（九合诸侯，不以兵车），可见其仁者之心。"以其仁之显著于天下，征其心之不残忍于所事之人也。"④广义的仁，要求管仲不要殉死，而要活下去。换句话说，认为屈原及管仲不应自杀的，是赞成儒家"反论题一"。

反论题一：人应扩阔委身的范围，为更高层次的目标而舍生取死，不应为一些狭隘的对象而自杀。

这项"反论题一"，并非绝对反对任何为他性自杀，而只是反对把"正论题一"视为僵化的道德教条，反对盲目的殉节及争取成"烈士"，而要求把为他性自杀限制于极少数的情况中。

最早提出"反论题一"的，并非儒家，而是战国时代的管仲学派。在《管

---

① 程树德：《论语集释》，987 页。

② 参见《陈亮集》，349 页，北京，中华书局，1987。

③ 朱子反驳陈亮说："且如管仲之功，伊吕以下谁能及之？但其心乃利欲之心，迹乃利欲之迹，是以圣人虽称其功，而孟子董子皆秉法义以裁之……今乃欲追点功利之铁，以成道义之金，不惟费却闲心力，无补于既往，正恐碍却正知见，有害于方来也。"转引自《陈亮集》，367～368 页。

④ 程树德：《论语集释》，987 页。

子·大匡》所记载的管仲言行中，述及管仲的政治抱负时，有这样一段自白：

> 夷吾〔即管仲〕之为君臣也，将承君命，奉社稷以持宗
> 庙，岂死一纠哉？夷吾之所死者，社稷破，宗庙灭，祭祀
> 绝，则夷吾死之，非此三者，则夷吾生。夷吾生，则齐国
> 利，夷吾死，则齐国不利。①

这段话表达了一种温和的死节论——不为君主而守死节，只为国家才守死节；不殉政权，只殉邦国。

正如上述，孔子的两名得意弟子都反对管仲不殉主公，再加上自汉朝以来狭隘的三纲之说成为天经地义的伦理，于是儒家的主流都以"正论题一"来责备管仲。"反论题一"虽于陈亮思想中出现，但是要到清初三大儒（黄宗羲、顾炎武、王夫之）才得以发扬光大，抗衡"正论题一"。这三大儒皆赞成管仲的舍死取生的决定，抗拒狭隘的"君臣之义"，理由和《管子·大匡》所记述的相若，这种伦理上的突破与他们的时代背景及个人际遇有密切关系。

他们三人都见证了北京沦陷，崇祯自缢，统一天下276年的明朝结束的触目惊心事件（1644年），并且都加入反清行列，试图协助南明（1644—1662年）扭转局面，但可惜未能如愿。正如黄宗羲所言，这是一个"天崩地解"的时代，目睹国破家亡，外族统治，很多读书人都明白他们有殉君及殉国的义务。事实上，不少已出仕及未出仕的读书人都的确接受"正论题一"的思想，选择了自杀，以致明季殉国的士大夫人数为历朝之冠。② 只不过，当时大部分的读书人并不都墨守"正论题一"，并且对自杀殉国的伦理有非常广泛的讨论。③黄、顾、王三人于生死之间经过一番思想上的挣扎，不单都拒绝自杀，并且对管仲拒绝自杀这个古典个案有很深的共鸣。

首先，正如顾炎武所言，管仲之可贵在于他的忠诚并非狭隘地限于忠君，而是忠于天下；效忠于政权虽是一项义务，但更大的义务是效忠于民族及文化。所以他说：

> 君臣之分，所关者在一身；夷夏之防，所系者在天下。

---

① 汤孝纯注释：《新译管子读本》，347页，台北，三民书局，1995。
② 参见何冠彪：《生与死：明季士大夫的抉择》，17~19页。
③ 参见何冠彪：《生与死：明季士大夫的抉择》。

> 故夫子之于管仲，略其不死子纠之罪，而取其一匡九合之功，盖权衡于大小之间，而以天下为心也。夫以君臣之分，犹不敌夷夏之防，而《春秋》之志可知矣。①

因此，王夫之为管仲辩护，认为他不是只有仁者之功而无仁者之实（朱熹的立场），而是一个不折不扣的仁者：

> 春秋之时，诸侯之不相信而唯兵是恃者，已极矣。"不以兵车"，而能志喻信孚于诸侯，便有合天下为一体，疴痒相知，彼此相忘之气象。此非得于心者有仁之实，而能任此而无忧其不济乎？……管仲是周室衰微后斯世斯民一大关系人。……管仲不死请囚之时，胸中已安排下一个"一匡天下"底规模，只须此身不死，得中材之主而无不可为。……管仲是仁者，仁之道大，不得以谅不谅论之。②

换言之，顾王二人并不是如陈亮般以事功上的"功"及"利"来为管仲的"失节"开脱；顾王二人都坚守儒家伦理的主流价值观：正其谊不谋其利，明其道不计其功（换言之，是坚持义务论，而不向讲求功利效益的后果论或目的论让步）。只不过，他们认为士大夫的节义并不限于君臣之间的小义，而应包括华夷之防的大义。为了履行大义而不惜牺牲小义，仍是仁义的表现，不可与一般的失节混为一谈。因此，他们一方面反对盲目的殉节，而坚持要履行更大的节义③；另一方面，他们也反对苟且偷生，而坚持为了这更大的节义有时也需要殉身（这正是"反论题一"的内容）。所以，顾炎武虽然没有殉明，但当清廷不断向他施加压力，要他参与纂修《明史》时，他断然拒绝，先说："不为介推之逃，则为屈原之死矣"，其后再说："七十老翁何所求，正欠一死，若必相逼，则以身殉之矣。"④

---

① 顾炎武著、黄汝成集释：《日知录集释》，317 页，石家庄，花山文艺出版社，1990。

② （清）王夫之：《读四书大全说》，412～414 页，北京，中华书局，1975。

③ 王夫之在注解《庄子·骈拇》篇时，也借庄子的思想来批评狭隘的殉死伦理："以生从他人之死曰殉。……当其殉也，忘天地之广大，忘万物之变迁，忘饥疲之苦形，忘忧患之困心，忘刀锯之加身，瞀乱奔驰，莫能自止。君子之情亦何异于小人哉！"（清）王夫之：《庄子解》，80 页，香港，中华书局，1977。

④ 转引自沈嘉荣：《顾炎武论考》，100、101 页，南京，江苏人民出版社，1994。

顾、王二人，及其他有启蒙思想的儒生，皆为管仲的拒绝自杀辩护，因为管仲的榜样为他们提供了人生的方向：虽然在政治上及军事上受制于清廷，但在保卫华夏文化免于沦亡上却大有可为，任重道远，不可以死来逃避此文化责任。因此，有学者评论说：

> 要之，满清入关，定鼎以后，文网日密，禁忌繁多，顾、吕、王、李，诸大儒者，身在江海，心存故国，畅所欲言，既非所许，其不得已，乃于诂经释义之际，以暗寓其春秋之大义，是以往往假诸论语此两章也，而抒发其种族之思与夷夏之防，而藉之以行远焉。①

以上笔者只分析了清初三大儒中顾、王二人的自杀伦理，而并未论及黄宗羲的观点，因为就笔者所知，黄宗羲并没有直接评论管仲的拒绝自杀个案。可是，黄梨洲反对"正论题一"的立场仍是清晰的，这要先从他的同门儒生陈确的《死节论》说起。陈确有感于明清之间的自杀风气泛滥，人动辄以死明志，以死求名，罔顾自杀不一定是成仁取义的充分条件，也非其必要条件，于是撰写《死节论》一文以批评当时死节之风。在文中陈乾初说：

> 嗟乎！死节岂易言哉！死合于义之为节，不然，则罔死耳，非节也。人不可罔生，亦不可罔死。……子曰"志士仁人无求生以害仁，有杀身以成仁"，孟子曰"生我所欲，义我所欲，二者不可兼，则舍生取义"，皆推极言之。故义可兼取，则生有不必舍；仁未能成，而身亦不必杀也。由、赐不知，并疑管仲之不死。夫子盛推管仲之仁，而终黜匹夫匹妇之小谅。……自此义不明，而后世好名之士益复纷然，致有赴水投缳，仰药引剑，趋死如鹜，曾不之悔。凡子殉父，妻殉夫，士殉友，罔顾是非，惟一死之为快者，不可胜数也。甚有未嫁之女望门投节，无交之士闻声相死，薄俗无识，更相标榜，亏礼伤化，莫过于此。近世靖难之祸，益为

---

① 胡楚生：《清初诸儒论"管仲不死子纠"申义》，载《孔孟学报》，1986（52）。"从经世及延续文化的角度，倡议死不如生"，是清初遗民一个相当普遍的论点，正所谓"身任绝学，责在万世，正不可轻视一死"（陆世仪语）。详见何冠彪：《生与死：明季士大夫的抉择》，109～112页。

惨毒。方、练之族，竟踰千百，一人成名，九族摧首，何可说哉！甲申以来，死者尤众，岂曰不义，然非义之义，大人勿为。且人之贤不肖，生平俱在。故孔子谓"未知生，焉知死"。今士动称末后一着，遂使奸盗优倡同登节义，浊乱无纪未有若死节一案者，真可痛也！……古人见其大，今人见其小；古人求其实，今人求其名。人心之淳漓，风俗之隆替，由斯别矣。

然则今之所谓死节者皆非与？曰：是不同。有死事，有死义，有死名，有死愤，有不得不死，有不必死而死。要以无愧于古人，则百人之中亦未易一二见也。……果成仁矣，虽不杀身，吾必以节许之；未成仁，虽杀身，吾不敢以节许之。①

黄宗羲非常同意陈确的分析，所以于陈确死后，在他所撰写的《陈乾初先生墓志铭》长文之中，特别提及陈确在这方面的建树：

甲申以后，士之好名者强与国事，死者先后相望，乾初曰："非义之义，大人弗为。人之贤不肖，生平具在。故孔子谓'未知生，焉知死'。今人动称末后一着，遂使奸盗优倡同登节义，浊乱无纪。死节一案，真可痛也。"乾初之论，未有不补名教者。②

值得注意的是，陈、黄二人皆是明末大儒刘宗周的门生。刘宗周于南明覆亡后，有感于殉国的义务不容逃避，于是不理部分门生的规劝，绝食而亡。③

① 陈确：《死节论》，见《陈确集》，152～154页，北京，中华书局，1979。
② 转引自《陈确集》，8页。
③ 于《明儒学案·蕺山学案》中，黄宗羲详细记述刘宗周于生死之间的抉择历程："浙省降，先生恸哭曰：'此余正命时也。'门人以文山、迭山、袁阆故事言，先生曰：'北都之变，可以死，可以无死，以身在削籍也。南都之变，主上自弃其社稷，仆在悬车，尚曰可以死，可以无死。今吾越又降，区区老臣尚何之乎！若曰身不在位，不当与城为存亡，独不当与土为存亡乎？故相江万里所以死也。世无逃死之宰相，亦岂有逃死之御史大夫乎？君臣之义，本以情决；舍情而言义，非义也。父子之亲，固不可解于心，君臣之义，亦不可解于心。今谓可以不死而死，可以有待而死，死为近名，则随地出脱，终成一贪生畏死之徒而已矣！'绝食二十日而卒，闰六月八日戊子也，年六十八。"《黄宗羲全集》第八册《明儒学案（二）》，889～890页，杭州，浙江古籍出版社，1992。

陈、黄二人目睹他们敬仰的老师及其他门人（如祝开类）共 12 人相继履行死节，他们当时非但没有效法，反而稍后批评时人的泛死节风气！①

所以，儒家的自杀伦理于清初三大儒及其他儒生的思想中有重大突破，以"反论题一"代替"正论题一"，是非常清晰的。② 只不过，这自杀伦理的突破为时不久；出于自利的政治考虑，清廷后来"修《贰臣传》贬斥明降臣，复以《胜朝殉节诸臣录》表彰明末殉节诸臣"③，歌颂从一而终，提倡愚忠，再次鼓吹"正论题一"。于是，有些"识时务"的清朝儒生（如陆陇其、李光地等）仍继续以"正论题一"的立场来抨击管仲的"失节"。④

伦理学上另一个用以评论屈原的自杀及管仲的拒绝自杀的道德规范，是三不朽，即立德、立功、立言（见左丘明：《春秋左传·鲁襄公二十四年》）。按传统的解释，那些认为立德最重要的人，会推崇为他性自杀，他们会褒屈原而贬管仲。而那些认为立功是最重要，或至少认为立功与立德有着同样价值的，会对那些拒绝自杀，保存性命以对国家人民作出贡献的人加以称赞，他们会称赞管仲而叹惜屈原。⑤ （由此推论，司马迁决定拒绝自杀，是为了留下性命，完成《史记》，取"立言"而舍"立德"，垂名千古。）换言之，三不朽中的立德，是与儒家"正论题一"及"正论题二"相一致的，倾向于鼓励人应为立德（节义）而自杀。三不朽中的立功及立言，则与儒家"反论题一"及"反论题二"相一致，倾向于鼓励人善用生命，不赞成人自杀。然而，正如前述，有些清初儒生在诠释管仲不死子纠时，并不把立德与立功对立起来，因为他们也视抵抗蛮夷入侵为道德义务。于是，殉一姓以尽君臣之分，与存生进取以保华夷

---

① 陈确新死节论之意义略为复杂，有人怀疑这理论是带有为自己"懦不能死"之合理化倾向，见何冠彪：《生与死：明季士大夫的抉择》，230～248 页。

② 清儒颜元于《存学编·学辨一》中所述这段话是广为人知的："宋、元来儒者却习成妇女态，甚可羞。无事袖手谈心性，临危一死报君王，即为上品矣。"《颜元集》，51 页，北京，中华书局，1987。笔者认为这个对前儒的论断是片面的，因为它忽略了"反论题一"的出现。

③ 陈永明：《慷慨赴死易，从容就义难——论南明坚持抗清诸臣的抉择》，载《九州岛学刊》，1994（3）。

④ 参见胡楚生：《清初诸儒论"管仲不死子纠"申义》，载《孔孟学报》，1986（52）；程树德：《论语集释》，988 页。

⑤ 于《管子·大匡》中，记载召忽于自杀殉君前对管仲讲了这一段话："子为生臣，忽为死臣。忽也知得万乘之政而死，公子纠可谓有死臣矣。子生而霸诸侯，公子纠可谓有生臣矣。死者成行，生者成名，名不两立，行不虚至。子其勉之，死生有分矣。"汤孝纯注释：《新译管子读本》，356 页。

之防的分别，并非节义和失节的分别，而是尽小节和尽大节，立小德和立大德之不同。

七、忠孝之两难

在传统的中国社会，反对一般的为己性自杀（以死来解决自己人生中的问题，如重大打击或挫折、久病厌世、无力偿还债务、做错事无颜面见人等）的最重要道德理由，是儒家所极力强调的道德规范——孝。常言有谓"百行孝为先"，而成书于汉朝的儒家典籍《孝经》更把孝视为最基本的道德规范。按照儒家孝的伦理，几乎所有的自杀都违反孝道，因为孝的第一个要求是奉养父母，如《孝经》第一章所说："夫孝，始于事亲。"① 自杀者再不能奉养父母，这是第一重不孝。其次，所谓"不孝有三，无后为大"（《孟子·离娄上》），自杀者若是未婚男丁或已婚但尚未有儿子，未能为父亲传宗接代，则是第二重不孝。再次，《孝经》第一章又说："身、体、发、肤，受之父母，不敢毁伤，孝之始也"②；自杀是自戕受之父母的生命，这是第三重不孝。因此，自杀违反孝道，其道理是显浅易见的；这个反对自杀的立场，可被称为"反论题三"。

反论题三：孝道要求子女对双亲则奉养父母，对自己则爱惜生命，对后代则要多子多孙，因此禁止自杀。

在古代中国，"反论题三"几乎是不言而喻的，因此在这方面的论述着墨不多。③ 直到明末清初，由于士大夫承受着一连串的自杀压力（先是京城沦陷

---

① 黄得时注译：《孝经今注今译》，1页，台北，台湾商务印书馆，1975。

② 黄得时注译：《孝经今注今译》，1页。

③ 《礼记·曲礼上》有段话说："父母存，不许友以死。"王梦鸥注释：《礼记今注今译》，修订版，13页，台北，台湾商务印书馆，1984。既然孝道禁止人为朋友卖命，自杀就更加不容许。战国时韩国刺客聂政便是一个好例子。当初严仲子邀其相助，他回答曰："臣所以降志辱身居市井屠者，徒幸以奉养老母；老母在，政身未敢以许人也。"后来，聂政母死，他便决定"老母今以天年终，政将为知己者用"，便去刺杀韩相侠累，事成后再自毁面容后自杀。聂政虽欲"士为知己者死"，但必须不与孝道有所冲突才进行。参见《史记·刺客列传第二十六》。

及崇祯自缢,继而是抗清复明的军事行动兵败如山倒,及清廷颁行的剃发令)①,因此以孝亲为由来反对自杀的言论才突然增多。家中有高龄父母需要照顾,更是最常出现的反对殉国的理由。② 既然孝道要求士大夫放弃为他性的成仁取义自杀,放弃"正论题一",则不能成仁取义的为己性自杀就更加为孝道所禁止,是自不待言。

于明末清初,虽然有很多士大夫以"反论题三"来反对殉国,但仍有不少士大夫在权衡轻重后,认为忠君义务之规范力大于孝亲的义务;既然忠重于孝,便应舍孝取忠,以死节来履行君臣之义。再者,士大夫殉国而名留青史,可使父母"亦称大贤",于是"尽忠即所以尽孝"。③ 正如《孝经》第一章所说:"立身、行道、扬名于后世,以显父母,孝之终也。"④ 殉国可光宗耀祖,于是可成为孝行之一。因此,针对"反论题三",明末清初赞成殉国的儒生便提出"正论题三"以抗衡。

正论题三:孝不应成为履行"正论题一"的阻力,而应成为其助力;孝要求人为仁义而自杀。

严格而言,"正论题三"并非"正论题一"的平行论题,而只是其从属论题;但为了说明"反论题三"于儒家伦理思想中并非毫无异议,因此有必要作独立陈述。

八、结论

(1) 以上列举的六个正反论题,可说是古代儒家伦理用来规范自杀行为的六个道德法则。透过分析这些道德法则之间的优先次序,我们可以更进一步掌握古代儒家的自杀伦理学(见下页图)。

首先,就为他性自杀而言,儒家思想历来是以"正论题一"为主调。虽然"正论题一"曾一度受"反论题一"的挑战,但是正如前述,"反论题一"并非

---

① 参见何冠彪:《生与死:明季士大夫的抉择》,6~7 页。
② 参见何冠彪:《生与死:明季士大夫的抉择》,71~88、105 页。
③ 参见何冠彪:《生与死:明季士大夫的抉择》,71~73、77、105 页。
④ 黄得时注译:《孝经今注今译》,1 页。

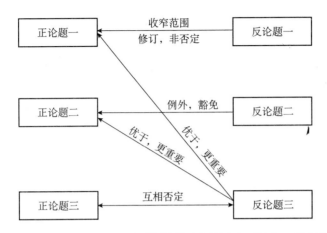

意图完全否定"正论题一",而只想限制其应用范围。因此,"反论题一"并非与"正论题一"互相排斥。再者,"反论题一"主要是清初一些儒生所提出,很快又被"正论题一"的声浪所掩盖,因此并非儒家传统的主流。"反论题三"虽曾要求"正论题一"屈从其下(无须尽孝的人才去殉节),对"正论题一"的规范地位有所威胁,但马上又受到"正论题三"的批判。因此,就为他性自杀而言,儒家伦理学始终是偏重于赞成自杀;这与古代西方的自杀伦理学甚不相同。

其次,就为己性自杀而言,于一般情形中,儒家是以"反论题三"为主调,反对自杀。这立场与古代西方的自杀伦理立场相似,而父母于儒家自杀伦理的地位,相当于上帝于基督教自杀伦理的地位。古代西方人受基督教影响,认为生命是上帝所赐予,因此也是上帝所拥有;所以,自杀是僭夺上帝的主权。古代中国人受儒学影响,认为生命是父母所赐予,也是父母所拥有;因此,自杀是僭夺父母的主权。孝爱上帝,是基督教反对为己性自杀的最大理由;同样的,孝敬父母,是儒家反对为己性自杀的最重要根据。只不过,于某种特殊情形中,儒家自杀伦理学却以"正论题二"为主调,赞成自杀。虽然,司马迁曾以"反论题二"(忍辱负重)修正"正论题二"(舍生避辱),指出在一些例外情形中,人可获豁免,不用自杀,但是于儒学思想史中,太史公的地位(史部)始终不如董仲舒(经部)。因此,在"尊严死"这个特别的为己性自杀问题上,儒家伦理的立场异于古代西方的自杀伦理立场。

(2)探究中西自杀伦理立场相异的根源何在,已超出本文的范围。但可以肯定的是，这分别并非源于所谓义务论与目的论的相异。以笔者所理解，古代西方反对自杀的立场，立论主要是义务论的（如集大成的阿奎那所言，自杀违反对天主、对自己及对群体的义务）。中国古代赞成自杀的立场，除了少数例外（如屈原及陈天华的死谏是属于目的论的进路），皆是属于义务论的进路。因此，不能以义务及目的论之分来解释中西自杀伦理思考的殊途。

（3）中国古代受到歌颂的自杀，主要是"理性自杀"性质，而不可视之为精神病患或心理学上的不正常行为。这些自杀并非不由自主，因一时冲动或内外在压力而产生的非一己所能控制的行为。相反地，这些自杀主要是由一套自杀伦理学所指导，当事人经过反复思量、权衡轻重、再三考虑后的自主选择。这些经过深思熟虑的自杀正当地属于伦理学的研究范围，而不是精神医学、心理学及社会学的研究对象。①

（4）最后，笔者要检讨一下本文所讨论的自杀与医学或医疗的关系。无论中西医学，都反对人自杀，因为自杀与医疗宗旨（挽救生命）相违背；因此，西方人有"生命神圣论"，中国人有"人命至重，有贵千金"之说（唐朝道医孙思邈语）。可是，人作为万物之灵，所欲有甚于生，所恶有甚于死，并不逗留在生物性的保存生命这个层次；人向往至善，追寻美善的更高层次人生。因此，有灵性的人，肉身生命只有工具价值，人活着是要追随更高层次的人生目标，实践至善。所以，为了至善，人既为之生，也为之死。常言虽谓"蝼蚁尚且偷生"，所以不应自杀；但正因为人超越于蝼蚁，所以人会为至善而舍生。

本文所讨论的受歌颂的自杀，正凸显出医疗事业的局限。医疗为人提供健康的生命，但健康的生命只是工具性的善，而非本然的善；有了健康的生命，人不会因此而感到完全满足，而还会去追寻至善。徒有健康身体，但没有人生目标，找不到人生意义，人的生活岂非如行尸走肉一般？所谓"不自由，毋宁死"，"生命诚可贵，爱情价更高，若为自由故，两者皆可抛"，都反映了人所

---

① 这些成仁取义的自杀之理性成分，最明显是出现于明末清初期间。正如前述，当时的士大夫就应否自杀殉国进行了一场为时几十年的反思及讨论，正反双方的理据都阐述得颇为详尽。这个对自杀的道德思考涉及对互为冲突的道德规范作权衡轻重（如忠君与孝亲，孰重孰轻），对道德规范的应用作处境分析（如人臣虽有殉国的义务，但刚考取功名而尚未受职的士人是否没有这义务）。譬如前述的刘宗周，他最终选择自杀殉国是经过长时间与门生辩论，及对处境转变作评估后而进行的。参见何冠彪：《生与死：明季士大夫的抉择》，51～56页。

欲有甚于生者的更高欲望，反映了人对至善的向往。既然是至善，是终极的善，人自然会为之生，也为之死。因此，当人为至善而舍生取死，医疗人员不应以医疗理由而强行阻止。至善是属于伦理学的领域，医疗人员并无这方面的专长。当然，有些人以为已找到至善，但其实却不然，这种为假至善而死是不值得的。（这正是上文"反论题一"对"正论题一"的修订。）但要作出这方面的分辨，却是属于哲学或伦理学的领域，而非医学的范围。

自杀与儒家的生死价值观：以《列女传》为例

张　颖

一、引言

　　对于自杀议题，儒家传统文化持有两种态度：一方面，提倡要爱惜身体，《孝经·开宗明义》言"身、体、发、肤，受之父母，不敢毁伤"，否则可谓不孝之举；另一方面，也有在特殊情况下的"杀身成仁"、"舍生取义"这种不排斥自杀的说法。总体来讲，儒家反对"轻生"，认为自杀是不孝之举，特别是那些由于"为己性"（self-regarding）的种种原因（如厌世、畏罪、逃债等）而自杀的行为。与此不同，还有一种自杀行为是涵盖道德语义的，它出于"为他性"（other-regarding）的需要，而这种道德语义往往体现某社会风俗中带有强势的、共享的价值取向。在特定的道德框架下，这种自杀非但不受社会谴责，有时还会受到某种程度的肯定，甚至作为楷模，成为"教化"（moral education）的文本，为后人颂扬。虽然这种思想是否符合早期儒家伦理，是值得商榷的问题，但"为己性"自杀和"为他性"自杀显然属于不同的范畴，具有中国传统所说的"轻于鸿毛"与"重于泰山"之分别。

　　值得注意的是，在儒家伦理体系中，有一种道德规范具有"性别伦理"的特质，即"妇道"的传统。在这个传统中，最具有争议的莫过于与女性自杀相关的"节义"问题。自20世纪"五四"新文化运动以来，女性的贞节观以及"节死"遭到痛斥和批判，被视为在封建男权社会中，中国女性悲惨历史中最黑暗的一页。本文以《后汉书·列女传》为例，探讨女性在节义问题上的道德取向及对自杀行为的道德诠释。笔者认为，《列女传》所体现的价值取向属于儒家道德的大传统，同时由于其"性别伦理"的特质，又涵盖了特殊的生死观，反映出儒家在"肉身"价值与"精神"价值议题上的考虑。本文试图说明，女性自杀有其背后特有的时代精神和文化传统，因此对它的道德评估要比儒家大传统中所谓"为己性"与"为他性"的划分更为复杂，它既反映出儒家在女性问题上的困境，也反映出儒家在生死问题上的困境。笔者认为，"节死"议题所反映的不仅仅是一个单一的儒家价值取向，因为任何道德理论或规范在"具体化"（embodiment）的道德实践中都会存在诠释上的多元性与复杂性。

二、性别伦理学

《后汉书·列女传》为西汉刘向所撰写，是中国第一部专门为女性立传的史书，最早出于刘向的《七略别录》。《列女传》中的部分叙事内容取自《左传》和《国语》，传承了中国早期传记体裁（如《史记》）的写作模式。[①] 在儒家传统伦理体系中，《列女传》又是一部有关女性品德伦理的经典文本，其形式属于儒家传统以"行"论"德"的范例模式（virtue ethics via exemplified life stories），其目的是为后人（尤其是女性）提供借鉴与效仿的样板。《列女传》的出现，标志着中国女性文化的新开端。自刘向之后，大凡史书（无论正史还是野史）都有专门的列女传章节，如《后汉书》、《隋书》、《旧唐书》、《新唐书》、《宋史》、《元史》、《明史》等，"列女"成为一个特殊的历史题材（genre）。与此相关的，还有一些专门为女性撰写的教科书，如《女诫》、《女论语》、《女孝经》、《闺范》、《女儿经》、《闺训千字文》等。[②]

《列女传》中的主人公包括从春秋战国到西汉时期的妇女，共 124 位，可归纳概括为六大类美德：母仪、贤明、仁智、贞顺、节义、辩通。[③] 这些品德体现了早期儒家的道德理想。在这六种德性模式中，三类（母仪、贞顺、节义）属于严格意义上的性别伦理学（gendered ethics）模式，而另外三类（贤

---

① 《列女传》屡经传写，到了宋代已经不是原来的本子了，分篇也各有不同。现存的本子是 7 卷，除卷一有 14 人外，其余每卷 15 人，共 104 人，每一卷的后面都有颂。书后有《续列女传》1 卷，增补列女 20 人，相传是东汉班昭所增加。刘向尊崇儒家经义，其思想虽儒道兼收，但以儒家为主，并认同儒学伦理思想。刘向认为"王教由内及外"。关于《列女传》及其历史背景，亦可参见 Lisa Ann Raphals, *Sharing the Light: Representations of Women and Virtue in Early China* (Albany, N. Y.: State University of New York Press, 1998)。

② 参见刘向著、黄清泉注释：《列女传》，27 页，台北，三民书局，2002。

③ 另外还有一类属于反面例子，称之为"孽嬖传"。东汉以后，又有后人增补的内容，包括《续列女传》、《列女传增广》、《广列女传》等。

明、仁智、辩通）属于非性别伦理模式。换言之，这里所说的品德已经超出传统所谓的女性理想气质，如美丽、温柔、顺从等等。在这个意义上，妇德也代表了人类通性的品德。《列女传》有关自杀的描述主要集中在贞顺篇与节义篇中，自杀的动机往往是守节有义。选取的是为了节义而不避死亡的女性，歌颂守节而死、虽死犹生的思想。如《卫寡夫人》、《蔡人之妻》、《楚昭越姬》、《盖将之妻》、《鲁秋洁妇》、《合阳友娣》、《京师节女》等等。

值得注意的是，属于非性别伦理学模式的三类德行（贤明、仁智、辩通）往往被后人忽视，他们没有意识到书中的女性之所以被加载史册，并非由于她们是"三从四德"之楷模，而是她们表现出同男性一样的，甚至优于男性的大义大智。虽然《列女传》本身并非完全脱离"父权文本"的系统，但我们能够在范例模式中看出超越传统"性别差异"的德行标准，这与西方女权主义者所批判的那种"阳物中心论"（phallocentrism）的西方思想有所不同。

所谓"性别伦理学"（gendered ethics，即"女性化伦理"），来自西方现代女权主义伦理学，强调女性的主体意识（即源于女性，针对女性），是对西方传统思维方式（包括伦理思维）中所谓"男性中心主义"的批判。从这个意义上讲，用"性别伦理"描述儒家伦理，特别是《列女传》中体现的妇德似乎并不合适。笔者这里之所以使用"性别伦理学"，是想通过西方这一术语表现以《列女传》为代表的儒家伦理的两层含义：一是以女性为对象；二是不一定以女性为对象，但带有"性别伦理学"所提倡的伦理特点，即儒家的"关联性思维"（correlative way of thinking）之特点，譬如互依性、关怀性、养育性、怜悯性、同情性等等，它与西方主流伦理所强调的个体性、分离性、自律性、自足性有所不同。当代西方女性所倡导的"关怀伦理"（the ethics of care）同儒家的"仁"有某种共同之处。[①] 譬如，"仁"与"关爱伦理"都是以人伦关系为基础，把人性的完美置放在与他人的关系上，同时，这两种伦理都注重道德规范的具体表现，反对套用抽象的、普遍主义的伦理概念。因此儒家的伦理思想，包括其美德伦理，或多或少地带有某种西方女性主义者所要追求的"女性

---

① "关怀伦理学"代表人物吉里根（Carol Gilligan）对西方传统伦理中过多强调个人权利的"男性哲学"思想给予批判。她认为，人与人的关系应为伦理学的出发点，而"关爱"他人是一种品德。同时，吉里根指出品德是有性别的，认为那种源于女性化的伦理较之于源于男性化的伦理更为优越。

化"的特点。①

　　然而，以女性为对象的"性别伦理"往往会遭到质疑，因为其暗含的思想是"性别差异"：或是传统文化的女性不如男性，或是现代极端女性主义的女性优于男性。如何评判儒家文化中的"男女有别"是一个较为复杂的问题，因为中国传统文化（包括儒家）对这个问题的解释也不是完全一样的。被称为"女教圣人"类的作品从早期班昭的《女诫》、宋若华的《女论语》到明代流行的茅坤的《古今列女传》、吕坤的《闺范》都强调男女两性不同的地位、角色、言行和规范。这里，"男女有别"更多是指男女在具体社会生活中所承担的角色不同，即"社会性别"之差异，但同时也含有"自然性别"之差异。应当指出的是，儒家"性别差异"的思想虽然并没有直接在品德修养上排斥女性，但确实带有"男尊女卑"的倾向，刘向的《列女传》也反映了这一特点。

　　《列女传》有关自杀的描述主要集中在贞顺篇和节义篇中。其中一个重要的概念就是"节"。广义来讲，"节"为气节、节操、名节。中国文化自古就有注重名节的传统。许多人把名节看得比生命更为重要，因为人的生命转瞬即逝，而名节可以流芳百世。《左传》有言："大上有立德，其次有立功，其次为立言。虽久不废，此之谓不朽。"在儒家的"三不朽"中，最为人们所珍视的乃是"立德"。"立德"的重要标志则是名节的保存。在这种思想观念的影响下，中国历史上涌现出一批又一批仁人志士、忠臣孝子，以及节妇烈女。他们的故事一次又一次被载入史册，为后人传颂，成为中国传统文化的重要组成部分。

　　就女性的品德而言，"名节"具有特定的含义。"节"专指"不失身"，与"贞"同义。"贞"原意为"正"，即"不失其宜"。《易经》曰："恒其德。贞，妇人吉。"这样一来，"节"与"贞"就成为衡量女性道德情操的重要标准。传统上女性守节分为婚后守节与婚前守节，婚前守节又有两种：一是在订婚后，未婚夫死了，女子就到夫家守贞一生；另一种是未婚夫死后，女子即赴夫家以

---

　　① 认为儒家伦理具有"女性化"因素的学者包括 Alison Black，Roger Ames，David Hall，Henry Rosemont 等。具体论点参见 Chenyang Li，*The Sage and the Second Sex*：*Confucianism*，*Ethics*，*and Gender*（Chicago：Open Court，2000）一书。也有学者对把儒家"仁"的品德与"关爱伦理学"相提并论的做法持怀疑的态度。譬如，一文列举两者之间的差异，指出儒家的"仁"是以"父慈子孝"为基础的，属血亲之爱的男性中心主义的伦理观。另外，关爱伦理强调对"他者"（the other）的责任，主体的给予是无条件的，而儒家的五伦关系，更多的是一种双向给予（reciprocal）的关系。

未亡人的身份办理丧事，及后以身相殉，也有一些是闻未婚夫死讯后，以身相殉。其中因逼嫁而赴死殉的例子较多，如《后汉书·荀采传》。

在名节问题的背后，隐藏着肉身与精神的关系，这一点在女性名节问题上尤为突出，如宋明理学代表人物程颐的"饿死事小，失节事大"的著名言论（《河南程氏遗书》）。明代吕坤在《闺范》中指出，女性的名节至关重要，而女性的名节主要表现为自己的身体。倘若身体受到玷污，即使具有其他的美德，也不能掩盖名节上的瑕疵。所以吕坤认为，"女子守身，如持玉卮，如捧盈水，心不欲为耳目所变，迹不欲为中外所疑"，这样才能"完坚白之节，成清洁之身"。因此，"身当凶变，欲求生必至失身，非捐躯不能遂志。死乎不得不死。虽孔孟亦如是而已"（《闺范·死节之妇》）①。另外，中国古代诗歌中亦有大量有关女性贞节的诗句，如孟郊在《列女操》中说："贞妇贵徇夫，舍生亦如此。波澜誓不起，妾心井中水。"张籍在《节妇吟》中有"知君用心如日月，事夫誓拟同生死"的诗句。白居易在《妇人苦》中说："人言夫妇亲，义合如一身，及至生死际，何曾苦乐均。妇人一丧夫，终身守孤孑；有如林中竹，忽被风吹折，一折不重生，枯死犹抱节。"邵谒的《金谷园怀古》感叹道："竹死不变节，花落有余香。美人抱义死，千载名犹彰。"② 这些贞节诗句，有些是针对当时女性道德观的描述，有些则是诗人（男性）假借女子的口吻表达男人"孝忠"的思想。无论哪种情况，我们都会看到传统文化对性别伦理学，即妇德的诠释。

三、自杀与儒家生死观

死亡问题，既可以作为性别伦理学来研究，也可以作为一般伦理学来研究。与其他哲学或宗教传统一样，儒家意识到生死的问题，尤其是死亡的自然属性与社会属性的关系问题。《论语》中的孔子曾经感叹"死生有命"，也关注死亡的社会属性和价值取向。《论语·卫灵公》中有言："志士仁人，无求生以害仁，有杀身以成仁。"人为什么应当为了"成仁"而不惜"杀身"呢？这是

---

① 转引自张福清编注：《女诫——女性的枷锁》，67 页，北京，中央民族大学出版社，1996。
② 转引自逸江南：《从文学作品看唐朝妇女的贞节观念》，见 http://www.ljhis.com/a/suitang-shengshi/2010/0402/3134.html。

因为，在孔子看来，唯有"仁"这个范畴才可充分地表达"人"的本质规定性，才使人成其为人，使君子成其为君子。《论语》中反复强调"君子去仁，恶乎成名"（《里仁》），"人而不仁，如礼何？人而不仁，如乐何？"（《八佾》）"朝闻道，夕死可矣。"（《里仁》）

《孟子》中亦有赞扬舍生取义的说法："生，亦我所欲也；义，亦我所欲也。二者不可得兼，舍生而取义者也。"（《孟子·告子上》）孟子的"舍生取义"与孔子的"杀身成仁"是类似的说法。在传统儒家思想中，仁与义皆指人类最高的美德。儒家尊重生命，但不认为肉体生命具有至上性的地位。当维持生命和道义留存相冲突时，儒家的最终选择就是"杀身成仁"、"舍生取义"，这是道德理想主义的生命价值观。以"人生自古谁无死，留取丹心照汗青"而名垂千古的文天祥在《正气歌》中把这种思想表现得淋漓尽致：

> 天地有正气，杂然赋流形。下则为河岳，上则为日星。于人曰浩然，沛乎塞苍冥。皇路当清夷，含和吐明庭。时穷节乃见，一一垂丹青。
>
> 在齐太史简，在晋董狐笔。在秦张良椎，在汉苏武节。为严将军头，为嵇侍中血。为张睢阳齿，为颜常山舌。或为辽东帽，清操厉冰雪。或为出师表，鬼神泣壮烈。或为渡江楫，慷慨吞胡羯。或为击贼笏，逆竖头破裂。是气所磅礴，凛烈万古存。当其贯日月，生死安足论。

文天祥在《正气歌》序中提到孟子的"浩然之气"，称之为"天地之正气"。文天祥所体现的是传统儒家的生死价值观：人必有一死，在生死攸关之际，为了仁义，人不能苟且偷生。关键时刻，临危不惧，杀身成仁，这正是儒家所追求道德生命的理想。

其实，按照儒家的常规的伦理体系，肉身与精神没有二元对立的关系。然而在名与身出现矛盾时，身心的一致性便出现了问题。在刘向所处的西汉时代，儒家认为生命诚然可贵，但名节、情操更为重要。这种思想实际上来自孔孟之道，是伦理学上"义务论"的基本命题。《论语·卫灵公》中指出："志士仁人，无求生以害仁，有杀身以成仁。"《论语·泰伯》中曾子也说："士不可以不弘毅，任重而道远。仁以为己任，不亦重乎？死而后已，不亦远乎？"显然这里"死"的概念与"仁"的概念密不可分。"杀身以成仁"似乎意味着杀身的理由只有"仁"而非其他，也就是说，"忠"、"孝"、"节"都没有在其中。《孟子》的"舍生取义"又将"死"与"义"相提并论："鱼，我所欲也，熊掌，亦我所欲也。二者不可得兼，舍鱼而取熊掌者也。生，亦我所欲也，义，亦我所欲也。二者不可得兼，舍生而取义者也。"（《孟子·告子上》）《孟子·尽心上》中提出"道"的概念："尽其道而死者，正命也。桎梏死者，非正命也。"又强调："知命者，不立乎岩墙之下。""天下有道，以道殉身；天下无道，以身殉道。未闻以道殉乎人者也。"与孔子一样，孟子认为"杀身"的理由是"成仁"、"取义"或"成道"。显然，孔孟"杀身"的范围有限，并未直接论及是否可以为其他道德观念献身。由此观之，后人（包括刘向的《列女传》）使用"名节"的概念，要比孔孟所讲的"成仁"、"取义"或"成道"宽泛很多。

然而即使儒家重视名节，这是否意味着儒家鼓励轻生呢？孟子在《离娄下》强调说："可以死，可以无死，死伤勇。"也就是说，在可以不死的情况下随意死去便有失"大勇"。孟子认为，义是高于"生"的东西，是比"生"更值得欲求的东西，是人生中一种特殊的道德境遇。应当指出的是，在儒家的大传统中，对种种"为他性"自杀或出于荣誉尊严"为己性"自杀，皆没有给予明确的道德意义上的遣责，但这不一定说明儒家传统都是鼓励自杀。实际上，即使是"为他性"的自杀，带有明显的"利他主义"（altruistic）的特质，也有一定的争议。譬如对屈原投江自尽的评述，儒家内部也有不同的看法。汉代思想家扬雄的《反离骚》虽为凭吊屈原而作，对诗人的遭遇充满同情，但又批评屈原"以死相谏"的行为，指出"昔仲尼之去鲁兮，斐斐迟迟而周迈。终回复于旧都兮，何必湘渊与涛濑？溷渔父之舖歠兮，絜沐浴之振衣。弃由、聃之所珍兮，跖彭咸之所遗！"① 这里，扬雄认为，屈原应该仿效孔子，即周游列国，寻求出路，而不是自杀。何况就算死了，也未必能感动昏君。同时扬雄提出，屈原也可以仿效道家（如许由、老聃）避世保身的做法。总而言之，扬雄是不赞同屈原的自杀行为的。具有讽刺意味的是，当扬雄自身受到政治迫害时，为了保存尊严，也采取了自杀的方式，虽然他最终自杀未遂。

宋儒朱熹在《反离骚》的注释中写道："夫屈原之忠，忠而过者也……不

---

① 转引自朱熹：《楚辞集注》，238页，上海，上海古籍出版社，2001。

能皆合于中庸矣。"① 朱熹也承认，屈原的大节（忠君）值得称赞，但细节不合乎中庸（"圣贤之矩度"）之原则。但他同时为屈原辩解道："发其心之所不得已者，而不暇顾世俗之毁誉，则几矣……"② 也就是说，朱熹认为，如果自杀行为出自当事人真实的道德情感反应（即屈原不愿同流合污），我们也应该予以尊重。其实，朱熹除提出"中庸"原则之外，在另一点上也与孔子有相近的论述，这就是"忠"要以"仁"为本："如君止于仁，臣止于忠，但见得事之当止，不见此身之为利为害。才将此身预其间，则道理便坏了！古人所以以杀身成仁、舍生取义者，只为不见身，方能如此。"③ 这里，朱熹明确地提出，"臣忠"的自我牺牲原则需以"君仁"为前提。

上述的争辩中涵盖了判断自杀是否合理的几个标准：（1）自杀的后果有效无效；（2）除了自杀，是否还有其他选择；（3）自杀是否反映自杀者真实的情感，即我们上述所说的"自愿"的选择；（4）自杀是否以"仁"为本。第一个标准属于目的论（效益论）的范畴：看自杀（殉死或死谏）是否起到醒世之作用。第二个标准是看自杀是否属于"不得已"的手段。第三个标准是尊重自杀者真实的情感反应，这个标准最大的问题是，"真实的道德情感反应"也可能是"被扭曲的道德情感意识"（faulty consciousness），也就是说，表面上的"自愿"行为也有可能暗含着某种强制。另外，朱熹的"尊重真实的情感反应"这个原则在道德评判上很难把握，因为（1）和（2）在这个原则下都不能成立。最重要的标准是以"仁"为本，这一点用来区分"为己性"与"为他性"的不同。换句话说，"杀身"不应该出于特殊的道德目的，哪怕是忠孝节义，而是要看此行为是否符合"仁"或"天理"。

四、自杀与节死

根据上述的儒家思想，我们可以考察一下《列女传》中的"贞顺传"和"节义传"是如何诠释儒家的生死观以及生命与名节的关系的。这两部分的主人公包括从春秋战国到西汉时期的妇女，其中有妃、姬、夫人、妻、妾，另外

① 朱熹：《楚辞集注》，241 页。
② 朱熹：《楚辞集注》，241 页。
③ 朱熹：《朱子语类》卷七十三，1850 页，台北，文津出版社，1986。

还有继母、保姆、乳母、姑姐、姊妹等。其中共有 14 人自杀，一个自戕，还有几位自杀未遂。"节、烈、贞、孝"是作品的思想主题，因此自杀的理由大多与节死有关，节死的具体内容有所不同，大致可以分为以下几类：

（1）殉夫而死（为相随刚刚去世的丈夫自杀）

（2）为从一而终自杀（家人逼迫再嫁）

（3）为恪守礼仪而自杀

（4）为丈夫不忠而自杀

（5）为守身如玉而自杀（抗暴）

（6）为自己或他人的节操而自杀

（7）为解救他人的生命而自杀

传记中的女性节死又可以分为两种：一种是"主动节死"（如投河、自缢），一种是"被动节死"（如饿死、烧死），两种均属自愿的、理性的行为。"主动节死"包括自残和自杀。譬如《梁寡高行》描述了一个自残的例子：梁国一个寡妇，品德高尚。丈夫死后，坚持守节。为了拒绝梁王的行聘，最后"援镜持刀以割其鼻"，以毁容保持贞洁，以后的《列女传》版本出现不少类似的故事。与男性自杀相似，女性自杀背后也是名节的考虑，其中"义务论"（deontological）的成分比较大，但有时也不排除"目的论"（teleological）的因素。《列女传》视"贞顺"与"节义"为女性重要的美德，特别是"贞节"，被看作女性"全德"和"至德"的体现，所以妇女为"贞节"牺牲一己之命，换取立节垂名也不足为奇。这一点我们可从《列女传》中得到证实：

> 越义求生，不如守义而死。（《贞顺传·宋恭伯姬》）
>
> 守义死节，不为苟生。（《贞顺传·楚昭贞姜》）
>
> 宁载于义而死，不载于地而生。（《贞顺传·陈寡孝妇》）
>
> 妇人之道，壹而已矣。彼虽不吾以，吾何可以离于妇道乎！（《贞顺传·黎庄夫人》）
>
> 夫任重而道远，仁以为己任，不亦重乎！死而后已，不亦远乎！（《贞顺传·楚白贞姬》）
>
> "妇人之义，一往而不改，以全贞信之节。"今忘死而趋生，是不信也。见贵而忘贱，是不贞也。弃义而从利，无以

为人。(《贞顺传·梁寡高行》)

妻操固行，虽死不易。(《贞顺传·楚白贞姬》)

与其无义而生，不如死以明之。(《节义传·楚成郑瞀》)

杀身成仁，义冠天下。(《节义传·京师节女》)

然而，我们还是要问：《列女传》的节死故事是否完全符合儒家的伦理价值观呢？我们可以用以下四个例子加以具体说明：

1. 《鲁秋洁妇》

该故事描写鲁国秋胡子与其妻结婚五日，即到另一个地方去做官。五年之后，在回家的路上见到路旁一个采桑妇，一下子就喜欢上她，并且上去调戏她，遭到采桑妇的拒绝。后来秋胡子回到家，见到妻子，没有想到妻子竟然是路上偶遇的那个采桑妇，觉得很羞愧。妻子责备道：

今也乃悦路傍妇人，下子之装，以金予之，是忘母也。忘母不孝，好色淫泆，是污行也，污行不义。夫事亲不孝，则事君不忠。处家不义，则治官不理。孝义并亡，必不遂矣。①

说罢鲁秋洁妇投河自尽，以示决绝。颂曰："妻执无二，归而相知，耻夫无义，遂东赴河。"我们看到，在这个故事中，作者把男性的出轨与不孝、不义、不忠联系起来，即把家事与国事联系起来，由此，对配偶的忠诚自然而然地被列入对君主的忠诚的范畴之内。鲁秋洁妇的节死，一方面表示她对爱情的坚贞不二，另一方面表示她希望以自己的生命呼唤丈夫的羞耻之心。前者为义务论的考虑，而后者为目的论的考虑。

我们如果要论证鲁秋洁妇自杀的合理性，或是否符合儒家所说的"杀身成仁"、"舍生取义"的大原则，我们会问：鲁秋洁妇是否不得不死？答案显然不是。这里，即使鲁秋洁妇为了高扬名节，采用的方法也未免过于极端，因为她可以用其他劝说的方法，何况她的丈夫又不是圣人，有过失也应该给一次改正的机会。以此推论，这个节死故事属于"过犹不及"的例子，也就是说，动机不错，但手段有问题，起码没有做到朱熹所说的"中庸"之原则。

---

① 刘向著、黄清泉注释：《列女传》，255 页。

2.《宋恭伯姬》

这是一个被动节死的故事。这里所谓的"被动",是指当事人虽然没有直接采用结束生命的行为,但拒绝采取保护或维系生命的积极措施,结果造成对生命的伤害,甚至终结。《宋恭伯姬》讲述了一个女子为了恪守礼仪,拒绝避开火海求生的故事。女主人公伯姬承母命,嫁给宋恭公为妻。在宋恭公行迎亲之礼前,伯姬便在父母的催促下离开鲁国,但她坚持一定要宋恭公补齐一切必要礼仪后才肯和他一起生活。七年后恭公去世,伯姬坚持守寡。有一天,宫内失火,宫女劝说伯姬赶快避火。伯姬却说:"按照宫内妇女的规定,如果保母、傅母不在身边,女主人夜间是不能独自走出内室的,我必须要等保母、傅母来了以后再走。"后来,保母来了,但傅母未到,伯姬还是拒绝离开,她说:"越义求生,不如守义而死。"最后,伯姬被活活烧死在火海之中。颂词赞扬道,伯姬的行为是"守礼一意"。故事以《诗经》的诗句作为结语:"淑慎尔止,不愆于仪。"刘向则评述说:

> 《春秋》详录其事,为贤伯姬,以为妇人以贞为行者也,
> 伯姬之妇道尽矣。[1]

可见《列女传》的作者是认同伯姬蹈火节死的行为的。类似的评论在其他古代文本中也有。如《穀梁传》说:"妇人以贞为行者也,伯姬之妇道尽矣!详其事,贤伯姬也。"《淮南子·泰族训》亦有言:"宋伯姬坐烧而死,《春秋》大之。取其不逾礼而行也。"

但是,伯姬的故事同样令人想到《孟子》中有关叔嫂是否相援的争论。虽然《孟子·离娄上》中说:"男女授受不亲,礼也",但孟子认为,嫂子落水快要淹死时,小叔应该救她,否则就是像野兽一样,没有恻隐之心。可见孟子认为人命要比僵化的礼仪重要得多。守礼固然重要,但关键时刻是需要变通的。按照孟子的理解,所谓的礼,必须是可以作权宜变通的礼。因此,"不可易者"只有礼的精神,而不是礼的某一个规则。由此观之,伯姬之死就有失于孟子的伦理思想。

---

① 刘向著、黄清泉注释:《列女传》,187 页。

3.《盖将之妻》

与上述两个例子不同，这个故事与女性"贞节"的特殊含义无关。故事讲述西戎攻打盖国，杀了盖国的君主，并对盖国的臣子说："凡是自杀的，家人会被杀掉。"

盖将邱子自杀，但被救活过来。邱子回家后，其妻对他说，将军的气节应是与部下同生死。况且国君死了，臣子却生存下来，这不是忠的行为。丈夫回答道："我不是因为爱惜生命才不死。如果我自杀，西戎就会杀了我们全家。再说，即使我自杀了，又会对国君带来什么好处呢？"盖将之妻则斥责丈夫不义、不仁、不忠和不贤：

> 今君死而子不死，可谓义乎！多杀士民，不能存国而自活，可谓仁乎！忧妻子而忘仁义，背故君而事强暴，可谓忠乎！人无忠臣之道仁义之行，可谓贤乎！《周书》曰："先君而后臣，先父母而后兄弟，先兄弟而后交友，先交友而后妻子。"[1]

妻子认为，她不能同丈夫一起蒙受耻辱而活下去，于是就以自杀结束了自己的生命。故事结语中引用了《诗经》里的赞美之词："淑人君子，其德不回。"

显然，这个故事与《列女传》一般的节死主题有所不同，盖将之妻的自杀更多是表现女子的"义"，即不重私情之公义。也许盖将之所以逃避自杀，确实是为了保护家人不受牵连，因此处于道德两难的境况，而妻子的死亡帮他解决了这个道德两难的问题。"义"在《列女传》中是一个至关重要的概念，包括孝义、节义和公义。此外，盖将之妻所讲的有关"尊严死"的问题，也与儒家大传统中所讲述的有关男性的节义故事没有本质的差异。

4.《京师节女》

与《盖将之妻》一样，京师节女献身的故事也与贞节无关，而是谈孝义的问题。节女的丈夫有个仇人，总想对她的丈夫进行报复，但又苦于没有合适的途径。后来听说京师节女仁孝有义，仇人就绑架了她的父亲，同时要挟节女：

---

[1]　刘向著、黄清泉注释：《列女传》，243页。

> 父呼其女告之，女计念不听之则杀父，不孝；听之，则
> 杀夫，不义。不孝不义，虽生不可以行于世。欲以身当之，
> 乃且许诺，曰："旦日，在楼上新沐，东首卧则是矣。妾请
> 开户牖待之。"还其家，乃告其夫，使卧他所，因自沐居楼
> 上，东首开户牖而卧。夜半，仇家果至，断头持去，明而视
> 之，乃其妻之头也。仇人哀痛之，以为有义，遂释不杀其
> 夫。君子谓节女仁孝厚于恩义也。夫重仁义轻死亡，行之高
> 者也。论语曰："君子杀身以成仁，无求生以害仁。"此之
> 谓也。①

这里，节女的处境是：如果不听仇人的安排则父亲要被杀死，如果听仇人的安排则丈夫要被杀死。在没有其他更好的选择下，节女最后以身代夫。刘向把节女看作"重仁义轻死亡"的典范。故事的结语引用了《论语》中的话："君子杀身以成仁，无求生以害仁。"在这个故事中，京师节女最后牺牲自己的生命，用以换取父亲和丈夫的生命安全。她保父救夫的"尽孝"和"行义"显然已经超出一般意义上的"三从四德"，因为这里所描述的是一个人，在道德两难的境遇中，如何以自己的死亡换取他人的生存，这是"为他性"的"义举"。② 从目的论的角度看，女主人公以自己的牺牲感动了行凶者，唤醒了他的良知。同上述的三个故事相比，《京师节女》最接近于孔孟的"杀身成仁"、"舍生取义"的精神。由此，我们看到，"义"不仅是男性的美德，也是女性的美德。

我们知道，儒家伦理体系是一个大传统，在这个大传统中，又会有对儒家思想的多重承继与诠释。就《列女传》而言，作品所展示的节死与自杀也不是单一的模式，反映了汉代儒家对孔孟之道以及先秦文化独有的理解。至于说《列女传》的生死观是否符合孔孟的传统，也不能以简单的"是"或"不是"

---

① 刘向著、黄清泉注释：《列女传》，273~274 页。

② 如果说"忠孝"两难，那么，"节孝"同样两难。有意思的是，《列女传》有关节死或殉死的故事，多数都未谈及自杀与"孝"的矛盾，可能是作者认为在女性美德中，"节"比"孝"更为重要。也就是说，对女性来讲，"百行节为先"。只有《齐杞梁妻》中，提及该女子在自杀前曾经说过，夫家和娘家都没有五服之内的亲属，因此行死节不会涉及"不孝"的问题。故事结尾的颂词引用了《诗经》里的词句："我心伤悲，聊与子同归。"（《贞顺传·齐杞梁妻》）这里，死节即死殉，行死殉的女性会有"节烈"的封号。

予以回答。从以上四个案例来看，《鲁秋洁妇》和《宋恭伯姬》似乎与孔孟的道德精神有冲突；《盖将之妻》和《京师节女》则比较接近孔孟正统的思想。

值得注意的是，刘向的《列女传》只是将"贞节"的品行与其他女性品行相提并论，然而《列女传》以后类似的叙述题材，却将贞节作为衡量女性唯一的道德标准，从而深化了男性主义的意识形态。① 宋儒程颐的"饿死事极小，失节事极大"说法成为宋明理学对女性压迫的经典例子。② 遗憾的是，从孔孟原本的伦理思想来看，坚守"从一而终"这个原则本身，实际上与高尚品德并没有直接的逻辑关系。如果不顾其他因素，只是为了"从一"而采取自杀行动，不但不是真正的名节，反而有失儒家尊重生命的大传统。程颐所倡导的女性"贞节观"，特别是就"饿死事极小，失节事极大"这个说法而言，显然已经完全背离了儒家对"名节"含义原有的诠释。笔者认为，贞操制度化、节死符号化的做法，是将本来具有生命力和创造力的道德价值变成了毫无生命可言的教条，甚至变成了杀人的武器，这正是"烈女"、"节妇"的悲剧所在。③

---

① 汉代以后，"节、烈、贞、孝"成为社会对女性的具体要求，因此，与贞节相关的传记在民间大量流行，其中不少是歌颂妇女因严守贞节而自杀的实例，而自杀的方法比刘向《列女传》中的描述更为丰富：有绝食、自缢、吞金、服毒、割腕、投水火等等。在这些描述中，女性贞义的行为与男性的忠孝属于同一个道德范畴。由此，社会把女性的贞洁看作与男性的忠孝一样重要。于是，"忠臣不事二君，贞女不更二夫"成为社会时尚的道德口号。从这里，我们可以看到儒家传统中所谓"内治"与"外治"的相互关系，即《礼记·昏义》所说的："天子听男教，后听女顺，天子理阳道，后治阴德，天子听外治，后听内职，教顺成俗，外内和顺，国家理治，此之谓盛德。"参见刘向著、黄清泉注释：《列女传》，13 页。《礼记·中庸》中也有类似的说法："君子之道，造端乎夫妇；及其至也，察乎天地。"显然，《列女传》承继了这个传统。

② 有关明清时期烈妇、节妇方面的具体描述，可参见邢丽凤、刘彩霞、唐名辉：《天理与人欲》，154～164 页，武汉，武汉大学出版社，2005。亦可参见李国祥、杨昶主编：《明实录类纂·妇女史料卷》，武汉，武汉出版社，1995。

③ 从另一角度看，女性受压迫也源于身体上的性别特征，因为身体代表自然、原始、欲望，这些都是社会"秩序"的反面。因此，"性别"（gender）的议题往往最终会是"性"（sex）的问题。由此观之，《列女传》中对"贞节"的讨论实际上暗含了中国男性在"性"问题上的复杂心理。而将"性"与"死"联系在一起，形成中国文化中特有的与女性身体相关的"节死"情结。《男性焦虑与女性贞节》（*Male Anxiety and Female Chastity*）的作者田汝康则认为，男性对女性的控制，主要体现在对女性身体的控制。由于这个问题超出《列女传》的讨论范围，笔者在这里不作进一步分析。有关这方面的论述，可参见 Ju-Kang Tien, *Male Anxiety and Female Chastity: A Comparative Study of Chinese Ethical Values in Ming-Ching Times* (Leiden, New York: Brill, 1988)。

五、结语

作为性别伦理学，刘向的《列女传》展示了中国古代女性的社会地位和道德议题。

作者在文本中虽然记载了女性的各种美德，但这些女性的个体价值显然是通过某某之妻、某某之姬、某某之妾来完成的，因此她们的价值最终还是要被纳入父权秩序的规范中。因此，《列女传》在歌颂妇女的胆识与才智的同时，也流露出"男尊女卑"、"三从四德"的传统思想。在中华文明的历史长河中，从《列女传》中"列女"的诞生到汉代以降"烈女"的出现，我们可以看到"杀身"背后是"男以忠孝显，女以贞顺称"的伦理意涵。《列女传》既体现了儒家伦理规范对该作品的影响，也展示了一些与儒家精神相偏离的思想。因此，列女的故事从一个侧面揭示了汉代儒家对传统的建构。就这点而言，《列女传》又不仅仅是反映性别伦理学的著作。

自孔孟开始，儒家就非常注重教化，譬如把《诗经》看作是"经夫妇，成孝敬，厚人伦，美教化，移风俗"（《毛诗·序》）的教化工具。历代的《列女传》具有同样的功能。《列女传》的女性形象成为后人效法的模本，这种效法可以是直接模仿、综合模仿或象征模仿。可惜的是，"妇德"内涵自刘向以后发生了很大的转变，特别是宋明道学时代。其结果是，除了"贞节"之外，早期《列女传》所展示的其他品德，尤其是与贤明、仁智和辩通有关的德行都被大量消解和忽略了，早期的形形色色的"列女"变成了千篇一律的"烈女"。当内在的品德被转化为某种外在的标准模本，成为世间所有女性所渴求与效法的理想，那么品德作为一种道德自觉，即孔孟所强调的"诚心"，就会完全丧失。而那些对寡妇自杀或自残的故事的夸张描述，更是令人觉得有失儒家原本的道德精神。

"烈"这种妇德的"肉身化"与"符号化"（贞节牌坊），同样与当时社会流行的理学的道德伦理紧密相连。这就意味着该题材所反映的"自杀"问题与我们今天所谈论的"自杀"有很大的不同，特别是西方学界常常把女性的自杀与各种情绪失控或精神疾病联系起来。① 而《列女传》中的女性自杀属于在特定道德规范体系中的一种选择，是与"道德义务"（moral obligation）和"应当—能够原则"（ought-can principle）有关的理性选择。同时，这种选择的示范与效法作用对社会价值取向的影响是与一般性质的自杀不可同日而语的。

综合而言，女性自杀有其背后特有的时代精神和文化传统，因此对它的道德评估要比儒家大传统中所谓"为己性"与"为他性"的划分更为复杂，它既反映出儒家在女性问题上的奇特性，也反映出儒家在生死问题上的复杂性。

---

① 美国学者 Margaret P. Battin 在《死亡争议：自杀之伦理议题》[*The Death Debate：Ethical Issues in Suicide*（New Jersey：Prentice-Hall, 1996）]一书中指出，自杀可以分为两大类来研究：一是把自杀看作一种受外界或生理影响的病态行为来研究，另一是把自杀看作一种自主的理性行为来研究。前者为科学的谈论范畴，后者为伦理学的谈论范畴。按照这一说法，本文主要是在伦理学的范畴探讨中国女性的自杀问题。当然，节死是否完全是理性行为，有待进一步探讨。

儒家的生死价值观与安乐死

罗秉祥

一、前言

本文之旨趣如下：（1）只从道德价值角度讨论安乐死；至于安乐死应否合法化的问题，牵涉到因国家而异的法律及公共政策，不在本文范围之内。（2）笔者要逐一检讨在西方四个常见的赞成安乐死的论证，并且指出这四个论证分别与中国传统道德思想（特别是儒家）有不同程度的共鸣及相通之处。（3）由于这些共鸣及相通之处只是在某种程度上，而非彻底相通，所以透过与中国古代的价值观的相对照，也可以更清楚地看出这四个西方论证之性质及其可能的限制。（4）笔者的结论是，从儒家的价值观来看，除了在某些极端的情况下，一般来说这四个支持安乐死的论证都说服力不足。（5）指出儒家价值观不支持安乐死的四个西方论证，并不表示安乐死在道德上是不可取的，因为儒家的道德价值也许有错误的成分；再者，除了要检讨的四个论证之外，另外也许有别的赞成论证是儒家价值观所能完全首肯的。本文的立论主要是与西方常用论证对话，所以暂时未能进一步讨论这些问题。

在引用材料方面，就西方而言，除了会引用当代医学界及哲学界的学术研究外，也会引用法庭的判决书及民间团体的出版物，这样更能全面反映西方的安乐死运动的面貌。在中国儒家方面，所依据的材料主要是古代儒家思想主流的著作，新儒家并不包括在内。

在展开本文的主要讨论之前，首先要澄清"安乐死"一词之意义，及解释安乐死、自杀与协助他人自杀之间的异同。

二、安乐死、自杀与协助他人自杀

以"安乐死"一词来翻译"euthanasia"，是中文与日文的共同译法。笔者的猜测是，正如其他近代译名，此举也可能是日本人之首创。究竟"安乐死"三个字出于何典何故，笔者没有作过详尽的考据；但根据初步的观察，"安乐死"一词可能有两个来源：儒家的《孟子》，以及佛教净土宗思想。

所谓安乐死，就是死的时候也要安安乐乐，这个思想可能来自"死于安乐"一词。这词语出自《孟子·告子下》（第十五大段），全句是"然后知生于忧患而死于安乐也"。把这句子孤立来看，很容易望文生义，以为孟子是说有些人终身劳碌，颠沛流离，没机会享受人生，到了死时，还好，总算死得平静安详，有所善终。这是一般人对"生于忧患，死于安乐"的理解。可是，这种解释却是断章取义，与孟子原意南辕北辙。

在《孟子》上述一段文字中，孟子先列举六个古代圣贤的出身，都是贫困寒微，然后便说出一段人皆耳熟能详的话："故天将降大任于是人也，必先苦其心志，劳其筋骨，饿其体肤，空乏其身，行拂乱其所为，所以动心忍性，曾益其所不能。"苦难和坎坷的煎熬，能激发人奋发振作的心志，于个人如是，于国家也如是（"生于忧患"）。相反地，缺乏挑战，生活安逸，也往往会使个人及民族安于享乐，最终被他人所消灭（"死于安乐"）。因此，孟子才语重心长地说："然后知生于忧患而死于安乐也。"

现代人看安乐死，觉得是可喜的。就孟子而言，死于安乐，却是可悲的！因此，作为"euthanasia"中译的"安乐死"，与《孟子》中"死于安乐"一词思想不协调。假如"安乐死"一语之典故是来自《孟子》的"死于安乐"，不是用典错误，就是古语新用了。

"安乐死"另一可能的典故是来自佛教净土宗思想。"安乐"是中国及日本净土宗常用的词语，净土宗的信仰核心是阿弥陀佛，而阿弥陀佛所住之处，及信众将来要赴之境，是西方极乐世界。西方极乐世界又名"安乐园"、"安乐净土"、"安乐佛土"、"安乐佛国"、"安乐世界"等[1]，因为按照净土宗之原始经典《佛说无量寿经》所解释，在西方极乐世界中"无有三途苦难之名，但有自然快乐之音，是故其国名曰安乐（或极乐）"[2]。净土宗曾流行于中国民间，大盛于日本（直至今天，净土宗在日本仍与禅宗平分秋色）；因此，"安乐死"一

---

[1] 参见《大正新修大藏经索引》，第二十六册，6 页，台北，新文丰出版股份有限公司，1980。

[2] 《大正新修大藏经》，第十二册，271 页，台北，新文丰出版股份有限公司，1987。中国净土宗早期一本重要著作，就称为《安乐集》，见《大正新修大藏经》，第四十七册，4～21 页，1987。

语若真是日本人所创造，典故很可能来自净土宗思想。① 正如上述引自《佛说无量寿经》的引文所指出的，"安乐"对应"苦难"；所以，安乐死就是一个没有苦难或痛苦的死亡过程。这样来理解"安乐死"，是与英语"euthanasia"的字源意义（好的死亡，安宁的死亡）一致的。

在说明"安乐死"一词之意义后，还需要对安乐死的种类作一区分。在1980年代，讨论安乐死时常会作"被动安乐死"与"主动安乐死"之分。所谓"被动安乐死"，是对一个垂死的病人，中止或不给予任何治疗上的干预，不作额外和非常规的医疗操作，任由他自然死亡。这种安乐死，通常发生在长期昏迷、处于植物人状态、回天乏术的人身上。"主动安乐死"却是另一回事，即对于那些所谓生不如死的人，采取某些行动（如注射毒液、提供大量一氧化碳），蓄意把他置于死地，使他能从生的痛苦中得到解脱。接受这种安乐死的人，通常不是垂危的病人，而是身罹重病，在世日子无多，兼又受痛楚煎熬的人；或是性命不受威胁，但健康不良的人。因此，主动安乐死是一种仁慈杀人（mercy killing），而被动安乐死却只是听任死亡或不阻止而亡（letting die）。前者的目的是用结束性命的手段来结束一个人的受苦；后者的目的则是容让在进行中的死亡过程自然发展，对苟延残喘的植物人的生命不作强硬挽留。

这个"主动"与"被动"的分别在现今的讨论中已作用不大，因为经过几十年来的讨论，被动安乐死已广泛为人所接受，没有多少争议之处。② 主动安乐死则不然，因为牵涉到致他人死亡，所以一直议论纷纷，愈争愈激烈。所以，从全球宏观的角度来看，现代人所关注及激烈讨论的安乐死，通常都是指主动安乐死。譬如说，应用伦理学的开山祖师之一，国际生命伦理学协会创会会长，澳大利亚哲学家彼得·辛格（Peter Singer）在其《实用伦理学》中，对安乐死的定义已作出修改："按照字典的解释，'安乐死'的意思是'一个安详舒服的死亡'。可是这个词现在的用法，是指把那些久治不愈而又极其痛苦或苦恼的人杀死，免致他们继续受苦。"③ 所以，下文所讨论的安乐死完全是就

---

① 研究日本文化的西方学者 Carl B. Becker 便持这个观点，参见 Carl B. Becker, "Buddhist Views of Suicide and Euthanasia," *Philosophy East and West* 40 (1990)：550。

② 唯一还具争议性的问题是，停止向昏迷的病人人工喂养料及水，应属被动还是主动安乐死？美国最高法院1990年有关 Nancy Cruzan 的判决，虽然有条件地为此举亮了绿灯，但民间对这个问题的道德讨论仍是争论不休。

③ Peter Singer, *Practical Ethics* (Cambridge：Cambridge University Press, 1979), p. 127.

主动安乐死而言。

在讨论安乐死时另有一个区别，直到如今还是值得注意的，就是自愿、非自愿及不自愿之差别。自愿（voluntary），就是经过当事人知情同意或应当事人的主动要求；因此，自愿性的安乐死其实是协助他人自杀的一种形式。非自愿（nonvoluntary），就是当事人既没有赞成也没有反对，或是因为从来没有征求过当事人的意见，或因当事人没有这个判断的能力（如婴孩、严重弱智及陷入昏迷的人）；因此，非自愿性的安乐死，就是代替他人选择死路来作解脱。不自愿（involuntary），就是违反当事人的意愿；因此不自愿性的安乐死，就是当事人已清楚表示选择继续生存下去，可是我们却认为他生不如死，为他着想，不理会他的反对，把他杀死。正如下文会指出的，当代安乐死争论日益热烈，与这三种不同情况的安乐死有关。

在解释完安乐死何所指之后，也要解释一下何谓自杀。笔者要这样做有两个理由：第一，在西方的伦理学讨论中，很多时候会把安乐死的讨论与自杀的讨论相提并论。第二，中国古代没有关于安乐死的讨论，但却有不少与自杀有关的论述，可供参照（参见本书《在泰山与鸿毛之间——儒家存生取死的价值观》）。

西方伦理学界对自杀的定义也意见纷纭，大致可分为两种：狭义与广义。狭义的自杀是"蓄意寻死，自我了断"，这是对自杀的传统见解。有些学者（社会学、心理学、哲学）认为这个定义失之过窄，而把"慷慨赴死，视死如归"也视为自杀。换言之，根据这个广义的自杀定义，不需要有寻死的意图及自我致死才算自杀，当某人为了某些与死亡无关的目的而从事某些行动，明知此举会带来死亡（付出生命作为代价），仍坚持行动，也算是自杀。根据这个广义的定义，舍命救人也算是自杀，因为当事人是自愿进入死亡。① 同理，自愿安乐死也是自杀。在自愿安乐死中，致死的行动虽非由己而出，但当事人仍是自愿选择死亡。因此，所有支持自杀的道德论证都可用来支持自愿安乐死；假如在某些情况中自杀不单是可容许的，甚至是道德上正确的，在同样的情况中，自愿安乐死也是道德上正确的。

按照狭义的自杀定义，安乐死是他杀，而非自杀。可是虽然如此，在自愿

---

① 著名的法国社会学家杜尔凯姆（Emile Durkheim）于其名著《自杀论》中便认为应该采用广义的自杀观，参见 Margaret Pabst Battin, *The Death Debate*: *Ethical Issues in Suicide* (Upper Saddle River, New Jersey: Prentice Hall, 1996), p. 57。

安乐死中，当事人寻死的心与自杀者寻死之心相同，所不同的只是这寻死的心愿是通过什么方式来实践而已。

因此，不管是采用广义还是狭义的自杀观，自杀与自愿安乐死都有紧密的联系。在下文，笔者要采用中国古代儒家的自杀观来审视自愿安乐死问题，便以此为根据。

在当代西方社会，除了荷兰以外，其他的争取安乐死的社会行动其实暂时主要是争取医生协助病人自杀（physician-assisted-suicide）。这两者的分别是，在医生协助病人自杀中，医生虽为病人准备好致死的环境，但关键性的致死行动（如按键）还是由病人所做。所以，就算从狭义的自杀观来看，这种行为仍可视为自杀，而非他杀。在这些情形中，有关自杀的道德论证便更是非考虑不可的了。①

总而言之，自愿安乐死、医生协助病人自杀，以及自杀这三者，可以视为一个不可分割的连续系列（continuum）。因此，对安乐死的道德思考，必须与有关自杀的道德思考整合在一起，才能完备。

最后，还有另一个方法论的问题要交代一下。有一种见解认为，自杀与安乐死始终是不可以相提并论的。这是因为，一方面，自杀牵涉两个因素：死亡的时间（自决提早结束生命）与死亡的方式（自我选择如何死）；而另一方面，安乐死只局限于末期病人，死亡已成不久的定局，所以不牵涉死亡的时间，而只牵涉死亡的方式。按照这种见解，把安乐死视为自杀的延伸是不恰当的。

只不过，以全世界的大气候来看，安乐死运动并非只是争取一种安乐的死亡方式而已，也争取提早结束生命，以安乐的死亡来结束被视为痛苦的人生。换言之，安乐死并不只是用来解决"痛苦死"，也用来解决"痛苦生"。没错，澳大利亚北领地于 1995 年 5 月通过，1996 年 7 月生效，但却在 1997 年 3 月遭国会上下议院否决的《末期病人权利法案》，只应用在末期病人（医生预断只

---

① 当然，医生协助病人自杀，医生协助的程度可高可低。以美国而言，俄勒冈州的《尊严死法案》所容许的只是医生开出致死之药的药方，病人要自己到药房配药，而配药回家后服药时医生更不准在场。这是医生参与性很低的协助病人自杀。可是，在参与性很高的协助病人自杀中，医生可以在病床旁伺候，用各种方式使自杀者在死亡过程中不会有任何不适〔如荷兰所容许的，及澳大利亚涅殊克医生（Dr. Nitschke）为第一个合法安乐死病人 Bob Dent 所做的〕，也可以如美国绰号为"死亡医生"的克沃尔肯医生（Dr. Jack Kevorkian）所做，把"死亡机器"准备好，扶病人坐上座位，病人唯一要自己从事的行动只是按键而已。这些医生参与性极高的协助病人自杀，就较接近他杀的安乐死了。

剩下半年生命）身上；美国俄勒冈州于 1994 年通过，1997 年再确认的《尊严死法案》也有同样的规定。可是，值得注意的是，在荷兰，符合规定（虽违法而不罚）的安乐死，并没有把接受安乐死的资格限于末期病人。按照政府的指引，病人的病情虽不会于短期内致死，但只要有"不可接受的苦"（"持续、不可忍受及无望"的苦），便足以成为接受安乐死的资格之一。经过法院的诠释，"不可接受的苦"是没有客观标准的，如人饮水，冷暖自知，可以因三种情形而出现：（1）身体疼痛；（2）身体状况恶化；（3）身体状况良好，但因社会因素或精神因素而受苦。因此，在荷兰这个安乐死的先驱国，安乐死是要用来协助病人自痛苦中得解脱，至于这个受苦者是否会命不久矣，则是不相干的。同样地，美国的克沃尔肯医生自 1990 年开始"替天行道"，至 1997 年年底已协助超过 50 人自杀。接受他协助而死亡的人，很多都不是末期病人。[①]

除了安乐死的实践外，只要稍微留意世界各地鼓吹安乐死的言论，也不难发现，提倡安乐死并非只是为了有不治之症的人（terminally ill），也是为了有不致命但却不可治愈的顽疾患者（incurably ill）。在西方世界，这种言论在哲学界、医学界及社会学界（如毒芹会，Hemlock Society）都有响亮的声音（详见下文）。

总而言之，从全球的大视野来看，我们不应把安乐死与自杀截然二分。很多人把安乐死视为一种解脱方式，不只是针对痛苦的死亡过程（死亡方式），也是针对痛苦的人生（死亡的时间）。把自杀、医生协助病人自杀及安乐死这三者视为一个不可分割的连续系列，是有充分经验事实做根据的。

经过上述一个颇长的澄清后，在下一段便进入本文的主体，笔者会逐一讨论四个支持安乐死的道德论证。为行文简洁缘故，除非有特别情形，下文所说的安乐死包括医生协助病人自杀在内。

---

① 例如第一个接受他协助而死的 Janet Elaine Adkins 女士，54 岁，当她得知患上阿尔茨海默病（Alzheimer disease）的当天便决定要寻死，克沃尔肯医生马上答应她通过丈夫表达的协助自杀要求。第二个接受他协助而死的是 Majorie Lee Wantz 女士，58 岁，她因阴道剧痛而寻死。死后验尸却找不到任何致痛的生理原因，而她本人原来有长期精神抑郁及其他精神疾病。第三个接受他协助而死的是 Sherry Ann Miller，44 岁，寻死的原因是患上多发性硬化症（multiple sclerosis）。美国《底特律自由报》于 1997 年对克沃尔肯医生的"替天行道"做了一连串非常深入详尽的报道，参见其"自杀机器"（The Suicide Machine）报道。

三、痛苦死与仁

1. 论证

最常见的支持安乐死的道德论证，是把安乐死视为解决"痛苦死"的最佳或唯一办法。因此，既然助人解除痛苦是道德上正确的，安乐死也是道德上正确的。论者会说：君不见癌症病人的痛苦吗？到了疾病末期，一半以上的人都感到痛楚；严重者，在床上辗转呻吟，饱受痛苦煎熬，求生不得，求死不能。当病人遇到这种浩劫或咒诅的时候，最仁慈的做法，就是果断地结束他的生命，以解除他的痛苦。

再者，此举虽是杀人，但却是仁慈杀人，所以是符合道德的。试问，当一个人无意义地受痛苦折磨的时候，假如我们还有一点同情心，都会于心不忍，想办法去协助他脱离苦海。因此，对于一个病入膏肓而又痛楚不堪的病人，最符合人道主义的做法就是成人之美，让他死得安乐舒服。所以，人不但应享有主动安乐死的自由，还应把它视为义务，协助有需要的人死得安安乐乐，因为舒缓他人痛楚是一项天赋义务。

支持安乐死的人还会进一步指出，以死来解除死亡过程的痛苦，是因为这种痛苦是无意义的。倘若在痛苦过后，疾病能得以痊愈或生命能得以延长，那我们咬紧牙关去忍受这痛苦也是值得的。可是，假如痛苦是一个无可逆转的死亡过程开启后的一个伴随现象，痛苦过后，只是生命画上句号，这种痛苦是不值得忍受的，是无任何意义的。用安乐死来缩短人的死亡过程，就是为了彻底摆脱这种没必要忍受的痛苦，使本来快要死的人能死得干净利落，安详舒服。

2. 儒家价值观的共鸣

这种立论的方式，在中国古代思想中不乏支持的资源。譬如说，儒家的核心价值观是仁，而仁的其中一个重要意义是爱。[①] 按照孟子的说法，仁爱的其

---

① 有关儒家伦理中仁与爱的关系，参见屈万里：《仁字涵义之史的观察》，见《书庸论学集》，台北，开明书店，1969；徐复观：《释论语的"仁"——孔学新论》，见《学术与政治之间》（甲乙集合订本），香港，南山出版社，1976；陈大齐：《孔子所说仁字的意义》，见《孔子学说论集》，35~47 页，台北，正中书局，1958；陈荣捷：《仁的概念的开展与欧美之诠释》，见《王阳明与禅》，台北，学生书局，1984。

中一个基础是人皆有之的不忍人之心或恻隐之心：

> 所以谓人皆有不忍人之心者，今人乍见孺子将入于井，皆有怵惕恻隐之心。非所以内交于孺子之父母也，非所以要誉于乡党朋友也，非恶其声而然也。……恻隐之心，仁之端也。（《孟子·公孙丑上》）

按照朱子的解释，"恻，伤之切也。隐，痛之深也"[①]。恻隐之心，就是对别人蒙受苦难（如孺子入于井）而感到伤痛。不忍人之心，是不忍他人将要或继续要受苦，所以是与恻隐之心一体两面，一正一负的不同表达方式。仁爱的基础，就是对他人受苦的不忍及伤痛之情。[②]

中医，受儒家价值观影响，也常以"仁心仁术"为指导方针。譬如说，潘楫于《医乃仁术》一文中开宗明义地解释：

> 陆宣公论云"医以活人为心。故曰，医乃仁术。有疾而求疗，不啻求救焚溺于水火也。医乃仁慈之术，须披发攫冠，而往救之可也。否则焦濡之祸及，少有仁心者能忍乎!"[③]

而孙思邈的名文《论大医精诚》也说："凡大医治病，必当安神定志，无欲无求，先发大慈恻隐之心，誓愿普救含灵之苦。"[④]

仁，既是儒家的基本德目，也是中医的主要医德，而仁的基本表现是对他人苦难的恻隐及不忍。这样，只要再加上一个经验事实的前提（"安乐死是消除痛苦的死亡过程的最佳或唯一办法"），我们便可导出儒家价值观及中医皆支持安乐死这个结论。目睹别人受痛苦所煎熬，但却不加援手，便是"麻木不

---

① 朱熹：《四书章句集注》，237页。

② 除了上述《公孙丑上》外，《孟子》书中其他论及仁与不忍或恻隐的关系的地方是："人皆有所不忍，达之于其所忍，仁也"（《尽心下》），"恻隐之心，仁也"（《告子上》），"既竭心思焉，继之以不忍人之政，而仁覆天下矣"（《离娄上》）。

③ 转引自王治民主编：《历代医德论述选译》，250页，天津，天津大学出版社，1990。

④ 转引自王治民主编：《历代医德论述选译》，95页，"医书冠以'仁'字为名者亦颇不少，以表明作者心迹。诸如《仁术志》、《仁术便览》、《仁斋小儿方论》、《仁斋直指》、《仁端录》、《博爱心鉴》、《幼幼新书》、《老老恒言》之类。"马伯英：《中国医学文化史》，488页，上海，上海人民出版社，1994。

仁"了。(朱熹谓"医者以顽痹为不仁,以其不觉,故谓之不仁。"[1])

3. 共鸣的限制

可是,关键是"安乐死是消除痛苦的死亡过程的最佳或唯一办法"这一经验事实命题能否成立? 晚近西方医学的发展,指出这个经验事实命题缺乏足够的证据。

自从桑德斯医师(Cicely Saunders)于 1967 年在伦敦近郊设立了圣克里斯多福宁养院(St. Christopher's Hospice)后[2],宁养服务(hospice)[3] 及缓和医学(palliative medicine)便慢慢在西方社会兴起。这种医疗照顾背后的理念是,末期病人的痛苦有许多来源,既有肉体的,也有心理、心灵及社会性的。因此,要消除末期病人的痛苦,也要多管齐下,全人关怀才有效。[4] 所以,医疗人员一方面要去加强疼痛控制的技巧,另一方面,我们要正视末期病人常会因非肉体的原因(如孤单、受遗弃、受冷酷对待、被亲人视为负担、心愿未了等),导致时常情绪低落,沮丧抑郁,萌生寻死之念头。英美等国的宁养组织

---

① 钱穆:《朱子新学案》,第二册,71 页,台北,三民书局,1971。同样的论述,也可以大乘佛教的道德观为依据。古代中国人的思维也受大乘佛教影响,而大乘佛教的最重要德目是慈悲。按照大乘佛教的经典著作《大智度论》所解释,慈与悲本有分别:"慈名爱念众生,常求安稳乐事以饶益之。悲名愍念众生,受五道中种种身苦心苦。……大慈与一切众生乐,大悲拔一切众生苦。大慈以喜乐因缘与众生,大悲以离苦因缘与众生。"(《大智度论》第二〇卷,第二十七卷;《大正藏》第二十五册,208 页下、256 页中)中国佛教后来便简略地以"与乐"释"慈",以"拔苦"释"悲"。因此,按照这个救苦救难的大悲心,也很容易导出以安乐死来救人免于痛苦死的结论。

② 桑德斯除了身体力行外,也有著述 [Cicely Saunders, Dorothy H. Summers, and Neville Teller, eds., *Hospice: The Living Idea* (London: Edward Arnold, 1981); Cicely Saunders, *Living With Dying: The Management of Terminal Disease* (Oxford: Oxford University Press, 1989)] 来宣扬她的理念。

③ "hospice"一词有好几个中译:"临终关怀"(中国大陆)、"善终服务"(香港及台湾的旧译)、"安宁照顾"(台湾新译)、"宁养服务"(香港新译)。"hospice"(来自拉丁文 *hospis* 及 *hospitium*)原是中世纪欧洲的修道院,为朝圣者或旅行者中途休息及重新补足体力的驿站;香港及台湾的新译名能把这个原意也包括进去。在下文,笔者会一律使用"宁养服务"这个香港新译名。有关宁养服务在西方发展的历史,参见史都达:《情深到来生:安宁照顾》,台北,正中书局,1996。

④ 参见钟昌宏:《"癌病末期"安宁照顾——简要理论与实践》,11 页,台北,财团法人台湾安宁照顾基金会,1996。据其所述,宁养服务的目的有七:"1. 辅导癌症末期病患与家属接受临终事实。2. 达成身、心、灵完整之关怀医治。3. 减轻或消除癌末病患身体疼痛、不适症状或心理压力。4. 消除病患与家属之怨怼,享受人生最后亲情。5. 尊重病患权利,关心其生命质量。6. 使病患安详走完人生最后一程。7. 使家属敢于面对病患死亡,使生死两相安。"

都指出，如能加强辅导，化解末期病人的抑郁，再配合适量的止痛药物，绝大部分有求死念头的病人都会回心转意，不再认为接受安乐死才是消除痛苦的最佳办法。

换言之，支持安乐死的人，有时会用一个两难式来陈述他的论证——要么就是把受苦的人人道毁灭；要不然，便是要强迫他无意义受苦。后者是残酷的，所以我们应该选择前者。可是，这个论证是诉诸一个错误的二分法。这个论证假定只有两种选择：果断地去结束对方的生命，或袖手旁观任凭他受苦。可是，当代的经验事实显示，我们可以有第三个选择——舒缓痛楚的照顾及宁养服务。可惜，现代医疗服务还时常受制于传统医疗观念，强调治愈；碰到不治之症，便撒手不理，不愿把医疗资源"浪费在快死的人身上"。

宁养服务背后有一重要理念是相当接近中国道家的生死观的。宁养服务认为，正如大自然有春夏秋冬四季，人生也有幼壮老衰四个阶段。死亡过程是人生的一部分，我们既不应人工地把死亡过程拖长，也不应人工地把死亡过程消除，使人死得愈快愈好。死亡过程是人生旅途中最后一段路，是整个人生的一部分，也可以发出人生的光辉。这种接近自然主义的观点，可以在《庄子·至乐》中找到共鸣。在这篇中，庄子一方面视"死生为昼夜"，另一方面，在著名的妻死庄子鼓盆而歌一段中，庄子对生命的解释是："杂乎芒芴之间，变而有气，气变而有形，形变而有生，今又变而之死，是相与为春秋冬夏四时行也。"在一本台湾出版的介绍宁养服务的小册子中，我们也可找到这种庄子式的言论：

> 诚然，生命的来去，与日出日落、花开花谢如出一辙，皆是自然，但在自然的生命历程中，如何让它充满意义，多彩多姿，却都完全掌握在自己的手中。即使是即将结束的生命，也可以散发出最后的光辉……在最后仅有的时光中，如何让自己的生命发光、发热，如林间夏蝉的绝唱，才是值得你我深思的生命真谛。①

当然，上述对人生四季同样美好的见解，是建立在死亡过程可以免于痛苦

---

① 赵可式：《安宁归去——如何面对生命终点》，封底内页，台北，财团法人台湾安宁照顾基金会，1992。

的前提上。倘若在某些特别的情形中，死亡的痛苦得不到舒缓，垂死的病人被折腾得死去活来，早点结束他的生命，才是仁爱的表现。当代中国作家莫言的长篇小说《红高粱》（后来改拍成电影）中，有这样一段描写罗汉大爷受日本军折磨，活生生被剥皮的震撼场面：

> 罗汉大爷凄厉地大叫着，瘦骨嶙峋的身体在拴马桩上激烈扭动。
>
> 孙五扔下刀子，跪在地上，嚎啕大哭。
>
> 日本官儿把皮带一松，狼狗扑上来，两只前爪按着孙五的肩头，一嘴利齿在孙五面前晃。孙五躺在地上，双手捂住脸。
>
> 日本官儿打一个唿哨，狼狗拖着皮带颠颠地跑回去。
>
> 翻译官说："快剥！"
>
> 孙五爬起来，捏着刀子，一高一低地走到罗汉大爷面前。
>
> 罗汉大爷破口大骂，所有的人都在大爷的骂声中昂起了头。
>
> 孙五说："大哥……大哥……你忍着点吧……"
>
> 罗汉大爷把一口血痰吐到孙五脸上。
>
> "剥吧，操你祖宗，剥吧！"
>
> 孙五操着刀，从罗汉大爷头顶上外翻着的伤口剥起，一刀刀细索索发响。他剥得非常仔细。罗汉大爷的头皮褪下。露出青紫的眼珠，露出一棱棱的肉……
>
> 父亲对我说，罗汉大爷脸皮被剥掉后，不成形状的嘴里还呜呜噜噜地响着，一串一串鲜红的小血珠从他的酱色的头皮上往下流。孙五已经不像人，他的刀法是那么精细，把一张皮剥得完整无缺。大爷被剥成一个肉核后，肚子里的肠子蠢蠢欲动，一群群葱绿的苍蝇漫天飞舞。人群里的女人们全都跪倒在地上，哭声震野。①

---

① 《莫言文集 1：红高粱》，35 页，北京，作家出版社，1995。

在这个受敌对势力所控制及折磨的情形中，受害人的痛苦无法得到舒缓，一刀把他捅死，大概是他可自苦难得解脱的唯一途径！

四、痛苦生与"所欲有甚于生者"

1. 论证

既然宁养服务与缓和医学能把绝大部分末期病人的痛苦消除，为何这些年来在西方社会支持安乐死的声音不减反增呢？笔者认为原因有二。很多政府还是不愿意"花钱在快死的人身上"，以致宁养服务得不到足够经费去拓展，此其一。宁养服务使人免于痛苦死，可是要求安乐死的人，除了以安乐死来取代痛苦死外，也以安乐死来取代痛苦生，此其二。

正如笔者医学伦理学的启蒙老师侯理察（Richard T. Hull）所说：

> 现今有关医生协助病人自杀的辩论把焦点放在末期病人的痛楚上。赞成的人认为病人应可以选择一个迅速而无痛苦的死亡，而不需接受一个旷日持久而折磨人的死亡。反对的人认为宁养服务及适量的止痛药物便能使末期病人免于痛楚。讽刺性的是，一方面，正反双方都对；另一方面，双方都躲避了问题中较棘手的部分。提出医生协助病人自杀的要求，并不只是因为痛楚。①

侯理察接着便解释，阿尔茨海默病（Alzheimer disease）、帕金森病（Parkinson disease）、肌萎缩侧索硬化（amyotrophic lateral sclerosis）、多发性硬化（multiple sclerosis）及四肢瘫痪（quadriplegic）都会使人觉得生命质素下降到不可接受的水平，生不如死。对于这些人的苦难，宁养服务及缓和医学仍是搔不着痒处；所以他的结论是"不管你喜欢与否，问题并不只是疼痛而已"②。

由此可见，西方的安乐死讨论并不只是限于死亡的方式的问题，而也牵涉到所谓"生命的质素"（quality of life，QOL）的问题。支持安乐死的人大都

---

①② Richard T. Hull, "Pain Relief for the Dying Doesn't Remove All the Reasons for Physician-Assisted Suicide," *Buffalo News* (March 9, 1997).

不赞成所谓"生命神圣论"(doctrine of the sanctity of life),认为并非所有人的生物生命都是同样有价值的。他们认为,生命的价值是建立在生命的质素上;当生命的质素跌落到不可接受的低水平时,生命便不值得继续。以前对生命质素高低的划分,是以意识的有无为标准;于是长期昏迷的植物人及脑动电流图(EEG)平坦的病人,虽仍拥有生物生命,但这生命的质素太低,不值得延长下去。于晚近西方的讨论中,却有人认为以意识的有无来划分是失之太窄,一个可以接受的生命质素并不只是有意识而已,而牵涉到有何种意识或什么质素的意识。[①] 因此,有赞成安乐死的人认为,当人的身体健康进入无可挽回的衰退阶段,某些大脑及身体功能不可逆转地消失或身体有严重及不可逆转的残障(如上文侯理察所列举的病症),人的生命质素便已跌至不可接受的低水平。继续勉强活下去,只是活于人间地狱,是生不如死。在这时候选择死,不是因为有不治绝症,而是因为有久治不愈的顽疾;用安乐死来解脱,不是因为困陷于痛苦死,而是因为困陷于痛苦生。有这种主张的,不单是学者(如Peter Singer, 1979;Margaret Pabst Battin, 1996;Richard T. Hull, 1997),也有医生。除了以"替天行道"为己任的克沃尔肯医生外,在美国最热心推动医生协助病人自杀合法化,但主张温和的医生,是纽约州的库威尔医生(Dr. Timothy E. Quill)。[②] 在 1994 年的一期《新英格兰医学期刊》中,他与其他五位医生及学者便撰文主张,允许医生协助病人自杀的条件应放宽至"久治不愈的衰弱情况"[③]。

在荷兰,以安乐死来对抗痛苦生,老早就实践了,而且还走得很快。1991 年 9 月 28 日,鲍雪尔女士(Bosscher)在家中接受了安乐死,这个案例震惊世界,因为她身体健康完全正常。她因忍受不了丈夫的虐待而离婚;她有两个儿子,一个于 20 岁自杀,另一个于 20 岁死于肺癌。于是在重重打击下她长期抑郁,虽有去看精神科医师,但却拒绝他的治疗,而表示只想寻死。沙博(Chabot)医师最后同意替她施行安乐死,因为他同意无可忍受的精神痛苦,

① Battin, *The Death Debate: Ethical Issues in Suicide*, pp. 104–106.

② Timothy E. Quill, *Death and Dignity: Making Choices and Taking Charge* (New York: W. W. Norton & Company, 1993);*A Midwife through the Dying Process: Stories of Healing & Hard Choices at the End of Life* (Baltimore: Johns Hopkins University Press, 1996).

③ Franklin G. Miller, et al., "Regulating Physician-Assisted Death," *New England Journal of Medicine* 331: 2 (July 14, 1994): 120.

无异于无可忍受的肉体痛苦。①

2. 儒家价值观的共鸣

正如前述，用安乐死来对抗痛苦生，核心的观念是生命的质素。这个观念在儒家价值观中也可找到共鸣。先看《论语》这段名言：

> 志士仁人，无求生以害仁，有杀身以成仁。(《论语·卫灵公》)

孔子认为，人的生物生命并非最高善，为了延长生命而违反仁，虽长寿而不可取。相反地，为了坚持及体现仁而缩短生命，虽早死，但却是死得好。因此，为了仁有时人该舍生取死，孔子的门生子路及子贡便因此责怪管仲没有自杀成仁。②

再看孟子这段同样有名的讨论：

> 鱼，我所欲也，熊掌，亦我所欲也。二者不可得兼，舍鱼而取熊掌者也。生，亦我所欲也；义，亦我所欲也。二者不可得兼，舍生而取义者也。生亦我所欲，所欲有甚于生者，故不为苟得也；死亦我所恶，所恶有甚于死者，故患有所不辟也。……由是则生而有不用也，由是则可以辟患而有不为也。是故所欲有甚于生者，所恶有甚于死者，非独贤者有是心也，人皆有之，贤者能勿丧耳。《孟子·告子上》

既然"所欲有甚于生者"，人的生物生命便并非至高至善，人不应不惜一切代价去延长或保存生命。既然"所恶有甚于死者"，生物生命的结束也并非最令人厌恶的，为了义，人可以提早结束生命。换言之，生物生命本身并非神圣，仁及义才是神圣。杀身成仁，舍生取义，虽然是自杀，但却是死得好。成仁取义的自杀是好死，但这个好死并非相对应于坏死（痛苦及旷日持久的死亡

---

① Anastasia Toufexis, "Killing the Psychic Pain," *Time* (July 4, 1994): 45.

② 子路曰："桓公杀公子纠，召忽死之，管仲不死。"曰："未仁乎?"子曰："桓公九合诸侯，不以兵车，管仲之力也。如其仁! 如其仁!"子贡曰："管仲非仁者与? 桓公杀公子纠，不能死，又相之。"子曰："管仲相桓公，霸诸侯，一匡天下，民到于今受其赐。微管仲，吾其被发左衽矣。岂若匹夫匹妇之为谅也，自经于沟渎而莫之知也。"(《论语·宪问》)

过程）而言，而是相对应于坏生（违反仁义的人生）而言。

古代中国有很多名言诗句都反映了这种古典的儒家生死价值观，例如：

- 君子不为苟存，不为苟亡。（《三国志·魏书·梁习传》裴松之注）
- 不可死而死是轻其生……可死而不死是重其死。（李白：《比干碑》）
- 曲生何乐，直死何悲。（韩愈：《祭穆员外文》）
- 不畏义死，不荣幸生。（韩愈：《清边郡王杨燕奇碑文》）
- 宁以义死，不苟幸生。（欧阳修：《纵囚论》）
- 宁为短命全贞鬼，不作偷生失节人。（《京本通俗小说·冯玉梅团圆》）
- 勇将不怯死以苟免，壮士不毁节而求生。（关羽，见《三国演义》七十四回）①

这些格言都表达了一个观点，就是人应向往道德的生命，而有些生存状态是不值得留恋的。道德生命的质素比肉身生命的长短更重要。

文天祥的生死价值观也表达了同样的观点。13世纪时，蒙古人入侵中原，南宋将灭，国家将亡，很多将帅宁愿自杀也不投降。文天祥也不例外，他的口袋里常带着绝命书，开头两句便是："孔曰成仁，孟曰取义。"他在《过零丁洋》这首诗中写道："人生自古谁无死，留取丹心照汗青。"（见《宋史·列传第一百七十七》）这句名言为后世所传诵，直到今日仍为大部分中国人所熟悉。

文天祥指出既然人皆会死，人不应不惜一切地逃避或延迟死亡。长寿本身并不具有最高的价值，仁义的生活、青史留名，才具最高价值。因此在某些情况下，若生存下去会违反仁义，人便应为持守仁义而自杀。（在文天祥的情况中，若要继续生存下去便要投降蒙古人，而这却会违反他对南宋朝廷的忠诚。）既然"人生自古谁无死"，那么人应选择一个可以使他的生命充满意义或光荣

---

① 这些格言皆取自陈光磊等编著：《中国古代名句辞典》，559～564页，上海，上海辞书出版社，1986。"舍生取义"条目下。

的死法。换言之，虽然死亡是生命的终结，进入死亡却是生命的一部分，"怎样进入死亡"是"怎样生活"的一部分。由是，进入死亡也应为生命而服务，人若有义务去照顾打理自己的人生，便也有义务去照顾打理自己的进入死亡；人若要活得光荣高洁，也要死得光荣高洁。要活得有意义，意味着要好好处理死亡的时机及方式，使自己的死也要死得有意义。尽其天年本身并不是最值得人渴望的，最值得人渴望的应该是生命的质素，而非生命的长短，而生命质素的高低是由仁义操守的多寡来决定的。在某些情况下，人必须不惜放弃生命，以免苟且偷生，求身害仁，舍义取生，导致生命质素的下降。

总而言之，儒家的生死价值观反对生物生命神圣论，而赞成生命质素论；为了避免生命质素下降至不可接受的低水平，人可以自杀，以好死来对抗坏生。这种价值观与当代西方赞成安乐死的生命质素论证，有不少思想上的共鸣。

3. 共鸣的限制

儒家的生死价值观虽然与当代安乐死思想有相通之处，但也有重大的差异。儒家价值观赞成人可以为了生命质素过低而自杀，但这个生命质素是道德生命的质素（符合仁义，还是违反仁义），而不是生物生命的质素（健康情况）。因此，首先，儒家肯定会反对因为长期抑郁而进行安乐死（如荷兰的鲍雪尔女士），因为心情抑郁与人的道德生命有关，人既有能力也有义务去提升自己的道德生命，不应自怨自艾、怨天尤人，而应积极为他人而活。其次，儒家也会反对因为身体残障（如四肢瘫痪）而要求安乐死，因为身体残障并不影响人的道德生命，很多例子告诉我们，残障人士甚至可以成为道德巨人。再次，对于那些衰退性的老年疾病，除非会导致病人从事违反道德的事，否则也不会使其道德生命质素骤降，不构成舍生取死的充分理由。儒家虽赞成人以好死来取代坏生，但只要道德生命不消失，痛苦生仍不算是坏生，不需以死来取代。

五、尊严死与"士可杀，不可辱"

1. 论证

尽管宁养服务逐渐普及，不断改善，使临终病人可不受痛苦折磨，但有些人仍要求安乐死，是因为另一个理由：要死得有尊严。

先看一段由美国毒芹会行政会长皮瑞敦荷夫博士（Dr. John A. Pridonhoff）所写的话：

> 宁养服务是出色的，毒芹会也鼓励末期病人去接受这种照顾。可是，宁养服务并非对每一个人都合适。有些人没这个经济能力；有些人希望对自己的死亡做主，正如对自己人生做主一样；还有5%～10%的人始终不能铲除或控制他们的苦楚。还有，对某些人来说，在长期受苦中，理智能力及身体功能会消失，而导致失去尊严及自尊，这就已经足够使他们决定要自己控制死亡的时间与方式。①

同样的，在荷兰，根据一个有十年以上施行安乐死经验的医生所说，对于不少寻死的人，维护一己的尊严是一个很重要的原因。"这些当事人或是不想倚赖机器，或是半身瘫痪，或是大小便失禁，这些情况可以比痛楚更难承受。"②

再同样的，于1996年3月，当美国联邦上诉法院第九管辖区（United States Court of Appeals for the Ninth Circuit）判决华盛顿州立法禁止医生协助病人自杀是违反美国宪法时，也指出病人在临终前若要回转到婴孩状态（无助、穿戴尿布、大小便失禁），是有失尊严的。③

因此，毫不奇怪地，美国近年来几个进行公民表决的医生协助病人自杀法案都名之为《尊严死法案》（Death with Dignity Act）。首先是华盛顿州（1991年，54%反对，46%赞成），其次是加利福尼亚州（1992年，54%反对，46%赞成），最后是俄勒冈州（1994年，51%赞成，49%反对；1997年再表决，60%赞成，40%反对）。对于不少人来说，安乐死就是尊严死（以死来维

---

① John A. Pridonhoff, "Right to Die and Hospice," in *Physician-Assisted Suicide: Report of the OHA Ethics Task Force*, ed. Oregon Hospice Association (Portland: Oregon Hospice Association, 1994), p. 49.

② Marlise Simons, "Dutch Parliament Approves Law Permitting Euthanasia," *The New York Times* (February 10, 1993), A10.

③ "Majority Opinion," in *Compassion in Dying v. State of Washington*, 1996, Section IV ("Is There a Liberty Interest?"), F ("Liberty Interest under Casey").

护一己的尊严）。人若不能选择安乐死，有些病人就可能会被病魔折磨到失去人的尊严。选择死亡，便是维护一己尊严的唯一办法。这种思考方式不单在西方民间颇有市场，连一些著名的知识分子也作此主张。①

2. 儒家价值观的共鸣

西汉时，由于儒者董仲舒的大力推动，儒家思想在意识形态上的地位得到大大提升。虽然近代中国哲学学者通常认为董仲舒在哲学史上的地位不高，但他在中国历史上仍占有一个相当重要的地位。公元前 136 年，他一手促成独尊儒术、罢黜百家的局面，自公元前 136 年至公元 1905 年，儒家遂成为中国官方的主流思想。

要注意的是，汉代所推崇的儒家思想，并非原始儒家思想。董氏有创意地把其他各家的学说融合于儒家思想中，而他的杰作《春秋繁露》是解释《春秋》之作。《春秋》相传是孔子所作，董氏视之为儒家"经典中之经典"。在《春秋繁露》中，他把孔孟的生死价值观加以发挥，而这个新版本的儒家生死价值观也是西汉初其他儒家著作所认可的。

在《春秋繁露·竹林第三》中，董氏讨论到春秋时期齐国国君齐顷公因骄致败。在一场大败的战役中，齐国军队遭受晋军包围，情况危急，齐顷公随时会遭受俘虏及杀害。谋士逢丑父凑巧面貌与顷公相似，于是与顷公交换所穿的衣服，好让顷公能乔装平民，偷偷逃回本国；晋军误认逢丑父为顷公，杀死逢丑父。

董仲舒非但没有颂扬逢丑父的急智、委身奉献及牺牲精神，反而对他的行为加以谴责。董氏认为要一国之至尊抛弃尊严，穿上平民的装束，偷偷摸摸地潜回国，即使能挽回生命，仍是"至辱大羞"。董氏认为："夫冒大辱以生，其情无乐，故贤人不为也……天之为人性命，使行仁义而羞可耻，非若鸟兽然，苟为生，苟为利而已。……天施之在人者，使人有廉耻，有廉耻者，不生于大辱。"他又引用汉初时期的其他儒家作品，以示他的舍生避辱自杀观并非他所独创："曾子曰：'辱若可避，避之而已；及其不可避，君子视死如归。'"（引自《大戴礼·曾子制言》）而这又正是《礼记·儒行》所言，"儒……可杀而不

① 例如 Ronald Dowrkin, *Life's Dominion*: *An Argument about Abortion*, *Euthanasia and Individual Freedom* (New York: Vintage Books, 1994), pp. 209 - 210, 233 - 227.

可辱也"之意。

因此，董氏认为在当时情形下的正确做法是，逢丑父应对顷公说："今被大辱而弗能死，是无耻也；而复重罪，请俱死，无辱宗庙，无羞社稷。"就当时的情况而言，"当此之时，死贤于生，故君子生以辱，不如死以荣，正是之谓也"。（这是引用了《大戴礼·曾子制言》"生以辱不如死以荣"。）

简言之，根据西汉时期的儒家价值观，肉身的生命是宝贵的，但是荣誉及尊严比肉身生命更为宝贵。死亡是不可欲的，但有一些事物比死亡更令人厌恶，那就是失去荣誉，遭受侮辱。这样的生存状态有损人格尊严，不值得人留恋；人应为保持尊严、避免受辱而选择死亡。为保持尊严而死是光荣的，甚至是义不容辞的。这种观点是孔孟生死价值观的发展和变奏，焦点重心从为他（other-regarding）的角度（舍生为仁义），转移到为己（self-regarding）的角度（舍生避辱）。有仁义者必定有廉耻之心，有廉耻之心必定会恶羞辱过于恶死亡（"所恶有甚于死者"）；为避免受辱或为保持一贯以来享有的个人尊严，人应主动结束一己之性命。

这种"尊严死"的行为在古代中国相当普遍，在司马迁的《史记》中，就可以找到相当多的例子。太史公与董仲舒同时代，但略为年轻，他在《史记》中记载了不少自杀事件，就以七十列传为例，当中有两类舍生避辱的自杀特别值得我们注意。

第一类是当事人自知难逃一死，或因（1）闻悉或预料会受诛①，（2）兵败拒降②，（3）谋反失败③。在这三种情况中，当事人都知道会遭他人处斩，而这样死是非常不体面、失尊严的。因此，既是好汉一条，便选择"与人刃我，宁自刃"（《史记·列传第二十三》），自己先下手为强，自我了断，以免遭

---

① 例如：魏齐（《史记·列传第十九》）、吕不韦（《史记·列传第二十五》）、蒙恬（《史记·列传第二十八》）、夏侯颇（《史记·列传第三十五》）、晁错之父（《史记·列传第四十一》）、公孙诡（《史记·列传第四十八》）、羊胜（《史记·列传第四十八》）、王恢（《史记·列传第四十八》）、齐王刘次景（《史记·列传第五十二》）、王温舒（《史记·列传第六十二》）。

② 例如：庞涓（《史记·列传第五》）、燕将（《史记·列传第二十三》）、涉间（《史记·列传第二十九》）、魏咎（《史记·列传第三十》）、田横与他的两个宾客和五百壮士（《史记·列传第三十四》）。

③ 例如：白公胜（《史记·列传第六》），串谋杀高祖的十余人及贯高（《史记·列传第二十九》），赵王刘遂（《史记·列传第三十五》），赵午等人（《史记·列传第四十四》），齐王刘将闾、楚王刘戊、赵王刘遂、胶西王刘卬、胶东王刘雄渠、菑川王刘贤、济南王刘辟光（《史记·列传第四十六》），刘长、刘安、刘赐（《史记·列传第五十八》）。

受处斩的耻辱。

第二类是当事人生命完全不受威胁，但因为某些"生命中不能承受的辱"，便舍生取死以避辱。正是"礼不下庶人，刑不上大夫"（《礼记·曲礼上》），当士大夫犯罪要受惩治时，有廉耻的士大夫便选择自杀，以避免下狱受刑的耻辱。① 甚至有士大夫认为审讯过程本身就已经非常有损尊严，所以宁自杀也不肯对簿公堂②；就算是受诬告，也不愿接受审讯之辱，而选择舍生避辱，保存尊严。③ 对于这第二类的舍生避辱，司马迁自己也有很深的体会。因受李陵案的株连，他惨受腐刑，受尽奇耻大辱。在《报任安书》中他也自认："传曰：'刑不上大夫。'此言士节不可不勉励也。猛虎在深山，百兽震恐，及在槛阱之中，摇尾而求食，积威约之渐也。故士有画地为牢，势不可入；削木为吏，议不可对，定计于鲜也。今交手足，受木索，暴肌肤，受榜箠，幽于圜墙之中，当此之时，见狱吏则头抢地，视徒隶则心惕息。何者？积威约之势也。"所谓"宁为玉碎，不为瓦全"，也是一种"尊严死"。

值得注意的是，部分当代中国知识分子仍然接纳这种舍生避辱的生死价值观。"文化大革命"期间，很多大学教授、文化界人士，不论男女，均遭受公开的拷问、残害及侮辱，很多人都因而自杀（例如傅雷、老舍）。④ 有些人是因为不能忍受肉体上及情感上的逼迫煎熬，有些人则是因为不能忍受此种侮辱而自杀。一位著名的北京大学哲学系老教授在 1993 年告诉笔者，他知道一位同事在"文革"期间一直平静地忍受整肃，但是当有一天早上，他发现有一张贴在他家门上的大字报是由他的学生所写的时候，他深深感到伤害，于是留下一便条，写道"士可杀，不可辱"，然后便去自杀。由此可见，部分当代中国知识分子仍然认同儒家舍生避辱的尊严死价值观。⑤

古代中国人对尊严死的理解与近代生命伦理学提倡的尊严死，两者有相互贯通之处。上述第一类的古代中国人尊严死与赞成安乐死的尊严死论证的共通

① 如汉初丞相李蔡（《史记·列传第四十九》）、太守胜屠公（《史记·列传第六十二》）。
② 如汉朝名将李广（《史记·列传第十九》）。
③ 如汉武帝时之御史大夫张汤（《史记·列传第六十三》）。
④ 有关两位知识分子自杀的激烈讨论，参见黄子平：《千古艰难唯一死：读几部写老舍、傅雷之死的小说》，《读书》，1989（4）。
⑤ 日本武士道精神与剖腹自杀，也与尊严死有关，参见 Becker，"Buddhist Views of Suicide and Euthanasia," pp. 551-552；[加拿大] 布施丰正：《自杀与文化》，112~120 页。

之处是：（1）死亡已近在眉睫。（2）因为一些人生际遇，死亡的方式变得有辱尊严。在中国的情形，尊严受损是因为被朝廷或敌军处斩；在安乐死的情况，尊严受损是因为死前要回到婴孩状态或因止痛药而变得木讷呆板。（3）自杀成为保持个人尊严不致失去的办法。

至于上述第二类的古代中国人尊严死与赞成安乐死的尊严死论证的共通之处是：（1）虽然生命不受威胁，但遭遇到"生命中不能承受的辱"。（2）自杀以逃避耻辱，保持个人尊严。在中国的情况，尊严受损是来自上庭受审，下狱坐牢；而在安乐死的情况，尊严受损是来自身体健康状况不良（倚赖机器、半身瘫痪、大小便失禁、日夜要人侍候在旁）。

3. 共鸣的限制

这两种尊严死虽然有共通的地方，但也有些相异之处。先就上述第一类情形而言：（1）在中国的情况，尊严受侮辱完全来自外在因素（敌军、皇帝、朝廷），所以并非人人都会面对（大部分只限于士兵、将军、叛将及朝廷官员）。在安乐死的情形中，对人的尊严的侮辱，主要是来自内在的因素（疾病、衰老、身体及精神上的衰退），换言之，是来自我们会衰残朽坏的血肉之躯。这是人人都要面对的问题，是人生之旅最后一段路常见的现象。（2）在中国的情况，处斩前的囚禁及其侮辱是不能避免的，个人的命运完全操纵在敌方手里，无人能助他脱离困境，减轻痛苦。在安乐死的情况中，就算要求安乐死的病人因死前要面对的状态（回到婴孩状态或变得木讷呆板）而感到尊严扫地，这些状态的出现并非是一股敌对的恶势力所致。除非我们把疾病当作敌人[1]，把疾病对人类的侵袭当作一股宇宙恶势力要折磨虐待人，如上文引用小说《红高粱》中的情节，把疾病对人类的折磨视为日军对抗日汉人的折磨，否则，在病死过程中我们难以论辩人类的尊严受到外来侵袭。再者，通过缓和医学及宁养服务，病人也不会像古代中国的叛将或败将、受朝廷追斩的命官或《红高粱》中的罗汉大爷一样，孤立无援地受虐待致死。宁养服务所显示的全人关怀，正是要协助进入夕阳阶段的人，保持做人的尊严。

再就上述第二类情形而言，两者亦有一些相异之处。在古代中国，侮辱来自外在环境（他人所发起的司法诉讼或刑罚处分）；在安乐死的情况，病人所

---

① 如 Becker, "Buddhist Views of Suicide and Euthanasia," pp. 551 - 552.

面对的侮辱源于内在的人的构成（会生病及衰退的身体）。对后者而言，失去尊严，是自然生存的一部分；前者则不然，尊严受打击是人为的。

简言之，近代的安乐死与古代中国人的尊严死，在大部分的情况下，两者并非相当类似。虽然大家都重视人的尊严，甚至不惜一死以保卫尊严不受损，但对"失去尊严"的理解有异。按照儒家的理解，尊严失去是因为外在及敌对的力量所致；按照安乐死的尊严死论证，尊严失去是由生老病死的人生过程所引起。因此，虽然儒家价值观也主张尊严死，但却不是当代安乐死运动所说的同一种尊严死。

再者，司马迁虽然在《史记》中赞扬了许多为"尊严死"而自杀的人，但在他自己遭受到极度无尊严的对待——在狱中受宫刑后，他仍然拒绝自杀。司马迁曾为兵败投降异族的李陵将军辩护，事情发展下来，汉武帝认为李陵是叛国者，于是所有曾经为他求情的人均牵连受罚。司马迁因而下狱，遭处以宫刑，这刑罚为他带来极度的耻辱。他明白他人会认为他该为避免这项失去尊严的对待而自杀，然而经过一番挣扎后，他决定拒绝自杀。他拒绝自杀，并不是因为他不顾尊严，而是为了他未完成的杰作《史记》，甘愿忍受这种打击尊严的刑罚。他非常明白他有责任要自杀，但他认为有更重要的责任要履行，就是要完成他那伟大的历史著述。（在《报任安书》中他解释："亦欲以究天人之际，通古今之变，成一家之言。草创未就，会遭此祸，惜其不成，是以就极刑而无愠色。"）他的《报任安书》可被视为一个饱受折磨的灵魂，恳求当时的人体谅他的不自杀之自白。

简言之，遭受奇耻大辱时，尊严死并不是唯一的选择。为履行天职而继续生存下去，仍是活得有尊严，而不是苟且偷生。司马迁在《报任安书》中，也引用了很多历史人物来说明这点。（"盖文王拘而演《周易》；仲尼厄而作《春秋》；屈原放逐，乃赋《离骚》；左丘失明，厥有《国语》；孙子膑脚，兵法修列；不韦迁蜀，世传《吕览》；韩非囚秦，《说难》、《孤愤》。"）面对"人生中不能承受的辱"，除了舍生避辱一途外，还有另一选择，就是忍辱负重。

六、生死自决与泰山鸿毛

1. 论证

在现代西方社会，推动安乐死运动的最大动力，恐怕是很多西方人都视为金科玉律的价值：个人自决（autonomy）。按照这个价值观，在人生中，只要行为不伤害他人，个人的行为可以完全自决；每一个人的人生都是主权在我，不容他人"干预内政"。[①] 个人事事都可以自决（只要不损害他人），就算决定错了，但因为是他自己作的决定，也是好的。自决而决定错误，总比他决而决定正确要更有价值。

人生大事（如恋爱、婚姻、生育、职业等），更应由个人当家做主；而死亡的时间及方式也是人生大事，所以死亡的时间及方式也该由当事人自决。[②] 提倡安乐死，就正是要体现这个生死自决权。正如美国一位评论员所说：

> 疼痛控制与宁养照顾比以往都发展得更好，但对于某些人来说，这些都只是树，而不是林。他们不想活下去，而且离世的决定权是属于他们的，这才是林。[③]

同样的，美国毒芹会行政会长皮瑞敦荷夫也清楚地指出，他们与宁养服务的最大分歧就在这里。宁养服务鼓励人去接受及经历人生中的春夏秋冬四季，不赞成人提早结束生命，回避人生的冬季。毒芹会则反对这种"尽其天年"的鼓励：

> 我们（与宁养服务）之间的最主要分歧是毒芹会所主张的自决（self-determination）。毒芹会相信每一个人都有自由及权利去操控与死亡有关的人生事件，正如他有自由及权

① Joel Feinberg, *The Moral Limits of the Criminal Law*, volume 3, *Harm to Self* (New York: Oxford University Press, 1986), pp. 52 - 97.

② 主张人有死亡权利的美国联邦上诉法院第九管辖区便用这个论证立论，参见 "Majority Opinion," in *Compassion in Dying v. State of Washington*, 1996, Section IV ("Is There a Liberty Interest?"), F ("Liberty Interest under Casey)." Dworkin, *Life's Dominion*, p. 239。

③ A. Quindlen, "Death: The Best Seller," *New York Times* (August 14, 1991), A19.

利去操控与生命有关的人生事件一样。①

因此,"死亡的权利"(the right to die)在西方成为一个响亮的口号,有些论者更强调这是人最后的权利(the last right)。美国某些法律界人士(如美国联邦上诉法院第九管辖区于 1996 年 3 月的判决),更认为死亡的权利是美国宪法所赋予美国人的法律权利,因此医生协助病人自杀应受美国宪法保护合法进行。②

有些论者也指出,个人之所以有自杀及安乐死的权利是因为生命本来是属于当事个人的。正如其他私有财产一样,财产拥有人有全权去决定如何处置自己的财产,拥有生命的人也有全权去决定何时结束他自己的生命。一个在英国及美国著名的提倡安乐死的剧本(后来也被拍成电影),便是以《这究竟是谁的生命?》为名。③ 美国哲学家范伯格(Joel Feinberg)也采取一个类似的立论方式,从生命的拥有权推论出生命的主权,而去论证死亡的"主权在我"。④

有些提倡安乐死的人更进一步,论说安乐死不单是一项简单的道德权利,而且更是一项人权,是一项人皆有之的最基本及最重要的道德权利,与联合国于 1948 年所颁布的《世界人权宣言》中的人权有同样的道德地位。因此,行使安乐死的权利,正如行使其他人权一样,不需辩护或解释;相反地,要限制安乐死的权利,才需解释或辩护。死亡的人权,既是负面的(negative right),所以他人不应干预或阻止当事人寻死;也是正面的(positive right),所以他人应协助当事人寻死。因此,除了自杀之外,医生协助病人自杀及安乐死也都是死亡的人权所包括的。⑤

---

① John A. Pridonhoff, "Right to Die and Hospice," pp. 51 - 52.

② 美国联邦最高法院于 1997 年 6 月,推翻了上诉法院第九管辖区的判决,九名法官一致否认所谓"死亡之权利"可以在美国宪法中找到法律的根据。

③ Brian Clark, *Whose Life Is It, Anyway* (New York: Dodd, Mead, 1978). 笔者于 1981 年在美国首次学习医学伦理学时,教授便于课堂中播放这部电影给学生看。

④ Joel Feinberg, *Harm to Self*, pp. 344 - 374. 范伯格在该书 352~354 页也仔细介绍了《这究竟是谁的生命?》的剧本内容及正反双方的论证。

⑤ 以上论点见 Margaret Pabst Battin, "Suicide: A Fundamental Human Right?" in *The Least Worst Death: Essays in Bioethics on the End of Life* (New York: Oxford University Press, 1994), pp. 277 - 288; Battin, *The Death Debate*, pp. 166 - 174.

最后，西方的自由主义理论家更指出，生死自决，是一个多元及宽容的社会所应保障的；让个人自己决定死亡的时间及方式，才尊重个人的自由。我们可以不同意某人寻死的理由，但我们不应干预他的"内政"；社会中人彼此会有不同的存生取死的价值观，我们要保障这种多元性，彼此宽容。[①]

2. 儒家价值观的共鸣

中国古代儒家虽没有把个人自决视为一项重要的价值，也没有人权的思想，但儒家的生死价值观间接地是支持在某些情况中人可以生死自决的。上文解释的孔孟"杀身成仁，舍生取义"的生死价值观，就已经鼓励人在某些情形中，要果断地结束自己的生命。苟且偷生，苟延残喘，"好死不如赖活"，都是儒家价值观所坚决反对的。当仁义要求我们选择死亡时，人便要慷慨赴死，不可用"生死有命，富贵由天"为推搪借口。

此外，我们还需注意一种对古代中国人有深远影响的生死价值论，便是司马迁的观点。[②] 他的《报任安书》，是在他为自杀与否煞费思量之后所写的自白书。他在这封信中写下他的千古名句："人固有一死，死或重于泰山，或轻于鸿毛，用之所趣异也。"用现代的话来说，就是人人都会死，这是人人都一样的，但是每个人的死亡价值并不相同。有些人死得很有价值，但有些人却死得毫无价值，关键在于死亡的前因后果。假如死于此时此境，是有着重大的意义（重于泰山），便应毫不犹疑地结束自己的生命；假如此时此境自杀只能带来微不足道的意义（轻于鸿毛），便不应寻死。人既应妥善安排自己的人生，也要妥善安排自己的死亡；要选择好的死亡（重于泰山的死），避免坏的死亡（轻于鸿毛的死）。

因此，按照儒家的生死价值观，选择安乐死如能使当事人成仁取义，或使其死亡重于泰山，则应该为这种情境的死亡而自决。

3. 共鸣的限制

儒家虽然赞成在某些情形中生死自决，但绝不赞成人的生命是一己的私有

---

① Dworkin, *Life's Dominion*, pp. 208 - 213.

② 虽然从儒家思想史来看，我们很少把司马迁当作一个儒家思想家。可是，司马迁对孔子之推崇是在《史记》中有目共睹的：他破天荒地把孔子列于世家之中（《史记·孔子世家第十七》），而老子则只能与韩非并列于一个列传（《史记·老子韩非列传第三》）。再者，正如上述，司马迁基本上也认同汉儒董仲舒的生死价值观。

财产。《孝经》中一句"身、体、发、肤，受之父母，不敢毁伤，孝之始也"（《孝经·开宗明义章第一》），成为后世儒者的共同信条，也成为反对"轻于鸿毛"的自杀的最重要理由。由于人的生命源于父母，人并不拥有自己的生命（self-ownership），在群己关系上，儒家也不主张个人主权（individual sovereignty）①，所以生死自决只能是有限度的。②

再者，正如上述，儒家的生死自决观要以仁义为大前提。儒家的生死价值观并不赞成"我想活就活，我不想活就去死"这种生死绝对自决观，而只赞成"我应该活就活，我应该死就死"的道德自决。

换言之，儒家价值观所关心的并不是死亡的权利（right），而是死亡的道德正确性（rightness）。就算安乐死是一项人权，儒家价值观的中心关怀却是如何正确行使这项权利（right exercise of right）。③

因此，对于这个生死自决的西方论证，儒家价值观所能起的共鸣是相当弱的。西方的生死自决论证是要指出，不管这个死亡的价值是轻于鸿毛还是重于泰山，当事人都有自由去寻死。儒家的价值观却认为，人的自由抉择只能在仁义的范围内进行，人没有自由去选择轻于鸿毛之死。④

七、结论

安乐死虽然是一个当代问题，但无论赞成或反对，背后所引用的价值观都

---

① 人的生命并非自己所拥有，而是父母所拥有，在后世儒家思想中也有极端的发展，于是在明朝便有所谓"君要臣死臣不能不死，父要子亡子不能不亡"的论调。到了清朝，更有如魏禧所言："父母即欲以非礼杀子，子不当怨；盖我本无身，因父母而后有，杀之，不过与未生一样!"

② 西方有些赞成安乐死的学者也承认，以私有财产类比来为自杀及安乐死辩护是不能成立的。在一般情形中，毁灭了私有财产，财产拥有者仍然健在；而在自杀后，不但私有财产消失，连财产拥有者都毁灭了（Battin, *The Death Debate*, p. 163）。

③ 西方伦理学对"right"（权利）与"right conduct"（正当行为）的分别也有自觉，参见罗秉祥：《权利为本的道德理论之限制与价值》，载《哲学论评》，1996（19）。反对安乐死是一项人权，在西方也大有人在，如 Leon R. Kass, "Is There a Right to Die?" *Hastings Center Report* 23: (1993): 34 - 43。

④ 关于这个西方式的生死自决与儒学的重大差异，笔者在以下一篇英文论文中有更详尽的发挥：Ping-cheung Lo, "Euthanasia and Assisted Suicide from Confucian Moral Perspectives," *Dao: A Journal of Comparative Philosophy* 6 (2010): 53 - 77。

带有某种程度的普遍性。检视西方人赞成安乐死的四个道德论证，也就是检视西方人一部分的价值观。透过儒家价值观来从事这项检视工作，也就是从事东西文化价值观的交流。

本文显示，一方面，古今中外有些价值观是相通的，在思想上有共鸣之处。因此，西方的四个赞成安乐死的道德论证，对于儒家的道德思想而言并非是完全陌生的；相反地，这四个论证在儒家的价值观中都可找到不同程度的支持资源。可是，在另一方面，东西的价值观也有一些重要的相异之处，通过分析安乐死的赞成论证也清楚地显示出来，正如上文所述，儒家价值观与安乐死的共鸣是有限制的。

当然，西方社会的价值观也是多元的，西方人对安乐死的立场也可以南辕北辙；讨论安乐死问题，可以完全局限于西方文化语境中来讨论。只不过，通过上文的努力，笔者尝试指出，通过儒家价值观的对照及跨文化的讨论，西方当代安乐死运动之思维模式的特点及其可能限制，能更清晰地显露出来。因此，就安乐死问题而从事的跨文化对话，不单对中国人有意义，对西方人也该是有启发性的。活于地球村中，面对多元文化（multiculturalism）的局面，我们要动用全人类的文化思想资源来解决当代的问题。

通过上文的儒家价值观反省，笔者认为赞成安乐死的四个西方道德论证，在一些关键之处是说服力不足的。除了在一些极端情况下，如病人陷于《红高粱》中的罗汉大爷的绝望困境中时，在一般的情况中，施行安乐死没有足够的道德根据。

指出儒家价值观不支持安乐死的西方论证，并不就表示安乐死在道德上是不可取的，因为儒家的道德价值也许有错误的成分；再者，除了本文检讨的四个论证之外，另外也许有别的赞成论证，是儒家价值观所能完全首肯的。（譬如，利他式的成仁取义安乐死，肯定会得到儒家价值观的支持。）这些议题在将来还可以继续讨论。

《庄子》的生命伦理观与临终关怀

张　颖

在生命伦理学中，目前所流行的"临终关怀"（又称"宁养服务"）一词是由英文 hospice 转译而来。Hospice 源于拉丁文，其原始意义是指"在困难中旅行者的避难所"。到中世纪又指"提供给朝圣者的休息及调养之所"。19 世纪以后逐步转化为"为照顾垂死病人之安宁院"，由当时英国爱尔兰修女会创立。[①]

临终关怀也称为"安宁疗护"、"善终服务"、"宁养服务"，主要指对生命临终病人及其家属进行生活护理、医疗护理、心理护理、社会服务等的关怀照顾，是现代社会一种强调身—心—灵的全人、全家、全社会，以及全程的全方位医疗方式。其目的是为临终者及家属提供心理及灵性上的支持照顾，使临终者达到最佳的生活质量，并使家属顺利渡过与亲人分离的悲伤阶段。

生死教育是"临终关怀"的一个主要层面，或许没有什么比临终关怀更要面对生中之死，死中之生的问题的了。虽说生、老、病、死是人生之常态，但对多数人来讲，安身立命是人生大事，而死亡则是一件应该回避的事情。中国传统的入世文化带有强烈的"乐生"、"恶死"的倾向，例如民间有"好死不如赖活"的说法以及避免数字"四"（音"死"）的风俗。儒家在死亡问题上基本上采取"存而不论"的态度，而汉代以后的道教所提倡的强身、延寿、求仙思想则强化了乐生恶死的民间信仰与理论。因此，中国文化虽重死重丧，却避讳言死。相比之下，佛教与道家从不同的角度对生命意识作出全新的探讨，把生死关怀与人的主体价值联系起来。特别是道家哲学的本体—宇宙观，将生命的形态与天地万物结合起来，将养生与齐生死统一起来，并将人体的物质形态提

---

① Milton James Lewis, *Medicine and Care of the Dying: A Modern History* (Oxford: Oxford University Press, 2007), p. 20. "Hospice" 一词来自拉丁文 "*hospis*" 及 "*hospitium*"，有好几种中译："临终关怀"（中国大陆）、"善终服务"（香港、台湾旧译）、"安宁疗护"（台湾新译）、"宁养服务"（香港新译）、"缓和医疗"（日本）。

升为精神形态，确立了道家的生命与自然互动、与宇宙互通的伦理思想。本文以现代生死学为框架，从道家哲学，特别是《庄子》一书中所体现的生命伦理观，探讨构建道家临终关怀的可能性与现实性。

一、现代生死学

自古以来，生死问题就是生命哲学的首要问题。不同的文化传统、不同的宗教信仰、不同的人，会赋予死亡（及灵性）不同的诠释与话语体系，对如何面对死亡给出不同的响应。就宗教信仰而言，无论是天堂、上帝，还是净土、仙境，都是与养生送死有关，都是试图超越生死，抚慰死亡带给世人的悲伤。现代生死学是在宗教信仰的基础上，加入其他学科的要素，让生死学成为现代教育的一个重要组成部分。从现代生死学的角度来看，无论是对生的执着，还是对死的冷漠，都是有局限的，而临终关怀正是要打破人们对生的执着和对死的冷漠。

记得多年以前，我在美国费城的某大学执教时，曾经收到一封来自台湾的邮件，拆开一看，方知该信实际上是写给我的前任、已故的知名学者傅伟勋教授的。这是一封读者来信，里面提到了傅教授所著的《死亡的尊严与生命的尊严》，这本书在台湾与大陆都颇为畅销。那位读者在信中详尽描述了他自己如何每天将傅先生的书放在枕边，陪伴他度过他父亲过世那一段痛苦的日子。他说傅先生在书中所表现的对生命的洞彻，对生死的通达令他难以忘怀。傅伟勋是华人中最早提出"死亡教育"（death education）和建立现代生死学课题的学者，这当然也与他自身与癌症共舞的经历有关。"死亡教育"是"死亡学"（或"生死学"，thanatology）的一部分。[①] 在傅教授的宣传下，他所执教的宗教系首次开设生死学的课程，题为"死亡与死亡过程"（Death and Dying），该课程融入世界不同的宗教文化传统对死亡的认知与诠释，探索生命的真谛，特别是对死亡本质的认识。

傅伟勋教授在构建其现代生死学体系时，把"临终精神医学"（thanatological psychiatry）和"临终精神疗法"（thanatological psychotherapy）放在首

---

① Thanatology 一词直译应为"死亡学"，但如果更符合中国传统习俗的话，"生死学"似乎更为恰当，因此本文采用"生死学"。

位，指出人的精神状态决定一个人是否能实现"善终"，而只有达到"善终"的目标，人才能坦然面对生死。他提出，"临终精神医学"是生死学与精神医学的结合，广义上讲，亦可以说是生死学的一部分。① 生死学所考察的对象是已经面临死亡的患者的正负面精神状态，尤其是负面的精神状态。它与心理学、宗教（学）、文学、音乐、艺术等配合起来，给我们提供实效的临终精神治疗法，使患者的精神状态有所改善，使他（她）能够自然安宁地接受死亡，保持死亡的尊严。② 此外，傅伟勋以"傅朗克治疗法"与"森田治疗法"为例，说明临终精神医学实际上是一门跨学科的学问。③

西方现代生死学是一门跨学科的学问，是生命哲学，亦是生命伦理学，其内容丰富，包括对死亡的诠释、死亡本体论，对死亡的态度、死亡教育、身体哲学、心理医疗、自杀、安乐死、堕胎、临终关怀、殡葬礼仪、生命基因工程等等。其中的"临终关怀"在上世纪60至70年代在欧美开始流行，各式临终关怀的机构与服务应运而生，特别是给身患"绝症"的病人的宁养所（hospice）。在亚洲，像日本，还有中国台湾、中国香港等地在过去30年里也以不同形式，配合生死学的研究大力发展宁养服务的机构和组织。在中国大陆，新型的"临终关怀"将传统的、单一的"养老院"（nursing home）加以扩充。由此，临终关怀既成为具体的社会形态，也成为伦理学、哲学、宗教学、医学等研究的对象。1988年，天津得美籍华人黄天中博士资助，成立了第一所有关临终关怀的专门研究机构"天津医科大学临终关怀研究中心"，同年，上海也成立了第一家临终关怀医院。自2001年，更多的宁养机构在中国各地相继成立。这一切，标志着临终关怀正式被接受。临终关怀作为一个新型议题，无论在理论层面还是实践层面，都有待进一步的研究和探索。

传统道家虽然没有现代意义上的生死学，亦没有涉及现代意义上的宁养服务，但其哲学思想却与现代生活有关联，特别是其独有的生死观，有助于启迪现代人对生死问题的态度，引导人们面对生死的自然定律，从而在临终之际获得跨越时空、超越生死的勇气和智慧。道家生命伦理学的意义体现于其相应的关联性思维方式中：阴/阳、天/地、上/下、大/小、强/弱、生/死、福/祸、

---

① 参见傅伟勋：《死亡的尊严与生命的尊严》，8页，北京，北京大学出版社，2006。
② 参见傅伟勋：《死亡的尊严与生命的尊严》，99页。
③ 参见傅伟勋：《死亡的尊严与生命的尊严》，99～125页。

养生/无执……道家以"非二元之二元"的思维消解人们对死的困惑与对生的执着。应当指出的是，现代生死学与现代西方文化（诸如哲学、伦理学、心理学、医学科学等）有很大的关联，很多问题并非中国传统哲学，包括老庄哲学所探讨的问题。然而这并不意味着道家不能与现代生死学对话。相反，由于道家对生命独到的诠释，道家思想无论是在理论层面还是经验层面对我们思考现代化生死观，构建具有中国特色的临终关怀体系都具有一定的启迪作用。

二、《庄子》的生命伦理观

道家明确地提出一套自然主义的道之本体—宇宙观（onto-cosmology），把道作为哲学的最高范畴，并将生死作为宇宙一个整体来论述，指出万物的生与死皆为道之运动的一个环节，是生命的一个整体系统。因此，道家的生命观是一种与其内在的本体—宇宙观直接相应的价值观。《老子》第四十二章说："道生一，一生二，二生三，三生万物。"《老子》第三十九章中又言："天得一以清，地得一以宁，神得一以灵，谷得一以盈，万物得一以生……"同样的思想也表现于《庄子》之中："生也死之徒，死也生之始，孰知其纪！人之生，气之聚也。聚则为生，散则为死。若死生为徒，吾又何患！故万物一也。……故曰：'通天下一气耳。'圣人故贵一。"（《庄子·知北游》）在道家看来，生与死循环相继，不断变化，谁也不能打破这自然的规律，人的生死只不过是气的聚散罢了。所以万物都统一在生死循环的变化之中，所有万物最终都归于气，归于一，一即道。既然生死是自然的规律，人又有什么可忧患的呢？

道家的思维是以否定为主，诸如"无"、"不"等否定句式的用法，即一种"反/返"之思考。《老子》第四十八章说："为学日益，为道日损。损之又损，以至于无为。"如此说法，其目的除了颠覆传统的价值观，更是为了打破惯性的（分割、静止）思维模式，形成一种整体、流动、辩证的思维模式。其实道家的推演方法并非道家独有，《易经》的思维模式就是通过阴阳、八卦、爻变演绎事物的相衍、相生、相克、相成，以此反映宇宙的内在规律。道家哲学将《易经》的方法进一步发挥，并直接运用于人生观，包括生死观中，形成了道家独有的生死理论，其中《庄子》文本所体现的思想，更能代表道家的生命伦理观，因为《庄子》更为具体地说明了人为什么要体察"道"的统一性、整体性、均衡性以及主体对"道"的适应性。由于道家的生死观与"反/返"之思考有关，我们可以用三个英文的"R"来描述：return（复/返/归），reversal（反/返）和 repetition（复）。

1. Return，复/返/归

《老子》第四十章说："反者，道之动。"这里，"反"涵盖两层意思：一是相反、相对；二是同返，即复归。《老子》第十六章指出："万物并作，吾以观复。夫物芸芸，各归其根。归根曰'静'，静曰'复命'。复命曰'常'，知常曰'明'。"《老子》一书中多次提到复归其根、复归于朴、复归于婴儿等"复归"概念，并将死亡看作"各归其根"。道家认为，天下万物，万物并作，最终回归其根源。落叶归根，这是天地之自然规律。死亡，自然也是这一回归之进路。"道"既是万物的归宿，也是生死的归宿。同样，《庄子·天下》指出：道之真人应该是"上与造物者游，而下与外死生、无终始者为友。……其应于化而解于物也……"在庄子看来，"真人"是不生不死、无始无终的，他能与天地合一，是天道的体现者。如果说《老子》的"各归其根"只是隐含了生死观和解脱观的话，那么《庄子》的死生观更直接地表达了个体的灵性解放与精神解脱。

《庄子·应帝王》里描写了一个"浑沌之死"的故事，以揭示世界的创生和人类远离"原初之状"的"堕落"（fall）：

> 南海之帝为儵，北海之帝为忽，中央之帝为浑沌。儵与
> 忽时相与遇于浑沌之地，浑沌待之甚善。儵与忽谋报浑沌之
> 德，曰："人皆有七窍以视听食息，此独无有，尝试凿之。"
> 日凿一窍，七日而浑沌死。

儵与忽本来是为了给浑沌以人的七窍以报其恩德，结果反而导致了浑沌的死亡。这个寓言可以有多种解读，其中一个是把"浑沌"看成宇宙（包括人类）的原初状态，即道的"无"之状态。七窍则是"有"之状态，也是人类由于五官的形成所带来的"知识论"的开始，即人类有了"分"与"辨"的能力。因此，浑沌不只显示了宇宙从无到有，同时也意味着人类远离"原初之状"的开始。因此，《庄子》的寓言从另一个角度反映了《老子》的复归思想：后者主张"贵柔"、"守弱"、"抱一"，前者主张"物化"、"见独"、"守宗"，二

者使用不同的语言，但都体现复归于道的思想。就生死而言，复归意味着去除生死之分别，回归于"清静无为"的状态，回归于"一"的境界，"圣人贵一"就是圣人以"道"为贵。因此，道家的复归是对生命的本初和本源的复归。

《庄子》体道归一的思想也影响了南北朝以后兴起的道教。道教所强调的保精、行气、导引、服食等养生术无一不与复归道之元气有关联，道教通常称之为"虚"。道教思想家将《庄子》的体道的超越性与养生的现实性结合起来，以求"练精化气"、"练气化神"、"练神还虚"的修炼提升。同时，由于道教的内丹直接受惠于《庄子》养神体道的思想，因而逐渐超越了早期道教因受民间宗教影响而陷于"肉身不死"的局限。葛洪在《抱朴子·地真》提出道起于"玄一"（亦即"真一"），并强调要"归一"、"守一"，所谓"人能守一，一亦守人"①。同样"守一"的思想在内丹中加以发扬光大，如内丹大师白玉蟾指出的："道者一之体，一者道之用，人抱道以生，与天地同其根，与万物同体。夫道一而已矣，得其一，则后天而死，失其一，与物俱腐……一无所一，与道和真，与土地长存，谓之真一。"② 总之，无论老庄还是道教，都将体道、悟道放置于复归的哲学思想中。

2. Reversal，反/返

道家认为，"反"是一切事物存在、变化和发展的法则，事物因相反而相成，因相反对立而互相转化。《老子》第二章中明确提出："有无相生，难易相成，长短相形，高下相倾，音声相和，前后相随"，生死也是同样的道理。因此，人们观察、认识和处理问题，就不仅要看正面，更应该看反面。《老子》认为："天之道，其犹张弓与？高者抑之，下者举之；有余者损之，不足者补之。天之道，损有余而补不足。"（《老子》第七十七章）主张"曲则全，枉则直，洼则盈，敝则新，少则得，多则惑"（《老子》第二十二章）。由此观之，对待生命，我们不仅要看"生"的一面，更要看"死"的一面，即"未知死，焉知生"。因为生并不表明其有，死并不表明其无。

在中国传统的儒释道中，如果说儒家论生避死，佛家以死窥生，那么道家则是生死齐一，以求超越生死之分。但在"齐"之前，首先要颠覆传统的价值

---

① 葛洪：《抱朴子·内篇》，275 页，北京，北京燕山出版社，1995。
② 胡道静、陈耀庭等主编：《藏外道书》，102 页，四川，巴蜀书社，1994。

观，即乐生恶死。《庄子·秋水》言："生而不说，死而不祸"，是对"乐生"与"恶死"的超越。《庄子·至乐》中"鼓盆而歌"的故事世人皆知，人非草木，岂能无情？亲人离去，痛哭一场，寄托悲伤，合情合理。然而庄子非但不哭，反而鼓盆高歌，似乎有悖于常理。其实，庄子的做法，恰恰是要颠覆世俗对死的看法：这里所强调的不是"乐死恶生"，而是对生的执着。道家认为，对生的渴求和执着，或者对死亡的恐惧和回避，都会给人带来烦恼与不自由。站在道家的角度来看，人是自然界气化流变的产物，如《庄子·知北游》言："人之生，气之聚也。聚则为生，散则为死。"《庄子·大宗师》这样说，人的一生，从生到死皆为"大块"（即自然）之主宰；人的一切，皆为自然的赐予。因此"万物一府，死生同状"。"死生同状"则是"以死生为一条"，死与生只是生命的两种不同的表现形态。显然，这样的生死观是对"乐生恶死"的反动。

《庄子》中经常出现真人、神人、至人等称呼，其共同指向为超越生死。《庄子·大宗师》言："古之真人，不知说生，不知恶死。其出不䜣，其入不距……是之谓真人……夫大块载我以形，劳我以生，佚我以老，息我以死。故善吾生者，乃所以善吾死也。"主张人应该努力活够大自然所赋予的生命时限，同时不要恋生恶死，以平和的心态看待生死，遵循自然的生死规律，才是接近和通达真人的大道，才能真正意义上实现生命的自然过程，以达到保身尽年的自然美好状态。

3. Repetition，复

宇宙大化，天地自然；生生死死，生命循环。道家以宇宙之变透视生死的本质，视生死为"物化"的一种形态。"独立而不改，周行而不殆。"（《老子》第二十五章）阴阳双方的对立运动决定了事物由成长到衰落的发展，这种向对立面转化持续地进行，事物变化的基本模式表现为循环。万物生生不息、变动不居，最终又"复归于朴"，返回到"道"的出发点，然后再次开始新的循环。《老子》第二十五章说："大曰'逝'，逝曰'远'，远曰'反'。"这里，我们看到道家循环往复的变易思维。对生命本初状态的复归意味着新的生命的开始，所谓"万物皆出于机，皆入于机"（《庄子·至乐》）。生命正是在这不断交替中获得永恒的意义。

道家循环观直接反映在生死问题上。《老子》第五十章有"出生入死"一说，也就是"方生方死，方死方生"（《庄子·齐物论》）。因此，道家主张生死一体、生死齐一。在《庄子·大宗师》中，我们可以看到一系列通达生死的人物：子与、子梨、子来、子桑户等人。庄子认为，人生的最高境界非生亦非死，而是非死非生、等生死齐物我的逍遥之境。生从自然而来，死向自然而去，这种循环观既是自然主义的，也是超自然主义的。"复"字的重点在于看破生死，"不以生生死，不以死死生"。"道"是万物的起点和归宿，亦是生死的起点和归宿，生命在循环中实现永恒与无限。《庄子》把万物之循环的过程称为"造化"或"物化"，将个体有限的生命融入到宇宙无限的生命之中："其生也天行，其死也物化。"（《庄子·天道》）"化"是循环的过程，至于"化"的秩序，庄子认为并不明确，也没有必要作谁先谁后的思辨。由此推论，"生也死之徒，死也生之始"（《庄子·知北游》）。从表面上看，这一说法是个悖论（paradox），但实际上是道家"生死同状"的描述。只有体验这种境界，才能真正做到无执。

总之，这三个 R 反映了道家独特的关联性思维（correlative thinking）特质。道家哲学的归结点，虽在于清静无为，因循物化，但其思辨的方法并非单向的、重返家园式的（home-coming）"回归"，而是多层次、多角度的思维，其最终目的是走出机械单一、二元对立的考虑，让心灵更为宽阔，以此做到庄子所说的"达生"。大陆学者李霞对庄子的"达生"作出这样的解释："不强逼生命为其不能为的事，不违背生命的本性，'达生'不仅仅是指通达人生之理，也包括通达生死之理。"[1] 台湾学者高柏园在诠释《庄子·养生主》一章时提出：

> 生之所以要养生，乃在人之生命原有受伤之可能性，而所以可能，乃因人既有一有限之生命，同时又有自觉与自由。惟此生命之自觉与自由虽为伤生而有者，而生命之伤却因有此自觉而可能。盖生命之自觉即显生命之冒出于自然之上，此所以生命永有离其自己的可能，因而生命终有受伤之可能。是以养生者无他，即在去此生命之伤，亦即不使生命

---

① 李霞：《生死智慧：道家生命观研究》，171 页，北京，人民出版社，2004。

突兀地冒出于自然之上而离其自己，而使其知返、知归、知复。①

这里，生命之伤（有限）与生命之自觉和自由（无限）是在关联性的思维框架下进行的，二者互为需要，而非单一的对立。

综上所述，庄子生死哲学有着深刻的本体意义，对生死问题的思考贯穿于庄子哲学的始终，生死的本源、运行、归宿同道的一致性，生死与道的境界以及与道的等同都有力地证明了这一点。

三、从《庄子》的生命伦理观看临终关怀

庄子"未知死，焉知生"的思想旨在消解人们在生死议题上的固有观念。就这一点而言，道家的生死观与存在主义哲学家海德格尔（Martin Heidegger）在《存在与时间》一书中所说的"向死存在"或"向死而生"（being-towards-death）的思想颇为相似。海德格尔认为，只有当我们遇到死亡的时候，人生"存在"的问题才会浮现。换言之，是死亡将个体的存在问题带到了我们每个人的面前，因为我们生活的每一时刻亦是走向死亡的每一时刻。纯粹的、孤立的死亡作为死亡的含义并不是最重要的，人对死亡作为死亡的"经验"（Er-fahrung），才是人生存在的意义所在。因此，海德格尔提出"本真的存在"和"本真的死亡"的观点。在海德格尔的存在主义理论里，死亡概念成为建立以此在的本真的存在为核心的基本本体论的先决条件。人的死亡是"此在最本己的可能性"，因为死亡是不可超越、不可避免的可能，对本真的死的领会或者说畏死能使人由非本真的在通向本真的在。"本真生存的存在论上的机制，须待把先行到死亡中去之具体结构找出来了才弄得明白。"② 海德格尔所谓找出先行到死亡中去之具体结构，是为了揭示死亡最终的本体意义。海德格尔从生死看人生本性的思想无疑对西方现代生死学具有深刻的影响，后现代哲学家或伦理学家如德里达（Jacques Derrida）、列维纳斯（Emmanuel Levinas）、布朗肖（Maurice Blanchot）等人，都是由于受到海德格尔有关死亡哲学的启示，将

---

① 高柏园：《庄子内七篇思想研究》，118 页，台北，文津出版社，1992。
② ［德］海德格尔：《存在与时间》，315 页，北京，生活·读书·新知三联书店，1987。

死亡问题肉身化、此在化，因而不再将死亡看作生命/生物以外的、完全属于灵性的话题。譬如，德里达认为，死亡是意义的源泉，即为"我的活着的当下"赋予了意义。① 也就是说，只有把死亡作为死亡来经验，或者说只有经验死亡本身，才能体验海德格尔所说的"向死而生"。

虽然西方哲学家和道家对人生的价值、人生的态度会有不同的解释，但他们在生死议题的讨论上却有相近之处，特别是与《庄子》中所表现的生死观。庄子正是在生死问题思考的基础上建构了道家的自然主义的本体—宇宙论，进而确立了"道"的人生哲学。换言之，死亡是人类生命的自然现象，有自然的生必然就会有自然的死。还有，人生在世，也会遇到天灾人祸，有些事情不是在我们人类的掌控之中。在一个生命快要消逝时，对于临终者和丧亲者而言，都无法避免离别与失落之感。那么我们应该如何以积极的态度去面对死亡，必然成为一个不能回避的问题。临终关怀的主要议题之一就是为这一问题提供可操作性的答案。道家哲学对生命意义以及生死现象有其独到的见解，因而对临终关怀具有独特的启示，人们可以在道家生死智慧的引导下为临终者和丧亲者提供得以领悟生命真谛的方法。

中国传统上虽然没有现代意义以及现代模式的临终关怀，但却存在着某种关怀的形式。譬如，对于没有特定宗教信仰的一般人来讲，往往是让临终者吃点好的，或者把他/她记挂的远方亲人召回身边，见上最后一面，说一些宽慰的话语，这些形式都具有一定的临终关怀指向，其目的是使临终者尽量以平静的心态告别他/她曾经拥有过的世界。现今的临终关怀更为专业化和系统化，是为临终者及其家人提供照顾，使当事人在临终前极大可能地免于死亡的痛苦和心理的恐惧，从而平和、安详地完成人生最后的岁月。然而，舒解临终者的诸多心理障碍，如恐惧、焦虑、愤怒、隔离、寂寞或绝望等，以及丧亲者由于亲人的离去所承受的心理压力并非一件易事。

传统道教虽然不乏各种斋醮科仪，大多是与祈福、消灾有关。即便是像"破地狱"这类直接与亡灵相关的宗教法事，其着重点是人神交流，以求阴阳两界的平安，以及亡灵的福佑与赎罪。但这种仪式在民间非常流行，在某种程度上讲，也是对亡者的一种关怀，同时满足了亡者家属的信仰习俗。另外，道

① 参见［法］德里达：《声音与现象》，122页，北京，商务印书馆，1999。

教也保留了民间的其他丧葬传统，如招魂、易服、饭含、袭尸、沐浴等等。[①]
这些传统科仪，除了安抚亡者，更多是对生者的安慰。在各种祭祀过程中，哀
伤的情绪可以得到抚平，类似现代西方所说的"healing after loss"（丧亲后的
医疗）。当然，《庄子》中有关反对葬礼的描述似乎说明庄子否定任何形式的科
仪，但其背后并不是道家对礼仪本身的唾弃，而是强调不要恐惧死亡，要以乐
观的态度对待死亡。

　　还应当指出的是，传统的临终关怀有一个共同特点，这就是以家庭为中
心，由此，临终关怀往往与人伦孝亲密不可分。然而，当今流行的"宁养服
务"或"安宁疗护"融入了诸多现代的元素。首先，它的场所打破了家庭的界
限，临终者周围的人也不仅仅是家人。作为居所，hospice 不再局限于家庭居
所，像佛教设有"安乐堂"、"涅盘堂"、"喜乐塔院"、"赡养中心"等，都是跨
越个体家庭的社会机构。[②] 其次，当代临终关怀深受医疗技术的影响，诸如安
乐死、器官移植等是现代生死学中的新问题。另外，丧亲者的悲伤调适过程愈
来愈专业，除了家庭的鼓励，宗教社团的支持，还有专业人士的信息与辅导。
因此，在科学发达的现代社会，临终关怀的含义有了进一步延伸，将传统家庭
的照顾模式延伸为社会模式，注入了社团（community）的含义，由此让"自
我关怀"（self-care）与"关怀伦理"（ethics of care）同时并进。"关怀伦理"是
现代西方伦理学术语，最早提出此思想的是美国女性主义心理学家卡罗尔·吉
里根（Carol Gilligan）。她提出，人与人的关系应为伦理学的出发点，而关爱
他人是一种最基本的品德。[③]

　　日本医师柏本哲夫（Tetsuo Kashiwagi）将英文的 hospice 作为缩合词，即

---

　　① 参见万建国：《中国历代葬礼》，25 页，北京，北京图书馆出版社，1998。

　　② 日本京都佛教大学田宫仁教授曾主张将佛教式的安宁疗护机构称为源于梵语的"毗诃罗"（vi-
hara，精舍、僧居所），以此来取代具有基督教色彩的 hospice 一词。他认为"毗诃罗"更能表达佛教临
终关怀的特色。"毗诃罗"本有寺院、避难所（佛教修行者的住处或旅行者避雨之处）之意，其在历史
上的实用功能与 hospice 颇为相似。早在 6 世纪，日本的佛教就已经设立临终关怀机构，但后来由于政
治原因受到限制。上世纪 80 年代中期，日本的"安宁疗护"重新使用 vihara 这个名称。亦可参见陈荣
基：《提升死的质量——安宁疗护与预立遗嘱》，载《今日佛教新闻》，2004（6）。

　　③ Carol Gilligan, *In Another Voice*：*Psychological Theory and Women's Development*（Boston：
Harvard University Press, 1982）。吉里根在书中对西方传统伦理中过多强调个人权利的"男性哲学"
给予了批判，指出品德是有性别的，认为那种源于女性化，即关怀式的伦理较之源于男性化的，即原
则式的伦理更为优越。

H-O-S-P-I-C-E 以表达临终关怀的七法则：H 是 hospitality（亲切）；O 是 organized care（团队关怀）；S 是 symptom control（病症控制）；P 是 psychological support（精神安抚）；I 是 individual care（个性化服务）；C 是 communication（沟通）；E 是 education（教育）。① 由此看来，现代临终关怀不只是"救死"而且是"优死"，其特性包括：（1）重人胜于重病，重视生命的质量胜于生命的数量，正视死亡。（2）关怀的焦点是临终者的生活，而不是死亡。（3）让临终者安静而尊严地死去是临终关怀的结果，而不是终点。（4）对临终者的关怀，质量高于数量，凡是可以做的要尽力去做，尽可能满足临终病人的需求。（5）临终关怀工作人员是跨专业的团队组合，提出"四全"之服务：全人、全家、全社会（礼仪师、宗教师、社工师、心理师、义工等）以及全程的全方位医疗方式。

中文的"宁养服务"或"安宁疗护"都包含"宁"字，意味着"安定"、"安宁"。虽然"死生亦大矣，而无变乎己"（《庄子·田子方》），但在死亡面前保持安定需要内在的力量，更需要外在的支持。最大程度地减轻临终者对死亡的厌恶和恐惧，有利于他们在心灵上多一分安乐感，从而得以善终，即所谓的"死于安乐"。世界卫生组织（WHO）对"安宁疗护"曾作出明确的定义："安宁疗护肯定生命的意义，但同时也承认所谓为自然过程。人不可加速死亡，也不须无所不用其极地英雄式拖延死亡的过程。"② 这种描述与道家所说的"顺其自然"一致。

临终关怀中相当大的成分是对临终者心理层面的关怀。现代医学再发达，也无法解决病人由于既要忍受病痛又要面对死亡所引发的种种心理反应，更不要说让患者得到宁养。由此我们看到，道家，特别是《庄子》的自然主义的生死观，有助于减轻临终者的死亡焦虑。再者，临终关怀中也涵盖终极关怀的层面。所谓的"终极关怀"是对"灵性"的关注，其范畴包括启发临终者以豁达的态度面对生死的特质。《庄子》所表现的逍遥，在生的层面，是一种生命的

---

① 参见李榕峻：《安宁疗护医疗团队成员工作压力与压力调适之研究》，台湾慈济大学社会工作学研究所硕士论文，2006。

② 转引自释信愿：《生命的终极关怀》，见 http://www.bfnn.org/book/books2/1885.htm。另外，根据世界卫生组织的定义，安宁疗护亦指："对治愈性治疗已无反应及利益的末期病患之整体积极照顾。此时给予病人疼痛控制，及其他症状的缓解，更重要的是，再加以心理、社会及灵性层面之照顾。安宁疗护的目标是协助病患及其家属获得最佳的生活质量。"

境界，一种无待于外物而自给自足的境界；在死的层面，是一种回归自然的安顿，一种与万物流变的淡定。在道家看来，超生死是终极的自觉，是自然无为的最终体现。傅伟勋教授指出："……当下就宇宙的一切变化无常去看个体的生死，从中发现精神解脱之道。万事万物的生灭存亡，皆逃不过自然必然的变化无常之理，如要破生死、超生死，必须摆脱个体本位的狭隘观点，而从道（变化无常之理）的观点如实观察个体生死的真相本质。"①

当然，对死亡的超然主义态度并不意味着对临终者不闻不问，任其自然离去。相反，临终关怀是在自然主义态度上又加入了人道主义的元素。就社会而言，提供安宁服务是安顿生死的一个非常重要的环节。在临终关怀的全程服务中，宁养机构不只是临终者安身的地方，或是一张床铺，借用海德格尔的术语，更是精神和灵性的"栖居"（dwelling place）。在生命观方面，道家指出"死亡"使人们回到道的原初状态，回归本我，回到有无不分的混沌状态。美国生命伦理学家斯文耐思（Fredrik Svenaeus）将现象学与医疗诠释学结合起来，给死亡赋予了新的定义。② 他认为，得病的肉身使患者意识到处于"不在家"（unhomelikeness）的状态，而走向死亡则是"归家"的过程，是一种解脱，即《老子》所说的"复根"。同样，《庄子》认为，生命未产生前是"无分别"的混沌；混沌之中产生气，气产生有形之万物；有生便有死，宛若四季的运转。《庄子》把生命自然观与超越生死的终极自由融为一体，指导人们安然地面对人生旅程中死亡的过程。罗秉祥也认为终极关怀背后有一重要理念是与中国道家的生死观有联系，他指出：

> 正如大自然有春夏秋冬四季，人生也有幼壮老衰四个阶
> 段。死亡过程是人生的一部分，我们既不应人工地把死亡过
> 程拖长，也不应人工地把死亡过程消除，使人死得愈快愈
> 好。死亡过程是人生旅途中最后一段路，是整全人生的一部
> 分，也可以发出人生的光辉。这种接近自然主义的观点，可

① 傅伟勋：《死亡的尊严与生命的尊严》，93 页。

② 参见 Fredrik Svenaeus, *The Hermeneutics of Medicine and the Phenomenology of Health*: *Steps Towards a Philosophy of Medical Practice* (Dordrecht; Boston: Kluwer Academic Publishers, 2001)。虽然此书是针对医疗专业人士的，但对疾病与患者的描述和分析，尤其是借用现象学的方法，为生死议题提供了难得的一手数据。

以在《庄子·至乐》中找到共鸣。①

换言之，临终关怀首先是对死亡过程的接受，同时将死亡过程看作生存过程。

与此同时，临终关怀反对抽象的普遍主义的伦理概念，即以"关怀伦理"(ethics of care) 取代"原则伦理"(ethics of principle)。虽然死亡本身是孤独的，但有他人在场还是不一样的。因此，"宁养服务"特别注重人与人沟通的重要性，尤其是医患之间的沟通。而服务人员与临终者的交流方式可以是直接的言语交流，也可以是无言的，因为有他人"在场"(be present) 本身就是给临终者最好的礼物 (present)，它使临终者在最后的人生路程中感受到一种海德格尔所说的与他人"在一起"(togetherness) 的经验，因而减轻对死亡的恐惧。当然，《庄子》生命哲学追求的更多是终极关怀的价值与意义，但临终者在他人的关爱中更容易得到一份宁静与超然。

最后要说的是，虽然临终关怀的对象并不一定是老年人，但中国社会老龄化却使临终关怀成为迫切需要解决的社会问题。按照中国传统习俗（即孝道），家庭养老是主要的养老方式。然而随着城市化、工业化的进程，旧日的大家庭逐渐被小家庭所取代。由于过去 30 多年"独生子女"政策的实行，中国社会出现所谓"4—2—1"的家庭模式，使得传统式的家庭养老难以维系。由此一来，养老不只是家庭的问题，同时也是社会福利 (social welfare) 的问题，而专业的养老机构也成为临终关怀的一个组成部分。譬如，如何安顿退休以后长年衰弱或是患有绝症的老人的日常生活，使他们不感到孤独及与社会的疏离（即生的尊严），在死神来临时可以安然自若地接受死亡（即死的尊严）。同其他宁养机构一样，养老机构也须展现对生命的爱护及对死亡的尊重。在 21 世纪的今天，无论中国，还是其他国家，都会面临同样的社会问题。而解决这个实际问题，有待于全社会的努力。

四、结语

在生死问题的哲理探索上，《庄子》与现代生死学在很多问题上不谋而合，

---

① 罗秉祥：《儒家的生死价值观与安乐死》，见 http://www.lkcss.edu.hk/study/religious/subject/F6/s6 - paper/life&die/euthanasia/e9.htm。

为建构中国的生命伦理学提供了宝贵的资源。然而，生死教育与临终关怀还是一个崭新的领域，特别是在中国大陆①，需要深入的探索和研究，同时需要各个学科之间的合作与交流。我们希望在探讨生死问题的同时，与医学/生命伦理学相关的议题也能得到进一步的发展。

另外，由于探讨生死问题与宗教传统密不可分，我们希望由此话题促进中国大陆宗教学（包括神学）的研究，尤其是宗教与宗教性的关系。毕竟，生死大事与寻求生命的终极意义不可分离。正如傅伟勋教授所指出的："从探讨死亡学的角度去看宗教，才会真正发现宗教的永恒意义与价值，才会看出真实性的解脱或救济功能。"②

---

① 中国大陆多数大学没有类似欧美或港台所设的生死学（Death and Dying）课程，即使有相关的生死教育课程，也往往只限于专业人员，如医学院的学生。

② 傅伟勋：《死亡的尊严与生命的尊严》，12 页。

确定死亡之医学及哲学问题

罗秉祥

一、死亡的一般意义

一般而言，我们把死亡理解为生命的结束、终止或消失。中国古人很早便是这样看死亡："人之生，气之聚也。聚则为生，散则为死"（《庄子·知北游》）；"生尽谓之死"（《韩非子·解老》）；"死者，人之终也"（《列子·天瑞》）。《说文解字》对"死"的定义也很简单："死，澌也，人所离也。"

可是，这样一个简单理解，无论从医学还是从哲学角度来看，都难以令人满意。从哲学角度来看，我们还关心一个人的死亡，是否等同于一个人的灭亡？死亡是否人的大限？死亡是熄灭，还是转世？死亡是解脱，还是安息？人是否能克服死亡？

从医学角度来看，我们需要确定在死亡过程中，哪一个时刻可以成为生人与死者的分水岭。我们知道就算一个人心肺功能完全停顿后，在一段时间内，生命其实并未完全结束，因为他的头发及指甲仍会生长，他身体中的细胞仍会新陈代谢，体内的组织器官仍有生命。[1] 因此，就算我们宣称死亡是生命的结束，但一个人的生命究竟于哪一刻结束，仍是医学上一个需要追问的大问题。

二、死亡医学之演变

传统的死亡医学（不论中西），大都以心肺功能不可逆转地终止，作为生死之分界线。但由于现代医疗科技之发展及广泛应用，特别是在深切治疗部（重症监护病房）中人工呼吸器的使用，使得本来不能自行呼吸的病人，也可以通过人工呼吸器把氧输送到人体的血液循环系统内，于是心脏便会继续如常

---

① 参见严久元：《当代医事伦理学》，145 页，台北，橘井文化事业股份有限公司，1996。

自行跳动，其他体内器官也继续如常自行运作。因此，对于一个正在使用人工呼吸器的重病昏迷病人，医护人员便无法测定他的心肺功能是否已不可逆转地失去自行运作的能力。于是，医学界便开始探究，脑部功能的不可逆转终止，是否比心肺功能的不可逆转终止，为一个更可靠的确定死亡的标准。

1968 年，美国哈佛医学院检定脑死亡定义特别委员会发表了著名的《不可逆转的昏迷之定义》一文①，正式提出了脑死亡的定义及检查标准，对全球的医疗服务产生了深远的影响。可是，后来的其他医学研究发现，虽然哈佛报告书中所提出来判定脑死亡的四种临床特征大体上仍可靠，但却有不少瑕疵②，再加上美国各州修改死亡定义的法律又彼此不尽相同，于是美国"总统委任医学、生命医学研究及行为研究中的道德问题研究委员会"于 1981 年 7 月发表了《定义死亡：确定死亡之医学、法律及道德问题报告书》③，清楚详尽地解释了"全脑死亡"（而并不只是含糊的"脑死亡"）为何最适合成为判断死亡的标准，并提出了两组不同的裁定全脑死亡的测试（心肺标准及脑神经标准）。自此之后，全脑死亡便成为世界大部分医学先进国家的判断死亡的标准。④

三、重新检定死亡的三大重要问题

从公共政策的角度，全脑死亡似乎是大势所趋，但在哲学界及医学界，这 30 年来对死亡的判断标准之争论却并未停止。有些人认为全脑死亡并非人死亡的充分条件，另一些人则认为全脑死亡甚至不是人死亡的必要条件。在进入

① Harvard Medical School，"A Definition of Irreversible Coma：Report of the Ad Hoc Committee of the Harvard Medical School to Examine the Definition of Brain Death," *Journal of American Medical Association* 205（1968）：337 – 340.

② President's Commission，*President's Commission for the Study of Ethical Problems in Medicine and Biomedical and Behavioral Research*，*Defining Death*：*Medical*，*Legal*，*and Ethical Issues in the Definition of Death*（Washington，DC：U. S. Government Printing Office，1981），p. 25. 其中最为人所诟病的，是在用词上把"全脑死亡"等同于"不可逆转的昏迷"。现在医学研究已承认，持续性昏迷的病人仍有某些脑电波，及可自行呼吸，但真正全脑死亡的人却不会如此。

③ President's Commission，*President's Commission for the Study of Ethical Problems in Medicine and Biomedical and Behavioral Research*，*Defining Death*，totally 166 pages.

④ 尽管在临床裁定全脑死亡的测试准则中，各国略有出入。

这些争论之前，有必要对这些争论的三个不同层次作出澄清。①

（1）死亡之定义（definition）。这是处理死亡问题的最基本层次。我们要回答一些最基本的问题："死亡是什么？""生命是什么？""一个活人人体中发生了什么重大变化，以致我们可凭此里程碑宣布他已永远离开了我们？""一个人的身体中究竟发生了什么关键性事件，以致我们可以宣布他不再是我们的一分子，不再享有人的道德权利及公民的法律权利？"这些问题不完全是科学的问题，也是哲学问题，及群体生活中的公共政策问题。②

正如前述，一般人对死亡的理解为"生物生命的结束"，但这看法有失严谨，所以有些人进一步把死亡定义为"身体的生理系统不再构成为一个整合体"③，或"整体的有机体功能之永久性终止"④。因此，尽管某人的个别器官及身体细胞仍拥有生命，但如作为一个整合体的生命已告结束，则他便已进入死亡。只不过，在哲学界中有些人认为这个定义太过偏重人的生物性，没有把人的死亡与其他生物的死亡分开来处理，他们因而提出对人之死亡的另类定义，如"万物之灵（person）的死亡"，"意识的永久性消失"等（见下文）。

（2）判断死亡的标准（criterion）。当我们在理念的层次决定了死亡的性质后，我们需要提出可靠的判准，使我们在具体的情况中可以判别任何事件是否已符合这个定义。这个层次的讨论，既是医学的工作，也牵涉群体的价值判断。

传统的确定死亡的判准是心肺功能的永久性消失，这个判准建立在死亡的传统定义之上，即视死亡为生物生命层次的一个事件。"全脑死亡"（全脑无可挽回地丧失功能）是这30多年来提出来的另一个死亡判准（注意，只是死亡

① Karen Grandstrand Gervais, "Death, Definition and Determination of: Philosophical and Theological Perspectives," in *Encyclopedia of Bioethics*, ed. Warren Reich (New York: Macmillan, 1995), pp. 542-543; Bernard Gert, Charles M. Culver, and Danner K. Clouser, *Bioethics: A Return to Fundamentals* (New York & Oxford: Oxford University Press, 1997), pp. 257-270; Robert D. Truog, "Is It Time to Abandon Brain Death?" *Hastings Center Report* January-February (1997): 29-31.

② Robert M. Veatch, "The Definition of Death: Problems for Public Policy," in *Dying: Facing the Facts*, 3rd ed., eds. H. Wass and R. A. Neimeyer (Washington, D.C: Taylor & Francis, 1995), pp. 413-414.

③ President's Commission, *President's Commission for the Study of Ethical Problems in Medicine and Biomedical and Behavioral Research*, *Defining Death*, p. 33.

④ Truog, "Is It Time to Abandon Brain Death?" p. 29.

判准，不是死亡定义），而仍然接受传统的（生物性的）死亡定义。换言之，所谓"全脑死亡"，并没有挑战传统的死亡定义，而只是从医学角度，提出一个吻合这个死亡定义的更可靠判准。

只不过，假如我们接受"上脑死亡"作为死亡的判准，就会蕴含一个不一样的死亡定义（如"意识的永久性消失"），视死亡为超出于生物生命的层次（详见下文）。

（3）裁定死亡的测试（tests）。有了定义，便要寻求医学的判准；建立了判准，下一步便是提出一套具体临床测试，使我们可以准确量度一个在生死边缘徘徊的生命是否已满足了判准，可宣布他的死亡。假如我们采用心肺判准，便要提出如何可准确诊断一个人的心肺功能已无可挽回地丧失功能；若采用全脑判准，便要确立如何可准确诊断一个人的脑的全部功能已不可逆转地丧失；若采用上脑判准，便要证明有何测试可准确量度一个人的上脑功能已永久性丧失。

能够提出准确的死亡测试非常重要，因为我们绝不可以把一个活人裁定为死人。因此，一个判断死亡的标准，若没有一套相对应的准确测试准则，则这个标准也难以被采纳。

因此，所谓"确定死亡"（to determine death）一词是有严重歧义的，我们必须分辨清楚我们是在理念上确定，判准上确定，还是在测试上确定。要全面地确定死亡，必须三方面都要兼顾，因为"没有测试的判准是无用的，没有理念的判准是缺乏依据的"[1]。因此，"确定死亡"既是医学问题，也是哲学问题。[2]

四、何谓"脑死亡"

所谓"脑死亡"，也是有严重歧义的。它可以指脑这个器官的"死亡"（所

---

① Gervais，"Death，Definition and Determination of：Philosophical and Theological Perspectives，" p. 543.

② 《中国大百科全书·现代医学 II》中《死亡》的条目（艾钢阳：《死亡》，《中国大百科全书·现代医学 II》，1247～1248 页，北京，中国大百科全书出版社，1993），便没有把这三个层次的讨论清晰分辨，这情形也广泛出现于其他相关的中文著述中。

有功能无可挽回地终止），也可以指以脑功能无可挽回地终止作为判断一个整全的人的死亡之医学判断标准。假如所指的只是前者，逻辑上可容许"一个有死脑的活人"，因为一个整全的人的生死可另有判准；假如所指的是后者，才是讨论人的死亡。①

再者，不管所指的是器官的死亡还是人的死亡，"脑死亡"也可以指全脑的死亡或只是上脑的死亡。这个分别很重要，影响甚大，在下一部分（第五部分）会解释。②

在本部分，我们需分析所谓"全脑死亡"究竟是怎么一回事，而在这方面最重要的文献是上文提到的《定义死亡：确定死亡之医学、法律及道德问题报告书》。

这份报告书虽然极为重要，但有些用语也带有误导成分。此报告书虽名为"定义死亡"，但按照在上一部分笔者所提出来的三个确定死亡的层次，此报告书清楚交代它并不意图在理念上为死亡提出新的定义、激进地提出一个新的死亡观。③ 相反地，这份报告书是要沿用社会对死亡的看法④，也就是指一个整体的有机体（而不是个别器官、组织、细胞）的死亡⑤，即"身体的生理系统不再构成为一个整合体"⑥。

这份报告书的新颖之处并非为死亡提供一个新定义，而是为社会沿用的定义提供一个新的判断死亡的医学标准，及提供另一套裁定死亡的临床测试。

提出新标准，是因为脑神经科学的兴起，使科学家清楚看到脑在人生命中所扮演的关键角色。脑、肺、心是一个三角互联系统，脑居于三角的顶端，协调及结合心肺和其他器官的功能。脑的所有功能若无可挽回地终止，便会导致肺、心及其他器官也一个接一个不可逆转地丧失功能。因此，全脑死亡便是一

---

① Veatch, "The Definition of Death: Problems for Public Policy," p. 409.

② 英语世界用"脑死亡"一词时，通常是指全脑死亡，但也有些学者不同意此用法。

③ President's Commission, *President's Commission for the Study of Ethical Problems in Medicine and Biomedical and Behavioral Research*, *Defining Death*, p. 7.

④ President's Commission, *President's Commission for the Study of Ethical Problems in Medicine and Biomedical and Behavioral Research*, *Defining Death*, p. 31.

⑤ President's Commission, *President's Commission for the Study of Ethical Problems in Medicine and Biomedical and Behavioral Research*, *Defining Death*, p. 58.

⑥ President's Commission, *President's Commission for the Study of Ethical Problems in Medicine and Biomedical and Behavioral Research*, *Defining Death*, p. 33.

个分水岭事件，是判断一个整全的人之死亡的指标，是传统死亡定义的最可靠的医学表达方式。①

在裁定死亡的临床测试上，传统的心肺功能测试于一般情况中仍是可靠的，且能反映全脑死亡这一判准，因为"全脑死亡"必然导致"肺死"（不可逆转地不能自行呼吸），再导致"心死"（无可挽回地停止自行跳动）。可是，对于一个采用人工呼吸器的昏迷病人，情形却不同，因为就算这个病人的脑干已不可逆转地终止功能，人工呼吸器却接管了对心肺的协调功能，使肺功能及心功能继续运作一段时间，使呼吸及心跳这些"生命特征"成为缺乏意义的表象。于是，由于高科技的干预，本来可靠的心肺功能测试变成了不可靠的指标，因此，便需要另找临床诊断的测试，以裁定病人是否已进入全脑死亡的状态中（脑干反射之测试如瞳孔对光反射消失、腮角膜反射消失、对身体任何部位的疼痛刺激不能引起运动反应等）。②

因此，这份报告书反复声明，它并不是提出一个新的死亡观（脑死）来取代一个旧的死亡观（心肺死）；死亡的定义仍只是一个（一个整全的有机体的功能之不可逆转终止），死亡的医学判准仍只是一个（全脑功能不可逆转终止），但诊断死亡的临床测试却有两套（心肺功能及全脑功能）。后一种测试并不是要取代前一种测试，而是要提出增补；对于绝大部分人而言，裁定死亡的测试仍是心肺功能，全脑功能测试只是为8％的病人（陷于昏迷而又使用人工呼吸器）而设的。③

在这份详尽的总统委员会报告书发表之前及之后，还是有些人反对用全脑死亡作为判断死亡的标准。一方面，有些人认为这种看法太激进，因为全脑死亡只是一个整全的人的死亡之必要条件，但却非充分条件。另一方面，另一些人则认为此看法太保守，他们认为全脑死亡甚至不是人的死亡之必要条件。笔

---

① President's Commission，*President's Commission for the Study of Ethical Problems in Medicine and Biomedical and Behavioral Research*，*Defining Death*，pp. 32 - 34。

② President's Commission，*President's Commission for the Study of Ethical Problems in Medicine and Biomedical and Behavioral Research*，*Defining Death*，p. 34，163；陈清棠：《脑死亡》，见《中国大百科全书·现代医学I》，894 页，北京：中国大百科全书出版社，1993。

③ President's Commission，*President's Commission for the Study of Ethical Problems in Medicine and Biomedical and Behavioral Research*，*Defining Death*，p. 7，18 - 20，37 - 38，41，58 - 59；Gert，Culver，and Clouser，*Bioethics*，pp. 271 - 272。

者接着在下文会介绍这些争议。

五、争议一：全脑死亡是否死亡之充分条件？

认为全脑死亡并非一个整全的人的死亡之充分条件，在西方主要是以正统派的犹太人为主，美国本土的原住民（俗称印第安人）也抱这种见解，到现时很多日本人仍持这种看法。他们都认为要加上心肺功能不可逆转消失，才算是判断死亡的充分标准。

正统犹太教的学者在这方面发言较多[1]，虽然总统委员会的报告书不接受他们的意见[2]，但美国新泽西州所定的确定死亡法律中，却容许该州居民因为宗教原因，豁免于全脑死亡的法律。换言之，一个使用人工呼吸器的重度昏迷病人，若是正统派的犹太人，其家属有权要求医院不可撤走人工呼吸器，直到该病人心肺功能完全停顿消失。[3]

美国出色的犹太裔哲学家约纳斯（Hans Jonas）于 1970 年曾撰文反对哈佛报告书的脑死亡说（该论文名为《逆流而上：对死亡定义及重新定义的评论》）。[4] 约纳斯认为死亡的发生并非一个单一事件，而是一个过程或一组复合事件，因为他认为迄今为止，在认知上我们还不能肯定地于生死之间找到一条泾渭分明的楚河汉界。一个全脑死但心肺未死的人，仍是一个活人，尽管他的生命已大打折扣。[5] 支持全脑判准的人认为，通过人工呼吸器而维持的心肺功能是不

---

[1]　如 J. David Bleich, "Establishing Criterion of Death," in *Ethical Issues in Death and Dying*, 2nd ed. , eds. T. Beauchamp and R. M. Veatch (Upper Saddle River, New Jersey: Prentice Hall, 1996), p. 30; David M. Feldman, *Health and Medicine in the Jewish Tradition* (New York: Crossroad, 1986), pp. 103 - 104.

[2]　President's Commission, *President's Commission for the Study of Ethical Problems in Medicine and Biomedical and Behavioral Research*, *Defining Death*, pp. 41 - 42.

[3]　New Jersey Declaration of Death Act: 1991, (West). New Jersey Statutes Annotated. Title 26, secs. 6A-1 to 6A-8. 非正统派（如改革派）的犹太教拉比则接受全脑死亡判准，他们的根据是死囚斩头后身体虽仍有猛烈性反射活动，但也算进入死亡。同理，一个全脑死亡的人心肺虽仍能短暂运作，但已可算进入死亡（Feldman, *Health and Medicine in the Jewish Tradition*, pp. 104 - 105）。

[4]　该论文当时并没有正式发表，直到其《哲学论文集》出版时才正式发表。

[5]　Hans Jonas, "Against the Stream: Comments on the Definition and Redefinition of Death," in *Philosophical Essays: From Ancient Creed to Technological Man* (Chicago: University of Chicago Press, 1980), p. 138.

真实的①，但约纳斯则指出通过人为方式协助功能的运作，虽非自行运作，但不能说是不真实的功能运作，因此不可把功能的永久性丧失等同于功能永久性不能自行运作。心肺功能若借人工呼吸器协助而继续运作，则心肺仍未死。②

约纳斯更提出一个颇有意思的提醒，他质疑脑死亡判准正试图恢复一种魂体二元论。按柏拉图所说，人有灵魂及肉体两部分，前者才是人之主体，身体乃是牢房。因此，人死正是灵魂的释放，剩下的遗体只是无关重要的臭皮囊。约纳斯认为以全脑死亡为死亡判准，蕴含一种脑躯二元论：脑才最重要，身体其他器官皆无关宏旨。因此，只要全脑死亡，尽管心肺功能尚未丧失，还是可宣布该病人已是一个死人。③

因此，约纳斯坚持，判断死亡，不管用什么标准，其实包含价值判断，而不是完全价值中立的科学事实判断。换言之，判断脑这个器官是否已死亡，是一个纯事实的科学判断；可是，以全脑死亡来判断一个整全的人已死亡，却是一个价值判断。④

六、插曲：死亡判准的价值基础

既然死亡的判准反映了某种价值观，约纳斯认为这个判准的价值取向应以病人或伤者为中心，而不应受其他价值取向所支配。在这方面，哈佛报告书立了一个很坏的先例，因为这份报告书开宗明义于第一段便解释，之所以要提出一个人死亡的新判准，是因为一个脑死而心未死的昏迷病人，对他自身、他的家庭、医院及那些等待医院病床的人而言都构成很大的负担。此外，落伍的死亡判准不利于器官的移植。⑤ 约纳斯认为重新检讨判断死亡的标准，应该以事论事，而不应把一些外在因素加入来干预这个讨论，因为我们要绝对阻止一个

① President's Commission, *President's Commission for the Study of Ethical Problems in Medicine and Biomedical and Behavioral Research*, *Defining Death*, p. 42.

② Jonas, "Against the Stream," p. 135.

③ Jonas, "Against the Stream," p. 139.

④ Jonas, "Against the Stream," p. 136; Bleich, "Establishing Criterion of Death," p. 30.

⑤ Harvard Medical School, "A Definition of Irreversible Coma," p. 85.

可能性，就是为了某种人道事业，而过早宣布一个人的死亡。[①] 约纳斯的立场反映了一种群己关系的价值观，就是不能为了群体的利益（减轻对家庭成员及医院的负担、让其他病人能有病床而及早入院、提供更多器官移植的机会），而牺牲个人的利益（过早宣判一个病人或伤者的死亡）。群己关系该有何种取向，是一个哲学问题，而不是医学问题。[②]

与哈佛报告书相隔13年才发表的总统委员会报告书在这方面便很不一样，这份报告书的观点和约纳斯一样，坚守自由主义的群己关系价值观。所以《定义死亡》这篇文献从头到尾都没提及器官移植，也没提及要舒缓病人家属及医院的压力。该报告书清楚且反复地指出，我们之所以要重新检讨判断死亡的标准，是因为无法及早测试使用人工呼吸器的昏迷病人之死活[③]，完全是以事论事，就死亡而讨论死亡，没有其他的目的。

中国大陆的医学伦理学者，皆清醒地认识到脑死亡判准并非价值中立，而很乐意讨论脑死亡判准的道德意义，并且也清楚表示出与西方不同的群己价值观。以三本近年著作为例，《生物医学伦理学》的作者认为，"脑死亡标准的道德意义"在于：（1）使死亡标准更趋于科学化；（2）有利于卫生资源的合理分配；（3）使更多的人得以新生。[④] 上述第一个意义是以事论事，就死亡而谈死亡，但是第二及第三个意义则清楚地把群体利益的考虑带了进来。同样的，《医学伦理学教程》的作者认为脑死亡判准"对当前医疗卫生事业发展有三个重要意义"：（1）有利于临床棘手问题的决断；（2）有利于器官移植技术的发展；（3）有利于安乐死的决策。[⑤] 再者，《医学伦理学论纲》的作者更进一步指出，"脑死亡标准的伦理学意义"在于：（1）有利于减少卫生资源的浪费；（2）有利于科学地确定死亡，维护生命；（3）有利于推动器官移植的发展；（4）有利于整体上认识人的死亡；（5）有利于社会物质文明和精神文明的发

---

① Jonas, "Against the Stream," p. 133.

② 参考本书中《如何思考"复制人"？》一文中对中西群己关系的讨论。

③ President's Commission, *President's Commission for the Study of Ethical Problems in Medicine and Biomedical and Behavioral Research*, *Defining Death*, p. 7, 37 – 38.

④ 参见施卫星、何伦、黄钢：《生物医学伦理学》，299～300页，杭州，浙江教育出版社，1998。

⑤ 参见杜金香、王晓燕主编：《医学伦理学教程》，193页，北京，科学出版社，1998。

展。① 在这五点意义当中，就死亡而论死亡的，只排第二及第四；高居首位、第三和第五位的，都不是以事论事，而是一些外在因素。群体利益优于个人利益的价值取向非常明显，按照这个优先次序，会使人担心，是否会为了群体利益（节省医疗资源，增加器官移植），而过早宣布一个人的死亡？

七、争议二：全脑死亡是否死亡之必要条件？

在脑死亡的讨论中，有些西方人觉得我们应该向前多走一步，不是以全脑（上脑、下脑）死亡，而是以上脑死亡为判断人死亡的唯一标准。

简单划分，人的脑可分为上、下脑两部分。上脑（大脑）负责意识（自觉、知觉）、思维、感觉、记忆等心灵活动，下脑（脑干）则主管人体的反射性活动（如眨眼、瞳孔放大、咳嗽、吞咽、打哈欠、呼吸等）。有些伤者或病人，因为不同原因导致大部分大脑机能永久性毁损，但其脑干却可以安然无恙，完全正常运作。② 于是这些病人或伤者虽然丧失了意识、思维、感觉及记忆能力，但却可以无需任何人工协助而自行呼吸。这些长期卧床的昏迷病人，按照全脑死亡的标准，并不能算为死人；但假如我们把判准放松，只以上脑死亡为人死亡的判准，这些人便可算为已进入死亡了。

西方医学称这类人为陷入"持续性无知觉状态"（persistent noncognitive state）。③ 但由于这种受重创的生命形态类似植物多于动物，所以也被人称为陷于"持续性植物状态"（persistent vegetative state）。④ 值得注意的是，持续性植物状态的人既非全脑死亡，也不同于一般的昏迷（详细情形请参见表1）。

---

① 参见张鸿铸、张金钟主编：《医学伦理学论纲》，219～220 页，天津，天津社会科学院出版社，1995。

② 这种情形的成因大概有三类：急性［头脑创伤、脑缺血缺氧］，退化［如阿尔茨海默症（Alzheimer disease）末期］，天生［脑部发展畸形，如"无脑儿"］。Ronald E. Cranford, "Death, Definition and Determination of: Criteria for Death," in *Encyclopedia of Bioethics*, ed. Warren Reich (New York: Macmillan, 1995), p. 531.

③ President's Commission, *President's Commission for the Study of Ethical Problems in Medicine and Biomedical and Behavioral Research*, *Defining Death*, p. 18.

④ 有些人认为把重病之人模拟为植物，是对他们的大不敬。

表 1 持续性植物状态及其他相关状况之特征

状况	持续性植物状态	昏迷	脑死亡	封锁综合征
自觉	没有	没有	没有	有
睡醒循环	未受损伤	没有	没有	未受损伤
肌肉运动功能	无目的摆动	无目的摆动	没有，或只有脊反射摆动	四肢瘫痪及假延髓病的瘫痪；眼球运动保存
痛苦感受	没有	没有	没有	有
呼吸功能	正常	削弱，反复不定	没有	正常
脑电波活动	多种形式的 delta 或 theta 脑电波，有时有慢 alpha 脑电波	多种形式的 delta 或 theta 脑电波	脑电沉寂	正常，或极轻微的不正常
大脑新陈代谢	减少 50% 或更多	减少 50% 或更多（视乎原因）	没有	轻微减少，或中等减少
脑神经康复之预后	视乎导致此状态之原因	在 2～4 星期内康复、陷于持续性植物状态或死亡	不能康复	难以康复；持续性四肢瘫痪及可能长期继续生存

资料来源：Task Force (Multi-Society Task Force on PVS)，"Medical Aspects of the Persistent Vegetative State," *The New England Journal of Medicine* 330：21 (1994)：1502.

全脑死亡的人既无脑电波活动，也不能自行呼吸，但昏迷的人却二者皆有；持续性植物状态的人除了仍有某些脑电波活动及可自行呼吸外，还有固定的睡眠和睡醒周期。于睡醒期间，当事人会睁开眼睛、眼球转动、打哈欠，甚至做鬼脸、有哭（甚至流泪）或笑的表情，有时也会发出呼噜声或呻吟声，身躯及四肢会移动。他们不是一直昏迷不醒，而是有沉睡期和睡醒期，但在睡醒期间却是"醒而不觉"（awake but unaware）[①]、无意识、无知觉、不会与外在环境沟通。他们在睡醒期间的一切动作，都是无目的及无意义的，而且他们也

---

① President's Commission，*President's Commission for the Study of Ethical Problems in Medicine and Biomedical and Behavioral Research*，*Defining Death*，p. 18.

没有痛苦的感觉。① 他们可以自行呼吸，但需要人工喂饲；因此，只要保持胃饲管或静脉喂饲，及有需要时注射消炎药，这些人可以维持生命一段时间（成年人平均是 2～5 年，偶尔会超过 7 年，而最长纪录则是 42）。②

有些婴孩因为先天缺陷，生下来便处于持续性植物状态，中文称之为"无脑儿"（anencephalic）。其实，他们只是无大脑，他们的脑干虽非健全，但仍可发挥一段时间的功能。③

有些人认为全脑死亡不是判断人死亡的必要条件，因为只要上脑死亡，而不需等待全脑死亡，我们便可以判断该人死亡了，理由如下：

（1）要把"人"（human being）和"万物之灵"（person）作一区别。④ 前者是生物学及经验事实观念，后者却是价值性的观念。通常我们把人等同于万物之灵，但晚近不少哲学家却批评此说，认为是犯了严重的物种歧视（specie-sism）。一个生物之所以能成为万物之灵，享有优越地位，权利得到尊重，是因为一些可验证的经验事实特征（如意识、智力等）。换言之，一个生物之所以被评价为万物之灵，是因为他是一个有意识和思维的精神主体。因此，有些人并非万物之灵（如植物人、严重的老年痴呆人及所有初生婴孩），亦有些非人的生物却是万物之灵（如高灵长动物：大猩猩、黑猩猩、红毛猩猩、倭黑猩猩）。⑤

---

① Task Force, "Medical Aspects of the Persistent Vegetative State," p. 1500.

② Cranford, "Death, Definition and Determination of: Criteria for Death," p. 532.

③ Cranford, "Death, Definition and Determination of: Criteria for Death," p. 533.

④ 对于这种区分，暂时仍未有令人满意的中译；把 "person" 译作 "万物之灵" 是笔者的新尝试。"万物之灵" 语出《尚书·泰誓上》："惟天地万物父母，惟人万物之灵"，而孔安国传对后半句的注释是 "灵，神也，天地所生惟人为贵"。因此，"万物之灵" 即 "万物中最尊贵者"，是表达一种价值判断，而不是表达事实描述；这种用法与上述 "person" 的用法较接近。

⑤ 在西方，这方面的著作已非常多，最值得注意的是：Peter Singer, "All Animals are Equal," in *Applied Ethics*, ed. Peter Singer (Oxford: Oxford University Press, 1986); Peter Singer, *Rethinking Life and Death: The Collapse of Our Traditional Ethics* (New York: St. Martin's Press, 1994); John Harris, *Value of Life: An Introduction to Medical Ethics* (London: Routledge, 1985); James W. Walters, *What Is a Person: An Ethical Exploration* (Urbana and Chicago: University of Illinois Press, 1997); Mary B. Mahowald, "Person," in *Encyclopedia of Bioethics*, rev ed., vol. 4, ed. Warren Reich (New York: Free Press, 1995), pp. 1934 - 1941; Michael F. Goodman, ed., *What Is a Person?* (Clifton & New Jersey: Humana Press, 1988); Kevin Doran, *What Is a Person: The Concept And The Implications for Ethics* (New York: The Edwin Mellen Press, 1989).

　　按此理论，大部分人之所以能被视为万物之灵，是因为有意识和思维的心灵活动，而这些心灵活动是人大脑功能运作的表现。因此，一个人的大脑功能若不可逆转地丧失，永久性失去意识、思维等心灵活动，他便不再是万物之灵。因此，对于一个陷入持续性植物状态的人而言，他的心灵或精神已死，作为万物之灵的他已消失，剩下来的血肉之躯虽然尚能自行呼吸，但只是遗体而已。[①]　万物之灵与其他生物迥然相异，因此不应采用同样的死亡判断尺度；一个万物之灵的上脑死亡，便是该万物之灵死亡的充分条件[②]，因此全脑死亡便并非其必要条件。[③]

　　（2）身份同一的考虑。按照西方哲学的观点，一个人之所以跨越时间，成为同一个人，有同一个身份，是因为其心灵活动（思维、记忆等）的连贯性。因此，一个人的个性若有彻底改变，虽然在一般用语上我们会形容现在的他与以前的他判若两人，但其实仍是同一个人。可是，一个人若因事故完全失忆，则他不只是变了，而且是成了另一个人。因此，一个人若大脑已死，不再有意识、知觉及其他心灵活动，便与以前的他全然失去连贯性；往日的他已消失，现在残余的只是躯壳，是一个无任何独立身份的遗体。因此，要判断一个人的死亡，采用上脑死判准便已足够。[④]

　　（3）节省医疗资源。这是很多中国大陆学者的看法，认为植物人浪费宝贵的医疗资源。"他们不仅不会为社会创造任何财富，也不会为他人、社会尽义务。相反只会增加他人、家庭、医学和社会的沉重负担。这种生命只能是无价值的或者是负价值。我国现有的经济水平不高，卫生经费和资源很有限，人民

---

　　①　President's Commission, *President's Commission for the Study of Ethical Problems in Medicine and Biomedical and Behavioral Research*, *Defining Death*, pp. 38 - 39.

　　②　这个万物之灵的论证可用另一种形式表达：万物之灵存在的必要条件之一是有意识及知觉，因此当一个人上脑死亡，这个必要条件便消失，而该万物之灵也告消失。

　　③　Gervais, "Death, Definition and Determination of: Philosophical and Theological Perspectives," p. 547. 总而言之，用全脑死亡判准，植物人还是活人；用上脑死亡判准，植物人才算是死人。中国大陆一些学者在讨论脑死亡与植物人时，犯了严重混淆的错误，把这两种脑死亡混为一谈。他们错误地认为，如采用全脑死亡判准，植物人便是死人了。参见张鸿铸、张金钟主编：《医学伦理学论纲》，219页；施卫星、何伦、黄钢：《生物医学伦理学》，300页；杜金香、王晓燕主编：《医学伦理学教程》，193页。

　　④　President's Commission, *President's Commission for the Study of Ethical Problems in Medicine and Biomedical and Behavioral Research*, *Defining Death*, p. 39.

群众一般的卫生保健水平还有待大大提高。在这种情况下为了维持一个'植物人'的心跳呼吸而花费巨大的费用，不能不说是有限资源的不合理、不公正分配，是一种人力、物力和财力的浪费。"① 当然，按照这种看法，把死亡判准定于上脑死亡，既非出于医学原因，也非出于哲学理由，而是基于经济因素，及某种公平理论。因此，就算在极罕有的情形中我们能令一个植物人康复过来，还是被认为不值得的。"毫无疑问，植物人抢救成功的病例极为罕见，即使有极少数成功的病例，也是完全依赖巨额的医疗支出和漫长的治疗路程作为代价的。这可以说，是对人力、物力和医药资源的严重浪费。"②

（4）有助于器官移植。用有血液循环的身体中的器官去移植，成功率高于取用心肺功能已停顿的身体中的器官；因此，若把死亡判准提早到上脑死亡，植物人及无脑儿的器官都可供移植，有助于救死扶伤的人道事业。

虽然上述四个不同的理由都各有说服力，但迄今全世界尚无一个国家的法律以上脑死亡来判定一个人的死亡，自然是因为这个判准也有不少问题，反对力量甚强。人们反对上脑死亡判准的理由如下：

（1）把人与万物之灵作一严格区分，其理论本身就蕴藏很多问题，遭受不少反对（如一条成年的狗比一个初生人的婴孩更有价值，因为前者有意识思维活动而后者却无）。再者，就算我们接受这个区分，作为万物之灵的事实基础是否就是意识及思维等大脑功能？假若不是的话，便不能把大脑死亡视为万物之灵的死亡判准。在这方面哲学界议论纷纷，争议甚大。③ 假如以中国古代哲学思想（如儒家）来反思这个问题，就争议更多，因为儒家并不强调人的智性，而重视人的德行。虽然自古以来，儒家视人为万物之灵，但人之所以被视为万物之最贵重者是因为其道德能力。因此，孟子所谓"人之所以异于禽兽者几希"（《孟子·离娄下》），是指人的恻隐、羞恶、恭敬、是非之心，及仁义礼智之道德四端。而在《礼记》中，道德通过礼来表现，因此礼便成为人之所以为万物之灵的基础。"鹦鹉能言，不离飞鸟；猩猩能言，不离禽兽。今人而无

---

① 施卫星、何伦、黄钢：《生物医学伦理学》，300 页。类似观点参见张鸿铸、张金钟主编：《医学伦理学论纲》，219 页；杜金香、王晓燕主编：《医学伦理学教程》，193 页；李传俊：《"脑死亡法"与医学伦理》，载《医学与哲学》，1999（8）。

② 王成菊：《植物人救治面临的伦理思考》，载《医学与哲学》，1998（8）。

③ President's Commission, *President's Commission for the Study of Ethical Problems in Medicine and Biomedical and Behavioral Research, Defining Death*, p. 39.

礼，虽能言，不亦禽兽之心乎！"（《礼记·曲礼上》）。按这种思维模式，万物之灵的基础，并非如西方学者所言在 IQ（智商），而应在道德心性。黑猩猩不管多聪明，能懂多少手语，仍不能成为万物之灵；这是东西思维模式的严重冲突。

（2）一个人的同一身份判准何在，也是近现代西方哲学中一个争议甚大的问题，心灵活动的连贯性只是各种学说中的一种观点。把一个数百年来西方哲学界尚未能解决的问题之一种立场，确立为检定一个人死亡的基础，未免太鲁莽急进。①

（3）在实践中执行上脑死亡判准也会有巨大的心理阻力。正如前述，一个植物人尚会自行呼吸，心跳也正常，面部及躯体还会有各种表情或动作，要把这样一个人视为死者，加以埋葬，恐怕会产生许多反面效果。对于许多人来说，要埋葬或火葬一个尚在自行呼吸的人，是不可思议的；一项公共政策不能无视这些人心阻力。② 当然，要避免这种窘境，可以先对植物人进行安乐死，让他的脑干及心肺功能不可逆转地丧失，然后才下葬。③ 但此举又带来一个悖论：对于一个已死的人，又何须多此一举要替他进行安乐死，或替他加速死亡？ 当然，另一个可考虑的做法是对植物人先停止人工喂饲，让他在缺水缺粮的情况下自然地导致脑干死及心肺死，这只是对"死者"终止治疗，而非安乐死。可是，这些都是程序问题，尚未触及更重要的问题。

（4）更重要的问题是，我们能否找到一套可靠的临床测试，显示植物人的大脑是不可逆转地丧失了功能？到目前为止，医学界及神经科学家还不能提出这样的诊断测试标准，也就是因为这个缘故，医学界还只是称这些人为陷于持续性（persistent）植物状态，而不是永久性（permanent）植物状态。"持续性"是一种诊断，"永久性"意味着此状态是不可逆转的，所以是预后的（对病情发展的预测）。④ 迄今为止，医学对植物人的预后还缺乏高度的肯定性。

---

① President's Commission, *President's Commission for the Study of Ethical Problems in Medicine and Biomedical and Behavioral Research*, *Defining Death*, pp. 39 – 40.

② Truog, "Is It Time to Abandon Brain Death?" p. 32.

③ Truog, "Is It Time to Abandon Brain Death?" pp. 32 – 33；杜金香、王晓燕主编：《医学伦理学教程》，193 页。

④ Cranford, "Death, Definition and Determination of: Criteria for Death," p. 532; Task Force, "Medical Aspects of the Persistent Vegetative State," p. 1501.

就算在较为肯定是不可逆转的情形中，仍有极少数案例中的植物人后来恢复知觉。[1] 一个判断死亡的标准，若找不到可靠的裁定死亡测准来配合，则只能停留在理念层次，不能落实为公共政策。当然，这个测试问题是医学问题，而不是哲学问题，所以有望在不久的将来有更确定的答案。[2]

（5）上脑死亡判准所牵涉最重要的问题，是在哲学层面：它不单只提出一个判断死亡的新标准（criterion），要求一套裁定死亡的新临床测试（tests），还革新了我们对人类死亡的定义（definition）。[3] 此判准指出一个人若永久性无意识及无思维便是死亡，因此这种死亡观并非有机生命体的死亡（所以能否自行呼吸被视为是不相干的），并非生物性的死亡。这个死亡观已超出了科学的范围，而进入了形而上学的领域，这与传统的死亡定义（不管如何表达）必然是生物性的，大相径庭。"死亡是什么"是一个非常深邃的哲学问题，也可以有很多截然不同的答案。制定死亡法律属于公共政策层面，必须能被社会大

---

① Task Force, "Medical Aspects of the Persistent Vegetative State," p. 1575；王成菊：《植物人救治面临的伦理思考》，418 页。

② 从宗教角度来看，这个问题并非只是科学问题，因为宗教不是关心"植物人的上脑是否已不可逆转地丧失功能"这个生理问题，而是关心"植物人是否已永久性丧失所有意识"这个灵魂或心灵问题。以佛教这个东方宗教来说，有两位佛教学者都认为植物人仍有某些意识及知觉。台湾佛教学者释开慧解释："植物人在几乎无意识，而又了无生趣的状态下，为什么不走？可能有以下几个原因：一是寿命未尽，二是业报未尽，三是与亲人的缘未尽。虽然表面上看来，病人的六根（眼、耳、鼻、舌、身、意）已经无法正常地作用——所以称之为'植物人'，但是在其潜意识（在佛教来讲是第七末那识——我执）中，对这个色身（肉体），或者是对亲情仍然有很深的执着，所以拒绝死亡，而维系着苟延残喘的况态。……虽然植物人的六根，几乎已经丧失了正常的功能，但是只要生命的现象仍然维系着就表示六根并未完全败坏，他与至亲之间还是可以作某种程度的沟通。佛教认为娑婆世界（指我们这个世间）的众生耳根最利，即使是刚过世的人，它仍然可以听到周围的声音，这也是为什么净土宗强调临终及死后八小时内，要为亡者助念佛号的原因之一。如果病人的耳根还是可以接受声音的讯息，那么其亲人就可以通过语言，与病人的意志沟通，安慰他死亡并不是终结，而是另一个光明的开始，劝导他放下对这个色身和亲情的执着，鼓励他告别这躯壳的桎梏，走进另一个新的人生。"（释开慧：《未知死，焉知生？》，见傅伟勋：《死亡的尊严与生命的尊严》，298～299 页，台北，正中书局，1993。）英国佛教伦理学的专家 Keown 也认为，按照佛教教义推论，及其他佛教权威意见，植物人仍有意识，只是已退缩入关闭状态（所以对外界无反应），准备适应死亡的来临 [Damien Keown, *Buddhism & Bioethics* (New York: St. Martin's Press, 1995), pp. 161 - 162]。因此，他认为对植物人应维持人工喂饲，但可以不做任何其他疾病的治疗，如注射消炎药以医疗肺炎等（Keown, *Buddhism & Bioethics*, p. 167）。

③ President's Commission, *President's Commission for the Study of Ethical Problems in Medicine and Biomedical and Behavioral Research*, *Defining Death*, pp. 40 - 41.

多数人认同，因此并不适宜建立在某种形而上学见解上；生物上的死亡定义，仍是公共政策较稳固的基础。①

没有人会否认，应否继续对植物人提供医疗照顾这个问题是一个极痛苦的抉择，也极少植物人的亲属能如 Karen Ann Quinlan 的父母一样，十数年如一日，每天到医院探望而毫无怨言，他们的关顾行为可谓是超义务的（supererogatory）。② 继续治疗，还是停止治疗？这实在令亲人饱受折磨。只不过，把植物人"重新定义"为死人，从而为终止治疗提供理据，不见得是最好的办法，因为牵涉上述五大疑难。另一个办法，是承认植物人是活人（尽管其生命已受重创），而像其他停止维持生命的治疗（termination of life-sustaining treatment）的决定一样，在继续治疗及停止治疗这两者之间权衡轻重。我们不需要用尽一切不寻常的方法及高科技去维系一个苟延残喘的生命，也不需要进行一个无效的医疗程序，这已是当代医学伦理学的共识。值得注意的是，英美两国虽然都不接受上脑死亡为死亡的判准，但都分别有批准终止人工喂饲植物人的法庭裁决（在美国为 1990 年有关 Nancy Cruzan 的最高法院判决，在英国为 1993 年涉及 Tony Bland 的上议院判决）。美国的判决，是以替代判断（substituted judgement）为基础，英国的判决则以最高利益（best interests）为依据，两者的法律推论虽然不同，但都不需要把当事人"重新定义"为死人，而可作出终止人工喂饲（必然导致脑干及心肺死亡）的决定。

"终止喂饲"还是"继续喂饲"？这是一个极其沉重的道德抉择，牵涉复杂的权衡轻重，不管最终抉择如何，也难免带有争议。③ 可是，这总比通过干净利落的对死亡重新定义（即重新包装），以貌似科学的方式来回避甚至掩饰价值判断，来得诚实一点。用上脑死亡判准来取代全脑死亡判准，虽然表面上能

---

① 有学者认为我们可以同时接受两种死亡定义，并行而不悖：在法律上采用生物死亡观点，在哲思上采用意识（心灵）死亡观点。但后者若对医疗服务没任何影响，又有多大意义？再者，当我们在哲学上要追究"人的本质是什么"这个问题时，也必须在两种定义之间取其一，不能两者都接受。见下文第八部分。

② Karen Ann Quinlan 是美国近代第一宗轰动的死亡权利法律诉讼的主人翁。她于 1975 年陷入植物性昏迷，1976 年新泽西最高法院批准她父母授权医院撤除她的人工呼吸器。但出人意料地，她继续自行呼吸，直到 1985 年 6 月才死亡。她的父母从没考虑撤除她的人工喂饲。

③ 美国弗吉尼亚州（Virginia）于 1998 年 10 月发生的 Hugh Finn 终止喂饲事件，导致大家庭成员内部对立，甚至对簿公堂，实在令人遗憾。

轻易地解决很多棘手的生死道德难题，但带来的道德后遗症却更大。

八、死亡医学的最终哲学问题

总而言之，西方现在对死亡判准的讨论，大概分为三种立场：心肺死亡、全脑死亡[①]及上脑死亡。虽然在法律的层面，所有西欧及北美国家都采用全脑死亡判准[②]，但在学术界（医学、哲学）中，赞成恢复心肺死亡判准[③]，及赞成改用上脑死亡判准的人士[④]，仍非常活跃地发言，因为他们（一左一右）都一致认为全脑死亡判准有不少内在不一致之处。[⑤] 除了已有两本相关的论文集出版外[⑥]，2000 年还举行了两场专门检讨这个问题的学术会议[⑦]，美国的总统生命伦理学委员会于 2008 年也出版了《确定死亡的争议》白皮书[⑧]，可见

[①] 英国采用的是脑干死亡判准，与全脑死亡判准在理念上差别很小（仍然接受全脑死亡判准，但却以脑干死亡为全脑死亡的判准），因此在裁定死亡的临床测试标准上，相差也很小（香港采用的也是脑干死亡判准）；所以，脑干死亡判准可说是全脑死亡判准的稍微相异版本。

[②] 丹麦于 1990 年才立法接受全脑死亡判准，为西欧最后一个接受此判准的国家。日本虽然以往对脑死亡判准非常抗拒［Rihito Kimura, "Japan's Dilemma With the Definition of Death," *Kennedy Institute of Ethics Journal* 1 (1991): 123 - 131］，但国会两议院也于 1997 年通过了接受全脑死亡判准的规定，参见 Shin Ohara, "The Brain-Death Controversy: The Japanese View of Life, Death, and Bioethics," *The Japan Foundation Newsletter* 25 (1997): 1 - 5。中国台湾也于 1988 年通过脑死亡判准的有关规定，参见谢献臣：《医学伦理》，62~65 页，台北，伟华书局，1996。

[③] 一个例子是 Truog, "Is It Time to Abandon Brain Death?" 1997。

[④] 例如 Robert M. Veatch, "The Impending Collapse of the Whole-Brain Definition of Death," *Hastings Center Report* 23 (1993): 18 - 24; "The Definition of Death: Problems for Public Policy," pp. 545 - 548; Karen Grandstrand Gervais, *Redefining Death* (New Haven and London: Yale University Press, 1986); Gervais, "Death, Definition and Determination of: Philosophical and Theological Perspectives," pp. 540 - 549。

[⑤] 限于篇幅，笔者在本文中无法交代当中的复杂问题。值得注意的是，仍有学者极力为全脑死亡判准辩护，如 Gert, Culver, and Clouser, *Bioethics*, 1997。

[⑥] Calixto Machado, ed., *Brain Death* (Amsterdam: Elsevier Science Ltd., 1995); Stuart J. Youngner, Robert M. Arnold, and Renie Schapiro, eds., *The Definition of Death: Contemporary Controversies* (Baltimore: Johns Hopkins University Press, 1999).

[⑦] "昏迷与死亡第三次国际会议"，古巴哈瓦那，2000 年 2 月 22—25 日；"死亡定义国际网络第三次国际会议"，英国伦敦，2000 年 9 月 21—24 日（于第五届世界生命伦理学会议期间举行）。

[⑧] Controversies in the Determination of Death: A White Paper by the President's Council on Bioethics (2008), 见 http://bioethics.georgetown.edu/pcbe/reports/death/.

"确定死亡"这个问题及其辩论在西方学术界还非常热门。这是因为除了与死亡有关的科学发现不断更新外，整个辩论背后涉及一些极重要的哲学问题。

我们要确定"人的死亡何时发生"，也就是要确定"人的生命何时终止"。要深刻地回答这些问题，必须同时处理一些更基本的问题："人的生命是什么？人的死亡是什么？人是什么？"

在哲学层面，相对应于三种不同的死亡判准，有三种不同的人的本性观。（1）人的本质是物质性的，人的精神活动只是身体活动的作用。因此，当人的生物生命结束时，一切活动都会结束。所以，心肺判准比较与这种人观吻合。（2）人的本质是人的意识（或曰灵魂），躯体是次要的，意识才是人之所以为人的最重要特征。因此，当人的最重要特征永远消失（意识不可挽回地丧失或迁移至另一世界），就是人的死亡。所以，上脑死亡判准比较与这种人观吻合。（3）人的本质是精神与物质的结合，两者不可偏废。因此，当人的意识活动及生物生命之间的协调不可逆转地崩溃时，才能算是一个整全的人的死亡。所以，全脑死亡判准与这种人观比较吻合。

在中国古代哲学中，形神问题（形体或肉体与精神或灵魂的关系）也是一个备受讨论的问题。虽然当时讨论的重点与上述的讨论有些差别（当时比较关心的是神灭或神不灭的问题），但也约略可找到三种形神观，与上述的三种人观相类似。（1）形主神副说。如南朝范缜所言："神即形也，形即神也。是以形存则神存，形谢则神灭。"（2）神主形副说。如《淮南子》所言："神贵于形"，"形有灭而神未尝化"；或东晋慧远所言："火之传异薪，犹神之传异形。"（3）形神二元论。如明何塘所言："造化之道，阳为神，阴为形；形聚则可见，散则不可见。神无聚散之还，故终不可见。今夫人之知觉运动，皆神之所为也。"①

笔者绝对没有把这三种古代的形神说和当代死亡医学中的三种死亡判准加以附会的意图。笔者只想指出，这三种古代的形神学说，与当代西方医学哲学所讨论的人的本质问题，有一些共通的关怀。因此，如能把古代的形神学说加以"创造性地转化"，使其讨论与当代的死亡医学哲学接轨，则我们也可以用中国古代哲学的语言，来讨论当代的医学哲学问题，及运用中国古代哲学的资

---

① 以上引文皆转引自汤一介：《形神》，见《中国大百科全书·哲学 II》，1030 页，北京，中国大百科全书出版社，1987。

源，来协助我们反思当代的问题。

除了形神说，另一个值得注意的思想是中国古人的魂魄观。按钱穆的研究，中国古人看"魂"与"魄"原为两回事。① 再者，"人之生命，主在魂，不在魄。魂既离魄而去，则所谓魄者，亦惟余皮骨血肉，亦如爪发然，不足复重现"②。如此，死亡的定义应针对人的魂（意识），而非人的魄（躯体）。

而且，中国古代某种形神说对死亡观的影响，可充分反映于汉字"死"的字源解释。按《正中形音义综合大字典》，"死"字于甲骨文原为一象形字，图画是"生人拜于朽骨之旁"。但到了小篆，"死"字是由"歺"及"人"组合而成。"歺音残，乃残余之意。人具形体，亦具魂魄（即精神、知觉），如魂魄（精神、知觉）丧失，则仅余形体，此即谓之死。"③ 因此，虽然《说文解字》对"死"的解释很简单："死，澌也，人所离也。"可是段玉裁在《说文解字注》中却把"人所离也"解释为"形体与魂魄相离，故其字从歺人"④。

以上这些简单的讨论希望能说明，用中国古代思想来反思当代医学哲学问题不但有意思，且可对全球的医学哲学有贡献。

---

① 参见钱穆：《灵魂与心》，53～117、127～137 页，台北，联经出版事业公司，1976。
② 钱穆：《灵魂与心》，54 页。
③ 高树藩编：《正中形音义综合大字典》，增订版，783～784 页，台北，正中书局，1974。
④ 许慎著、段玉裁注：《说文解字注》，经韵楼藏版，166 页。

第二部分
生命伦理学与现代科技

　　全球目前最前沿的生命伦理学讨论，非基因伦理学莫属。生殖克隆人、治疗克隆人、胚胎干细胞研究、基因优生及各种基因工程，都有非常多的学术著作。

　　在《从中国生命伦理学到复制人类的道德问题——一个方法学上的省思》一文中，陈强立的首要目的是要说明怎样建构具有普遍意义的中国生命伦理学。在该文的第二部分里，作者提出了一个"三层架构"的方法学框架来说明建构具有普遍意义的中国生命伦理学的可能性。该文的第三部分则主要是通过考察复制人类的道德问题为上述的建构工作提供一个实例。在这个部分，作者提出了一个儒家传统的中介原则的理论框架，并通过此一理论框架来考察复制人类的道德问题。根据有关的中介原则，复制人类是否道德上可接受主要视乎复制人类的活动是否会对别人构成伤害。作者分别考察反对者经常采用的（亦是最主要的）两个"伤害论证"，并且指出它们皆含有不合理的前提。文末则提出了作者认为合乎伦理的一个复制人类的模式。

　　在《如何思考"复制人"？》一文中，罗秉祥指出要全面审思人应否"复制人"的问题，必先回归医学哲学的一些根本问题。该文的主要目的，便是为反思"复制人"所牵涉的这些基本问题提供线索。文章第一、二部分首先指出，为免误解"human cloning"的性质，以及因混淆"无性生殖"和"有性生殖"而带来的思考困难，应把"human cloning"译成"人的人工无性生殖"而非"克隆人"或"复制人"；第三、四部分说明需要从生殖科技的大视野来看这个议题，及需要区分从公共政策角度和道德角度的反思。第五部分进入该文的核心部分，借用了卡拉罕分析生命伦理学的理论框架，认为人的人工无性生殖问题，也可从（1）"人的自我理解与定位"；（2）"人与他人的关系"和（3）"人与自然的关系"这三大哲学基本问题予以宏观考虑。该文最后三部分便就以上三大哲学问题之不同答案如何影响我们对"复制人"的态度逐一予以分析，并同时检讨中国文化有何资源处理这些问题。简言之，第六部分说明中国思想同时存在"人不是天，人要畏天"和"人就是天，天人合一"两种人的自我理解与定位，因而在复制人问题上，中国思想亦蕴含"三思而行"和"勇敢而行"两种不同态度。第七部分指出中国处理己群关系之思想资源不如西方丰富（西方有关讨论已发展至"自由主义"与"社群主义"之争，前者与后者分别对应着对"复制人"持"开放"和"保守"态度），古代儒学固然主张己轻群重，但面对当代社会，儒家的社会政治哲学还有待发展，然后才能指导我们如何思考人的人工无性生殖及其他生命伦理学议题。第八部分说明人与自然的关系有三种基本取态：（1）"人受制于自然之下"；（2）"人凌驾于自然之上"；（3）"人共存于自然之中"，这三种取态都分别于《庄子》、《荀子》和《易传》中有广泛论述，中国思想在这方面非常有启发性。

在《再论复制人——一个比较伦理的分析》一文中，陈强立进一步探讨复制人类的行为本身是否合乎道德，即撇开安全性和风险等因素，仅仅考虑有关行为本身是否合乎道德此一问题。该文尝试从（1）复制的目的以及（2）复制人的道德地位两方面来考察有关问题。与此同时，该文亦尝试从一个比较伦理的视野，主要是从自由主义（强调自由权利）的生命伦理和儒家的生命伦理的道德视域，来分析有关问题。根据该文的分析，上述自由主义的生命伦理和儒家的生命伦理的道德视域对于复制的目的以及复制人的道德地位均有着不同并且是互相冲突的道德立场。

在《儒化中医哲学与当代基因改造人性道德争论》一文中，罗秉祥讨论了一个当代非常热门的题目，通过基因科技改造人性（genetic enhancement）应否进行。一些在学术著作中向来不讨论这类问题的西方哲学家（如 Habermas, Fukuyama, Sandel）也纷纷加入讨论，可见此问题的划时代重要性。该文通过整理及分析传统中国思想来看这个道德争议。直到今天，传统中医并不依赖高科技。其中一个原因是《黄帝内经》中的"人与天地相应"的基本看法。然而，医治病人始终是一个人为行动，而非天地自然所为。如何在一个强调人配合天工的思维框架中为医者的人工行为辩护，是明清时期不少医学哲学所讨论的议题。《黄帝内经》原与

《周易》及《老子》皆有相通之处，到明清时期，由于儒医的大量出现，及朱子理学的官学地位，很多儒化（理学化）的中医哲学开始出现。利用"人补造化"、"人补天之缺陷"、"人补天功"、"人挽回天"等"新瓶"，承载《中庸》的人参赞天地化育的"旧酒"。该文尝试说明中医哲学的天人观，蕴含支持基因科技的治疗用途，但不蕴含支持基因科技的优生用途。该文的用意并非要提供一个决定性的或最终的论证，终极地反驳所有赞成基因改造人性的论证。该文所起的作用，只在提供一个非西方式的思考方法，以传统儒化中医哲学为资源，协助人类从多元文化角度思考当代重大道德争议。

传统中国思想除了儒、道两家，我们也不能忽略佛家。在《基因改造工程——从西方生命伦理学到佛教的思考》一文中，张颖探讨了由于胚胎干细胞研究以及基因改造技术的快速发展所引发的生命伦理学争议，并试图从佛教伦理的角度反观相应的议题。作者意识到，与大多中国传统思想一样，佛教并没有文献直接涉及当代科技的发展所产生的道德问题，但这并不影响我们从佛教的观点对当代伦理学议题做出反思和回应。通过对佛教的阐述，我们亦可以比较东西文化与思想的异同。该文从三个方面陈述当代生命技术所引发的伦理学上的困境：（1）对界定人性的挑战；（2）对界定人的价值与尊严的挑战；（3）对保育自然环境的挑战。文章指出，佛教的"缘起缘生"、"无我"以及"因果律"等思想为探讨这些议题提供了一个独特的角度。

以上五篇文章并非见解完全一致，我们没有定论，因为我们都在探索的途中。

从中国生命伦理学到复制人类的道德问题
——一个方法学上的省思

陈强立

一、前言

　　《中外医学哲学》的编者在《发刊辞》里提出这样的观察："伴随着科学技术的突飞猛进、医疗保健费用的不断高涨、社会变迁的急剧加速和伦理道德观念的日益多元化……生命伦理问题愈见尖锐和紧迫。东西方文化内的各类宗教、哲学、思想和价值体系都必然要在它们的挑战面前不断作出自己的响应。"①他并且指出："《中外医学哲学》想望在医学哲学及生命伦理学领域架起一座中西沟通的桥梁。"②

　　然而，当代生命伦理学的研究一直是以西方哲学为主导。无论是议定课题、方法和原则的选取都是偏向于西方哲学的观点的。那么，在这样的一种学术氛围下，东方文化对生命伦理问题究竟可以作出什么样的响应？又或者，她应该怎样作出响应？再者，东方文化尤其是中国文化有其独特的哲学传统及价值体系，和西方的哲学传统简直是相距甚远。这样，要在"医学哲学及生命伦理学领域架起一座中西沟通的桥梁"又是否可能？

　　为了把问题提得更尖锐一点，让我们先厘定一下"传统"这一概念：

　　　　（D1）（i）x 是一个传统当且仅当它含有一个整全或近乎整全的信念系统以指导其成员的生活实践。③

　　　　（ii）y 是一个整全的信念系统当且仅当它对人生价值、理想人格、人伦关系、社会关系及终极实在等范畴有完整和

---

①② 《中外医学哲学》，1998（1）。

③ 理论上一个传统应有其历史向度，但基于简洁性的考虑，上述定义并没有把这个向度明确陈述出来。

明确的表述。①

根据上述的定义，"传统"此一语词的外范（extension）可包括传统的宗教如基督教、天主教、伊斯兰教、佛教和道教等，亦可包括一些哲学传统如儒家、道家、柏拉图主义、亚里士多德主义等。它们都有一个共通点，就是它们皆含有一个整全的信念系统。此即，它们对人生价值、理想人格、人伦关系、社会关系，以至于终极实在，皆有其完整和独特的看法。

以此观之，传统与传统之间实在含有根本上的分歧，而文化和文化之间的分歧则更为严重。如此一来，在存在着根本的分歧的大前提下，东西方文化如何能在生命伦理的问题上进行有意义（而非自说自话）的沟通？问题的关键在于东西方哲学能否由自己的传统提炼出具有普遍意义（对方在理性上亦能接受）的生命伦理原则来。倘若东西方的哲学家能各从自己的传统中提炼出一些对方在理性上亦能接受的生命伦理原则来，那彼此之间就有一个对话的基础。

那么，对于东方哲学家而言，他所要面对的挑战就是：如何建构一套既能保留东方哲学的特色（重要元素），又同时具有普遍意义的（不同传统的成员在理性上亦能接受的）生命伦理学？对于中国哲学家而言，他所需要面对的挑战就是：如何建构一套既能保留中国哲学的重要元素，又同时具有普遍意义的生命伦理学？本文的第二部分即旨在回答此一问题。在这个部分里，笔者将尝试提出一个中国生命伦理学的方法学框架，并通过此一框架说明构造具有普遍意义的中国生命伦理学的可能性。本文的第三部分则尝试在此一框架内讨论当前生命伦理学家正在激烈辩论的一个道德课题：复制人类的道德问题。目的是为如何构造具有普遍意义的中国生命伦理学提供一个实例。

二、中国生命伦理学

要建构具有普遍意义的中国生命伦理学需要从三方面着手：第一，界划出它的基本问题；第二，就有关的问题进行内部考察；第三，建构公共领域的生

① 关于"整全的信念"（comprehensive doctrines），可参考 John Rawls, *Political Liberalism* (New York: Columbia University Press, 1993), pp. 12 - 15。

命伦理。

1. 中国生命伦理学的基本问题

建构中国生命伦理学的首要工作就是界划出它的基本问题。有关的问题可以从三个方面来加以划分：（1）由于中国生命伦理学的主要课题是生命伦理，故此，现时西方生命伦理学所处理的那些问题，诸如安乐死、堕胎、人工受孕、代孕母、售卖人体器官、基因控制、复制人类等生命伦理问题，都必须包括在内。（2）此外亦应包括中国哲学传统内部所衍生的特殊的生命伦理问题。比如说，道家主张法自然，故此，从道家的哲学传统来看，如何使医疗服务及生物科技的应用和顺应自然的人生理想互相协调，就成了该传统的特有的生命伦理问题。又比如说，儒家崇尚德性、重视家庭伦理，故此，从儒家的传统来看，怎样使医疗制度和家庭伦理互相配合，在建立有效率的医疗服务制度的同时又能发展人的德性，即为儒家传统所衍生的一个特殊的生命伦理问题。（3）第三方面的问题则主要涉及中国生命伦理学的方法和进路的问题。比方说，本文的第二部分所要处理的就属于这个范畴的问题。又比方说，儒家认为人有良知，那么，从儒家的观点来看，良知在处理生命伦理问题上可扮演什么角色？有关的道德判断可否通过诉诸良知而获得确证？诸如此类的问题也是属于此一范畴的问题。

2. 生命伦理与中国哲学传统的内部考察

中国生命伦理学的第二部分工作，主要是从中国哲学的个别传统内部来考察生命伦理问题。这个部分的工作可分为三方面：（1）整理个别传统内部和生命伦理有直接关联的材料。比如说，中国医学伦理受儒家影响颇深，论述医德的材料也为数不少。另外，中国医术亦深受道家影响，有不少医书材料就是从道家的人生理想来论述医道的。把这些材料整理出来，对建构中国生命伦理学的工作而言是十分重要的。（2）从各传统的整全信念系统里引申出一些基本的生命伦理原则。这个部分的工作主要是检视有关传统在人生价值、理想人格、人伦关系、社会关系、终极实在等各个范畴所含蕴的生命伦理原则。（3）通过有关的生命伦理原则来处理一些实际的生命伦理问题（如堕胎、安乐死等）。

上述的内部考察工作是中国生命伦理学的骨干。但是，要建构具有普遍意义的中国生命伦理学则不能仅仅停留在此一阶段。正如前面所提及的，要构造出具有普遍意义的中国生命伦理学，关键在于提炼出一些别的传统的成员在理性上亦能接受的生命伦理原则。这就涉及下一方面所谈及的公共领域的生命伦理建构工作。

3. 建构公共领域的生命伦理

让我们先厘清"公共领域"（public sphere）此一概念。在本文里，笔者所采取的是一个（理想的）民主宪政的公共领域概念。① 一个理想的民主宪政的社会有下述特质：它的全体公民，就其公民身份而言，在本质上是自由和平等的；并在此一基础上，他们的人生价值、宗教、伦理信念均受到平等的尊重。依此，我们可以给予"公共领域"下述的规定：

（i）它是通过人们的沟通行为而产生的一个"场所"或"领域"；

（ii）它的符合资格的参与者包括了每一个自由及平等的公民；

（iii）有关沟通行为的目的是要提出一些彼此在理性上可接受的观点、理由、规则或程序来解决涉及全体公民的利益的问题。

（iv）有关的沟通行为是自由和平等的，此即每一个公民均可自由提出自己的观点，并获得平等的尊重。②

基于上述的规定，建构公共领域的生命伦理（以下简称"公共生命伦理"）的主要工作，就是要提出一些（对每一个公民而言）在理性上可接受的观点、理由、规则或程序来解决涉及全体公民利益的生命伦理问题。关键则在于提出一组全体公民在理性上均能接受的生命伦理原则。有关的建构工作必须受到下列事实的制约：

（1）价值多元的事实。这是现代社会的一项重要事实：社会成员大都并不属于同一个宗教或哲学传统，故此，他们往往持有很不相同的人生价值和伦理

---

① 该概念是本质上有争议的（essentially contested）：人们对于什么是有关领域里面的事物和什么是它以外的事物，并没有一致的看法。如何画那道界线主要取决于人们所采取的政治理论。

② 笔者用"沟通行为"来界定"公共领域"的意念主要来自 Habermas。Jürgen Habermas, *Between Facts and Norms*. trans. , William Rehg（Cambridge：MIT Press, 1996），pp. 358 - 387.

信念。就目前情况来说，此一事实只会被强化，而不会逐渐消失。①

（2）需要合作的事实。在高度复杂的现代社会里，它的成员往往需要在不同的公共事务上合作，而大部分涉及生命伦理的事务均需要社会成员的合作，方能妥善处理。

（3）利益冲突的事实。这是一项普遍的社会事实，此即，无论在何种社会里，它的成员都会在某些事情上有利益冲突。在现代社会里，涉及生命伦理的事务经常是社会成员发生利益冲突的"黑点"。

基于第（1）项事实的制约，建构公共生命伦理的工作就不能仅从某一宗教或哲学传统出发，或仅仅建基在它的整全的信念系统上，否则，由此而建构出来的生命伦理原则就会缺乏"公信力"（它们对于别的宗教或哲学传统的成员来说是理性上不可接受的）。基于第（2）和第（3）项事实的制约，我们可以得出同样的结论。首先，建构出来的原则必须能对社会成员有关方面的合作起指导作用。其次，它们必须能用来解决有关的利益冲突。如此一来，它们就必须有一个具"公信力"的基础，此一基础显然不能够是某一特定的宗教或哲学传统。

然而，倘若此一具"公信力"的基础不能仅由个别的宗教或哲学传统所构成，那么，中国生命伦理学如何能建构出合理的（具"公信力"的）公共生命伦理原则？这是一个颇复杂的问题，基于篇幅所限，下面笔者只能对它的有关答案提出一个纲领性的说明：

（1）不同传统的整全信念系统可有共通或交叠的部分。比方说，儒家和效益主义（utilitarianism，又称功利主义）虽是两个不同的哲学传统，它们的基本道德原则亦并不一致（前者的基本道德原则是仁义原则，后者的基本道德原则是效益原则），但两者的道德原则均含蕴在一般情况下医护人员应尽力救治病人此一道德判断中。②

---

① John Rawls, *Political Liberalism* (New York: Columbia University Press, 1993), pp. 36 - 37, 150; John Rawls, "The Idea of Public Reason Revisited," *The University of Chicago Law Review*, 64 (1997): 765 - 807. Engelhardt 把此一价值多元（他称为"道德多元"）的事实视为后现代的哲学困境。可参看 H. Tristram Engelhardt, Jr., *The Foundations of Bioethics*, 2nd ed. (New York: Oxford University Press, 1996), pp. 3 - 17. 本文采取 Rawls 的观点，仅视之为民主宪政社会的一项恒常的事实，而非一知识论上的事实，对于后者笔者持开放的态度。

② 效益主义含有近乎整全的信念系统，故在本文里，它代表了一种特定的（哲学）传统。

　　（2）不同传统之间的共通或交叠部分可构成公共生命伦理的基础，我们把这个基础称为（各个传统的）"交叠共识"（overlapping consensus）①。"交叠共识"之所以能成为公共生命伦理的基础，主要是由于它被各个传统的整全信念系统所肯定。

　　（3）中国生命伦理学可基于此一交叠共识来建构出一组合理的（具"公信力"的）公共生命伦理原则：根据中国哲学传统的理论框架及概念工具来组织和重构有关的交叠共识里的生命伦理判断。其中的关键则在于发展出一组"中介原则"，即介乎有关传统的根本道德原则和有关的交叠共识之间的一组原则。以儒家为例，它的根本道德原则是仁义原则，倘若想由该传统建构出一组合理的公共生命伦理原则，就必须在仁义原则和有关的交叠共识之间发展出一些中介原则。

　　（4）有关的中介原则需要满足下述两个重要条件：（i）它们含蕴并且仅仅含蕴有关的交叠共识里的生命伦理判断，换言之，它们只反映人们在生命伦理方面的交叠共识；（ii）它们必须和有关传统的根本道德原则有某种程度的关联性和融贯性。条件（i）保证了它们的"公信力"或"合理性"（即对不同传统的人在理性上均可接受）；而条件（ii）则保证了它们和有关传统之间的延续性和连贯性。

　　（5）建构有关中介原则的过程，并非一个纯推演（由前提演绎出结论）的过程；而是一个"反思均衡"（reflective equilibrium）的过程。② 此一过程具有以下的特色：

　　　　（i）它涉及三个层次的信念（根本道德原则、中介原则和交叠共识）的互动。

　　　　（ii）有关的互动是一种反复来回调整、修正和补充的过程，此即上述三个层次的信念互相调整、修正和补充的一种过程。

　　　　（iii）有关互动的结果是上述三个层次的信念处于一种

　　① 此一概念是 Rawls 用来建构其公正思想体系的一个重要的方法学概念。John Rawls, *Political Liberalism*（New York：Columbia University Press, 1993），pp. 133－172. 笔者则把它应用在建构公共生命伦理上面。

　　② John Rawls, *A Theory of Justice*（Oxford：Oxford University Press，1972），pp. 20－21.

互相协调、彼此融贯的状态。

在上述的"反思均衡"的过程里，我们甚至可以引入一些传统以外的"资源"来建构有关的中介原则。再以儒家为例，我们可引入诸如"权利"、"自由"、"效益"等概念来建构该传统的中介原则。唯一的条件就是经过适当的调整后，所引入的概念和该传统的根本道德原则需有一定程度的融贯性。

在上面笔者尝试提出一个方法学的框架来说明在中国哲学传统里建构公共生命伦理的可能性。现在让我们总结一下上述方法学框架的要点。此一方法学框架乃是由三个部分所组成的一个"三层架构"：

(i) 中国哲学传统的根本道德原则

↓

(ii) 中介原则

↑

(iii) 各个传统之间的交叠共识

根据此一架构，我们需要先找出中国哲学内部传统的根本道德原则。其次，就是界划出各个传统之间在生命伦理方面的交叠共识。然后基于这两个部分，以"反思均衡"的方法，建构出有关的中介原则。所得出的原则必须能满足下述两个条件：（1）它们和有关的根本道德原则需有连贯性；（2）它们只含蕴人们在生命伦理方面的交叠共识。条件（1）使有关的中介原则能保留中国哲学传统的重要元素；条件（2）则保证了它们的"公信力"和"合理性"。如此，则此一架构亦同时揭示了建立具有普遍意义的中国生命伦理学的可能性。

三、复制人的道德考察：一个中国生命伦理学的个案

上面所提出的仅是一个抽象的架构。下面笔者将尝试在此一架构内讨论当前生命伦理学家正在激烈辩论的一个道德课题：复制人类的道德问题。目的是要提供一个实例来说明如何应用上述的方法学架构来构造具有普遍意义的中国生命伦理学。下面的讨论含有某些理论预设，现在首先就此等理论预设作一扼要的说明。

1. 复制人的道德考察与儒家伦理

本文主要通过儒家的哲学传统来考察复制人的道德问题。故此，本文的出

发点是儒家的一些基本的伦理原则（即前文所说的根本道德原则）。本文所预设的原则主要有四条：

（1）仁义原则。此一原则为儒家最高的道德原则：

> 志士仁人，无求生以害仁，有杀身以成仁。（《论语·卫灵公》）
>
> 君子之仕也，行其义也。（《论语·微子》）
>
> 居恶在？仁是也；路恶在？义是也。居仁由义，大人之事备矣。（《孟子·尽心上》）
>
> 仁者天下之正理。（《河南程氏经说》卷二）
>
> 仁者，德之出也；义者，德之理也。（《道德说》）

（2）格致原则。此一原则虽不及仁义原则根本，但在儒家传统里，亦为一重要的伦理原则。比如在《大学》里，治国、齐家、修身、正心、诚意、致知、格物，是一气贯通的：

> 古之欲明明德于天下者，先治其国；欲治其国者，先齐其家；欲齐其家者，先修其身；欲修其身者，先正其心；欲正其心者，先诚其意；欲诚其意者，先致其知；致知在格物。（《礼记·大学》）

朱熹在其《四书章句集注》的补传里，对"格物致知"给予了这样的解释：

> 所谓致知在格物者，言欲致吾之知，在即物穷其理也。盖人心之灵莫不有知，而天下之物莫不有理，唯于理有未穷，故其知有不尽也。是以《大学》始教，必使学者即凡天下之物，莫不因其他已知之理而益穷之，以求至乎其极。至于用力之久，而一旦豁然贯通焉，则众物之表里精粗无不到，而吾心之全体大用无不明矣。此谓物格，此谓知之至。

（3）生生原则。这是由仁义原则衍生出来的一个伦理原则：

> 天以阳生万物，以阴成万物。生，仁也；成，义也。（《通书·顺化》）

天地之大德曰生。(《周易·系辞下》)

孔颖达在其《周易正义》里,对"天地之大德曰生"有此一解释:

圣人同天地之德,广生万物……言天地之盛德在乎常
生,故言之,曰若不常则德之不大,以其常生万物,故云大
德也。(《周易正义》卷八)

简而言之,根据此一原则,赋予万物以生命本身就是一种仁德。它亦同时
假定了生命本身亦是善的。

(4)心性原则。根据儒家的观点,人之所以为人乃由于他有一个能知善知
恶和行善行恶的道德心灵(即孟子所说的"仁义之心"):

虽存乎人者,岂无仁义之心哉?(《孟子·告子上》)

恻隐之心,仁也;羞恶之心,义也。(《孟子·告子上》)

无恻隐之心,非人也;无羞恶之心,非人也;无辞让之
心,非人也;无是非之心,非人也。(《孟子·公孙丑上》)

上述是儒家伦理中的四条基本原则。这几条原则在下面所要进行的道德考
察里仅是出发点。下面笔者将进一步提出一组中介原则,并通过它们来考察复
制人类的道德问题。这一组中介原则分别为:

(1)不伤害原则。此一原则主要是说,伤害无辜者的行为是错误的。

(2)生的原则。此一原则包括下述两项子原则:

①生命的利益原则。根据此一原则,能享有生命是一项重要的利益(一些
极端的例子如"纯粹受苦"或近乎"纯粹受苦"的生命除外);而赋予一个人
以生命则是促进他的利益。

②生育的自由原则。根据此一原则,人们应有繁殖后代的自由。

(3)知的原则。此一原则亦包括两项子原则:

①知的价值原则。此一原则主要是说,知识是一种善。

②知的自由原则。此一原则主要是说,人们应有求取知识的自由(在没有
对别人构成伤害的情况下)。

(4)道德的自我识别原则。这是用来区别自我身份(self-identity)的一
个原则,此一原则主要是通过"道德心灵"或"道德意志"来识别一个人的自
我身份。

由于篇幅所限，笔者无法在此详述上述的中介原则与儒家伦理及人们的交叠共识的关系。在此笔者假定了上述的中介原则与人们的有关方面的交叠共识互相吻合，这一点留待读者自行判断。至于有关中介原则和儒家伦理的连贯性，笔者只能提供一些约略的线索：（1）仁义原则含蕴不伤害原则；（2）格致原则含蕴知的原则；（3）生生原则含蕴生的原则；（4）道德的自我识别原则则可追溯到心性原则。

以上笔者只是初步提出一个儒家传统的中介原则的理论框架，此一理论框架还要通过前述的"反思均衡"的方法来加以完善。这一点是后话。下面，笔者将通过这一组中介原则来考察复制人类的道德问题。

2. 对复制人的身体及生理上的伤害？

1997 年 2 月 27 日苏格兰科学家伊恩·威尔穆特（Ian Wilmut）在《自然》杂志发表了一篇仅 4 页但轰动世界的论文[1]，它宣告了克隆羊多利（Dolly）的诞生。此一宣告引发了国际社会对复制人类的道德问题的关注。[2] 时任美国总统克林顿亦旋即要求他的国家生命伦理顾问委员会在 90 日内完成对涉及复制人类的伦理和法律问题的研究，并向他提交报告。经过 90 日的反复商讨，有关委员会建议联邦政府立法禁止使用有关技术复制人类，但允许三到五年后重新检讨有关法例。[3]

然而，有关的建议是否合理？本文的基本立场是：除非有足够证据显示复制人类的行为会对他人构成伤害，否则，和复制人类有关（无论是直接还是间接）的科研活动是不应完全受到禁止的。本文的此一立场主要是基于下述的中介原则：（1）不伤害原则；（2）知的自由原则；（3）生育的自由原则。基于不伤害原则，倘若有关的复制行为对别人构成伤害，那么，禁止有关的行为是合理的。但是，倘若有关的行为没有伤害他人，那么，根据知的自由原则，有关复制人类的科研活动是不应被禁止的；同样，根据生育的自由原则，不育夫妇

---

① I. Wilmut, *et al.*, "Viable Offspring Derived from Fetal and Adultmammalian Cells," *Nature* 385 (1997): 810 – 813.

② 多利是由一只成年羊的乳腺细胞，通过一种叫作"细胞核移植技术"（somatic cell nuclear transfer technique）复制而成的。这种技术理论上可以用来复制人类。

③ U. S. National Bioethics Advisory Commission, *Cloning Human Being: The Report and Recommendations of the National Bioethics Advisory Commission* (Rockville, Md., June 1997).

为了繁殖后代而进行有关的复制活动，亦是不应被禁止的。如此一来，问题的关键是：复制人类是否会对别人构成伤害？有的论者认为答案是肯定的。比方说，美国总统的顾问委员会便是持此一观点来反对进行复制人类的活动。下面我们将会集中探讨这类基于伤害视角的反对论证（以下简称"伤害论证"）。

人们反对复制人类的其中一个重要的论据是：新的复制技术"细胞核移植法"并不安全，用它来复制人类可能为复制出来的婴儿（简称"复制儿"）带来伤害。比如，美国总统的顾问委员会的报告书就宣称："目前的科学数据显示，把这种技术应用在人类身上并不安全。"① "就目前来说，使用这种技术来制造婴孩是一项还未成熟的实验，并会使有关胎儿及婴孩承受不可接受的风险。"② 该报告书并且下结论说："无论是在公共还是私人领域，在研究还是医护的情形中，任何人使用细胞核移植技术来复制婴孩都是道德上不可接受的。"③ "倘若医护人员或研究人员试图使用这种技术来制造婴孩，而它很可能涉及令有关胎儿或婴孩承担不可接受的风险，那他们就是违反了一些重要的道德义务。"④ 简单而言，上述的说法表达了这样一个论证：

    （1）伤害别人的行为是错误的。

    （2）使用细胞核移植技术会为复制儿带来伤害。

    （3）所以，使用有关技术来制造婴孩是错误的。

到目前为止，用来支持（2）的证据即使在科学家之间亦是十分具有争议性的。比方反对者认为，从多利的实验来看，复制人类是不安全的，他们所持的一个理由是："有关技术成功复制出多利的概率只有 1/277，倘若应用于人类，这不仅使供卵者承受控制荷尔蒙的风险，增加孕母的流产次数，并有可能使所复制出来的婴儿有严重的生长上的缺陷。"⑤ 然而，普林斯顿大学的一位分子生物学家李·希尔佛（Lee Silver）就不同意上述的推论。他指出，在 277

---

    ① U. S. National Bioethics Advisory Commission, *Cloning Human Being*, "Executive Summary", p. iii.

    ② U. S. National Bioethics Advisory Commission, *Cloning Human Being*, "Executive Summary" p. ii.

    ③④ U. S. National Bioethics Advisory Commission, *Cloning Human Being*, "Executive Summary", p. iii.

    ⑤ U. S. National Bioethics Advisory Commission, *Cloning Human Being*, p. 64.

个卵子当中只有 13 个成功发展成胚胎，而其中 12 个胚胎则在怀孕初期流产掉。换言之，有关的成功率是 1/13，比早年试管婴儿技术开始实施时的成功率还要高。[①] 希尔佛指出，还有其他类似的所谓证据同样也是有严重的漏洞的。他还指出，从基因遗传的角度来说，复制其实比通过精子和卵子结合这种普遍的产子方法更为安全，因为它避免了出现染色体数目不正常的情况（一种最常见的导致婴儿有先天缺陷的情况）。[②]

不过，即使我们不去质疑反对者所提出的证据，（2）能否成立仍是有疑问的。一般而言，我们知道在什么情况下，一个行为算是伤害他人的行为。比方说，砍掉别人的手、烧掉别人的房子，这些都是伤害别人的行为。它们都有一个共通点，就是受害人皆蒙受一定程度的损失（失去了一只手、失去了一间房子）。依此，我们可以这样厘定"伤害"此一语词：

(D2)（i）设 A 为任一行为。

（ii）A 对 x 构成伤害当且仅当 A 使 x 蒙受损失。

根据上述的定义，（2）能否成立取决于使用细胞核移植技术会否使复制儿蒙受损失。如果使用有关技术会令复制儿受到损失，那就是对他的一种伤害；如果不会，那使用有关的复制技术就并没有对他构成任何伤害。如此一来，问题的关键就是：使用有关的复制技术会否导致复制儿蒙受损失？答案是否定的。因为，复制儿是通过有关的复制技术生产出来的，他之所以能够存在端赖应用这项技术。倘如此，复制儿根本就不可能因他的制造者应用这项复制技术制造他而蒙受任何损失。就正如我们不可能因父母生育我们而蒙受任何损失一样（即使我们生来有缺陷）。试设想这样一个情况：甲有家族遗传的先天性心脏病，他知道因为这个病他无法活过 30 岁。他因此而埋怨其父母："我的父母令我蒙受很大的损失，因为，如果他们没有把我生到世上，我就不会有这个病。"甲的说法显然是不合理的。他或许可以埋怨其父母为什么要把他生到世上，但却没有理由说他的父母因把他生到世上而使他蒙受"损失"。因为，能够活到 30 岁（虽然只有 30 岁）根本就不能说是一种"损失"；倘若他在胎儿

---

① Gina Kolata, *The Road to Dolly and the Path Ahead* (New York: Allen Lane, The Penguin Press, 1997), p.203.

② Gina Kolata, *The Road to Dolly and the Path Ahead*, pp.202 - 206.

的阶段就被打掉，那对他才是一种损失。由此推知，（2）是无法站得住脚的。①

反对者或许会提出这样的反驳：无论如何，倘若我们明知复制儿很可能会因有关复制技术不够完善而有身体或生理上的缺陷，制造复制儿就是错误的。上述的反驳含有这样一个预设：

> （P1）倘若我们有理由相信如果 x 生到世上很可能会有身体或生理上的缺陷，那我们就不应把 x 生到世上。

但是，（P1）是否普遍有效？试考察下述的例子：

> 例1：阿丽知道自己有不健全的基因，如果怀孕并且怀的是男婴，便会把有关基因传给他，他亦很可能会因此而有严重的身体或生理缺陷。但她和丈夫阿欧都很渴望有小孩，经多番考虑后，决定冒险怀孕。

阿丽的决定是否道德上不可接受？她应否被禁止怀孕？也许有人会认为她的决定是不明智的，又或者那不是一个道德上最佳的选择，但相信没有多少人会认为那是道德上不可接受或应被禁止的。但是，倘若阿丽的决定是道德上可接受的，那么，为什么一对不育的夫妇通过复制技术来繁殖后代是不可接受的呢？我们甚至可以替阿丽和那对不育的夫妇提出这样的申辩：根据生命的利益原则，能享有生命（即使有缺陷）是一项重要的利益。那么，阿丽和有关夫妇的决定不仅没有使任何人蒙受损失（前文指出过，子女不可能因父母决定生育他们而蒙受任何损失），并且还会有人因他们的决定而获益。②

3. 对复制人的心理上的伤害？

人们反对复制人类的另一个重要的论点是：有关的复制行为会对复制儿造成心理上的伤害，因为，它剥夺了复制儿的独特的个人身份，使其独特的个体

---

① Derek Parfit, *Reason and Persons* (Oxford: Oxford University Press, 1984), Chapter 16; 并参看 J. A. Robertson, "The Question of Human Cloning," *Hastings Center Report* 24 (1994): pp. 6 - 14. Robertson 的文章主要涉及 "胚胎分裂" 的复制技术而并未论及 "细胞核移植" 的复制技术，但他在讨论使用前者会否为复制儿带来伤害的问题上，采取了和本文相近的观点。

② 倘若复制儿所享有的只是一种 "纯粹受苦" 或近乎 "纯粹受苦" 的生命，这对复制儿来说当然算不上是一种利益，但反对者到目前为止还没能提出任何证据证明复制儿将会有的是这样一种生命。

性受损。① 该论点含有这样的一个预设：

(P2) 复制人缺乏独特的个人身份。

不少论者认为，(P2) 主要是建立在下述的推论上面：用细胞核移植法产生的复制人和他的原型具有完全相同的基因（前者的基因完全由后者所提供），因此，复制人缺乏独特的个人身份。有论者对此提出这样的反驳：复制人和他的原型虽有相同的基因，但这并不表示前者是后者的复制品。这就正如具有相同基因的孪生儿彼此并非对方的复制品一样。众所周知，就算是基因完全相同的孪生儿日后亦有可能发展出不同的性格，有不同的经验和记忆。故此，孪生儿并不会因为基因相同而缺乏独特的个人身份。倘如此，那我们亦没有理由认为复制人因和他的原型具有相同基因而缺乏独特的个人身份。

上述的驳论（称它为"孪生儿论证"）有两个主要的缺陷。首先，把复制人和孪生儿的事例相提并论的做法并不恰当。复制人是通过复制一个现存或曾经存在过的人的基因而产生的，所以，在此一意义下复制人可以说是另一个人的"复制品"（即使不是完全相同的复制品）。但是，产生孪生儿的过程却并非如此。简单而言，孪生儿是通过胚胎分裂（embryo splitting）的过程而产生的，而有关过程只能在胚胎形成的最初 14 天内发生，但是，在胚胎形成的最初 14 天内，有关胚胎并无确定的身份，故此，它亦不可能和任何人在身份上同一。② 如此一来，孪生儿就不可能是任何一个人的"复制品"。由此观之，复制人和孪生儿有本质上的分别，两者不能相提并论。

其次，上述的"孪生儿论证"含有这样一个预设：

(P3) 倘若 x 和 y 有不同的心理性质，x 和 y 就并非具有同一身份。

我们把 (P3) 称为"身份识别原则"（non-identity principle）。此一原则主要是用来区分不同的个体。可是，(P3) 却含蕴了一些令人难以接受的结论。试考察下述的例子：

---

① U. S. National Bioethics Advisory Commission, *Cloning Human Being*, Section "Cloning and Individuality".

② Michael Lockwood, "Human Identity and the Primitive Streak," *Hastings Center Report* 25 (1995): 45.

例 2：我的父母原住北京，在我快出世时才移居到现在
居住的地方。

倘若他们没有离开北京，那么，我就会在北京出生和长
大。如此一来，我就会拥有和现在很不相同的经验和记忆，
甚至可能有很不相同的性格。

相信大多数人都会同意，例 2 里所说的"我就会拥有和现在很不相同的经
验和记忆……很不相同的性格"的可能性是存在的。然而，（P3）却否定了此
一可能性。因为，根据（P3），倘若我拥有和现在很不相同的心理性质，那这
个"我"就不可能是我。

根据以上的分析，上述的"孪生儿论证"不仅是基于不恰当的模拟，亦预
设了一些错误的身份识别原则。依此，用有关论证来替复制人的独特的个人身
份或个体性进行辩护是无效的。下面笔者尝试提出另一个身份识别原则来替复
制人的独特的个人身份或个体性进行辩护：

（M）x 与 y 的身份并非同一，当 x 与 y 具有彼此独立
的道德意志或心灵。

根据（M），对于任意的一个个体 x 和个体 y，只要他们具有彼此独立的
道德意志或心灵，他们就是两个具有不同身份的个人。依此，我们可以推论，
一个个体只要具有独立的道德意志（或心灵），他就是具有独立身份的个体。
换言之，由（M）可以引申出：

（U）x 具有独立身份（或独特的个人身份），当 x 具有
独立的道德意志或心灵。

由这一推论可以得出，只要复制人具有独立的道德意志或心灵，那么，他
就具有独立身份，他因而具有独特的个体性。相反，倘若复制人并无独立的道
德意志或心灵，他的每一个道德决定都必须依附他的复制原型，那他就并无独
立身份因而亦无独特的个体性。

然而，（M）和（U）是否合理？让我们设想这样一个故事：

例 3：我如常进入时空传送机器准备到火星去，并按下
开关，预期它会用光速把我送到火星。但当我按下开关后好

像什么也没有发生似的。于是我找执勤人员投诉。他告诉我
原来这部机器是新发明。它会把我的身体的所有数据传送到
目的地，然后在那儿复制另一个"我"，一个和现在的我具
有同样的样貌、身体、脑袋和意识的"我"。①

火星的那个被复制出来的"我"和我是同一个人吗？让我们继续上面的
故事：

火星上的那个"我"在那儿和别人发生冲突，在争执期
间错手把对方杀死了。那个"我"为了逃避太空特警的追
捕，于是匿藏起来。

有关的太空特警可否跑到地球对我说："我们要拘捕你，因为火星上的那
个疑犯是你的'复制品'，故此，拘捕你和拘捕他都是一样？"我是否应该替火
星上的那个"我"顶罪？相信没有人会认为我应替那个"我"顶罪，因为，我
们根本就不具有同一身份。但凭什么说我们并非在身份上同一？为什么不可以
说我们是具有同一身份但拥有两个不同躯体的人？对此唯一的合理解释就是：
我和那个"我"具有彼此独立的道德意志（或心灵）。唯如此才能解释为什么
我们并非身份上同一。这亦同时解释了为什么我无须为那个"我"顶罪。

基于上述的分析，认为复制人缺乏独特的个体性的说法是站不住脚的，因
为，只要他具有和他的复制原型彼此独立的道德意志（或心灵），他就是一个
具有独立身份的个体，亦因而有其独特的个体性。如此一来，认为复制人类会
危害到复制人的独特个体性的说法是欠缺充分理据的。②

---

① 这个故事取材于 Parfit 所提供的一个例子。Derek Parfit, *Reason and Persons* (Oxford: Oxford
University Press, 1984), pp. 199 - 201.

② 除了上文所考察的两个"伤害论证"，还有一些次要的论证是上文未及讨论的。比如有论者认
为有自己的亲生父母是每一个人的权利，而复制儿则被剥夺了这项基本权利。笔者对此的一个简单的
回应是：并无充分理由认为有自己的亲生父母是人的基本权利。我们可以同意每一个儿童都有获父母
照顾和爱护的权利，但其父母不必是"生物上（提供精子和卵子）"的父母。比方说，我们可以为复制
儿找一对爱护和照顾他的（甚至有基因上的联系的）领养父母。只要他获得领养父母的充分照顾及爱
护，他的基本权利就没有被剥夺。也许一个合乎伦理的复制人类的模式就像领养模式：科学家需要为
复制儿找一对愿意爱护和照顾他的父母方可把他制造出来。如此，则一方面可以满足不育夫妇渴望有
自己的孩子的需要，另一方面复制儿亦可获得合理的待遇。这样一来，反对者更无合理的理由要求完
全禁止复制人类的活动。

四、结语

在本文将要结束之前，笔者尝试在此做一简单的总结。首先，本文的主要目的是要说明怎样建构具有普遍意义的中国生命伦理学。本文的第二部分提出了一个"三层架构"的方法学框架来说明建构具有普遍意义的中国生命伦理学的可能性。关于此一架构，本文的第二部分已有详细的解释，不再赘述。本文的第三部分则主要通过考察复制人的道德问题为上述建构工作提供了一个实例。在这个部分里面，笔者提出了一个儒家传统的中介原则的理论框架，并通过此一理论框架来考察复制人的道德问题。它们分别为：（1）不伤害原则；（2）生的原则——生命的利益原则及生育的自由原则；（3）知的原则——知的价值原则和知的自由原则及（4）道德的自我识别原则。根据有关的中介原则，复制人类是否道德上可接受主要视乎复制人类的活动是否会对别人构成伤害。笔者分别考察了两个反对者经常采用的（亦是最主要的）"伤害论证"，该两个论证均断言使用"细胞核移植法"来复制人类会为复制人带来伤害。其一断言有关复制活动会为复制人带来身体或生理上的伤害；另一个论证则断言有关活动会为复制人带来心理上的伤害。而本文则指出，无论是前者还是后者，均含有不合理的前提。如此一来，则认为使用有关复制技术会为复制人带来伤害的说法是于理无据的。

如何思考"复制人"?

罗秉祥

一、复制? 克隆? 无性生殖?

用"复制人"来翻译英语的"human cloning"是不得已的,是不准确的;有些人因此而联想到复印机、孙悟空等,也是受误导的联想。我们现在姑且用这个词语,是迁就香港、台湾及海外地区的现成用法。至于大陆地区用"克隆人"来做中译,对于海内外很多人来说是摸不着头脑的;只译音,而不译意,也非良策。

笔者认为,"human cloning"比较准确的中译,应该是"人的人工无性生殖"。英语的"clone"本来是生物学中的固有名词及动词①,如《中国大百科全书·生物学卷》所解释的:

> 克隆又称无性繁殖细胞系或无性繁殖系,是一个细胞或个体以无性方式重复分裂或繁殖所产生的一群细胞或一群个体,在不发生突变的情况下具有完全相同的遗传结构。②

因此,与其音译为"克隆"而使其蒙上神秘的面纱③,不如意译为"无性繁殖"④或"无性生殖"⑤而更清楚。

---

① 英语的"clone"来自希腊文的"clon",原意是树枝。

② 周光炎:《克隆选择学说》,见《中国大百科全书·生物学卷》,809 页,北京、上海,中国大百科全书出版社,1991。另按照陆谷孙编的《英汉大词典》,作为名词的"clone"的解释如下:"1.〔生〕无性(繁殖)系,纯系,克隆;无性(繁殖)系个体。2.〔农〕无性(繁殖)系植物。3. 复制品,复本;翻版,(几乎)一模一样的人。4. 没有头脑机械行事(或仿效别人)的人,机器人。"

③ 按照邱仁宗所说,音译为"克隆"是大陆遗传学家吴旻之建议。邱仁宗:《克隆技术及其伦理学含义》,见林平编撰:《克隆震撼:复制一个你,让你领回家?》,76 页,北京,经济日报出版社,1997。

④ 有一本书名为 cloning 的英文书,大陆于 1983 年出了中译本,中文书名就是:《奇异的无性繁殖》(北京,科学出版社,1983)。(McKinnel Robert Gilmore, *Cloning: A Biologist Report*. Minneapolis: University of Minnesota Press, 1979.)

⑤ 邱仁宗教授以前就是译作"无性生殖"。邱仁宗:《生死之间:道德难题与生命伦理》,57~63 页,香港,中华书局,1988。

在大自然中，不少植物皆自然地无性繁殖①，少数动物（特别是无脊椎动物）也是自然地用无性方式而繁殖②。人，以及其他哺乳类动物，皆是有性生殖。因此，若有 human cloning 的现象出现，一定是人为的。所以，笔者认为以"人的人工无性生殖"来做中译，才最准确，既能传意，也不误导。

其实，科学家能成功地使哺乳类动物做无性生殖，并不始自 1997 年所公告于世的多利（Dolly）绵羊，因为克隆技术有很多种。③ 之前美国医学界及生命伦理学界的学术期刊，已有多篇文章讨论"复制人"，但当中所谈的克隆技术主要是胚胎分割（embryo splitting）。多利绵羊的突破，是因为它是用几年前还被视为天方夜谭的"体细胞核移植技术"（somatic cell nuclear transfer）所复制。体细胞核移植技术比起其他人工的无性生殖技术有很多优点，使科学界及世人前赴后继。因此，我们要注意，在今时今日谈人的无性生殖，我们的焦点在于使用体细胞核移植法而无性生殖出来的人；切勿望文生义，以为所有的"克隆哺乳动物"或"克隆人"都是同一回事。

用"人的人工无性生殖"来翻译"human cloning"，既可传意（译为"克隆"便无此作用），又可避免误导（译为"复制"便如此）。首先，我们要注意，由于这是一种人的生殖，所以也要经过妊娠、生产及缓慢的成长过程。假若笔者今天用体细胞核移植技术成功"克隆"了自己，要等待 44 年后这个无性生殖儿才能长得跟现在的笔者一模一样；可是，到那时候，笔者（若未去世）已是一个 88 岁的老人了！那个"复制"出来的人，与笔者的长相便大不相同。由于这个时差，在这个"复制"出来的人的一生中，根本没有一个时刻会与笔者长得一模一样。所以，因为多利绵羊的诞生而联想到复印机或孙悟空④，是天马行空的幻想，这是"人的人工无性生殖"为比"复制人"更准确

---

① 参见林平编撰：《克隆震撼：复制一个你，让你领回家？》，51～52 页。

② 参见李嘉泳、张彦衡：《无性生殖》，见《中国大百科全书·生物学卷》，1767～1769 页，北京、上海，中国大百科全书出版社，1991。

③ 参见林平编撰：《克隆震撼：复制一个你，让你领回家？》，39～42 页。

④ 在北京出版的《三联生活周刊》第 7 期（1997 年 4 月 15 日），有几篇文章讨论克隆技术，并加插漫画。第 17 页的插图是一只以复印机为身躯的母羊，旁边站了很多小羊。第 18 页的插图有一个孙悟空雕塑，围观的其中一人指着它说："这是克隆技术始祖……"其他报刊的文章，也常提到孙悟空（参见林平编撰：《克隆震撼：复制一个你，让你领回家？》，30、45 页）。

的中译之原因之一。其次,"复制人"这种中译传达了一种严重错误的基因决定论(genetic determinism)。体细胞核移植技术所能复制的,顶多只是原来个体的基因组合;而一个人的组成,除了遗传基因所发挥的作用外,也有赖环境(子宫内之孕育环境、离开子宫后的成长环境),及人自己所作的努力。所谓"复制一个你,让你领回家"①,暗示基因组合决定一个人的身份,是严重误导的说法。这是"人的人工无性生殖"为比"复制人"更准确的译名的原因之二。中外传媒在报道多利绵羊所引起的讨论时,多次用"复制"、"副本"、"翻版"、"拷贝"等词语,也加深了人们的误解。②

正如前述,我们现在用"复制人"这种海外译法,是不得已地姑且用之。

二、我的儿子? 我的弟弟?

把"human cloning"译为"人的人工无性生殖",也有助于解释为何用体细胞核移植技术使人无性生殖,会带来那么多的困扰及争论。

美国全国生命伦理咨询委员会(National Bioethics Advisory Commission, NBAC)于其报告书中,建议可以用"一个迟来的全等双生儿"来理解一个以体细胞核移植技术诞生的人。③ 这样建议有一个好处,就是能消除人们的误解,以为所谓"复制人"是一个与我身份一模一样的人。正如自然而生的全等双胞胎一样,这两个孪生儿虽然基因组合完全相同,但还是各自有其独特身份,是两个不同的个体;同样的,虽然"克隆人"及"被克隆的人"基因组合

---

① 林平《克隆震撼》之书名副题。

② 有关美国传媒如何误导美国人对这个问题的思考,见 Patrick D. Hopkins, "Bad Copies: How Popular Media Represent Cloning as an Ethical Problem," *Hastings Center Report* 28 (1998): 6–13.

③ NBAC (National Bioethics Advisory Commission): *Cloning Human Beings: Report and Recommendations of the National Bioethics Advisory Commission* (Rockville: Maryland, 1997), pp. i, 33。但就笔者所知,Hans Jonas 是最早提出用这种方式去理解"复制人"的学者 [Hans Jonas, "Biological Engineering: A Preview," in *Philosophical Essays: From Ancient Creed to Technological Man* (Englewood Clitts, New Jersey: Prentice-Hall, 1974), p. 156],NBAC 报告书并没有承认他的贡献。

完全相同，但仍是两个身份不同、完全独立的个体。[①]

可是，利用体细胞核移植技术的人工无性生殖所带来的困扰及争议也正由此而起。假若我与我的妻子决定以此先进技术来生殖（假定这项技术已臻完善），若用我的体细胞核去移植，生下来的新生命则既是我的儿子（因为他是我生殖的下一代），也是我的弟弟（因为他是一个迟来的孪生儿）。若是用我妻子的体细胞核来移植，生下来的新生命则既是我的女儿（因为我是她生母的丈夫，也是她的养父），也是我的小姨（因为她是我妻子的年幼孪生妹妹）。于是家庭中的伦常关系便出现严重的暧昧：父与子、母与女（两代人、长辈与晚辈的关系），与兄弟、姊妹（同一代人、同辈的关系）混在一起。伦常关系不清，彼此之间该如何相处也不明了，对于这个成长中的幼小心灵的自我观也造成很多困扰。[②]

上述的困扰之所以会出现，是因为我们把无性生殖的结果，移植置放在有性生殖的家庭结构中。既然是无性生殖，用我的体细胞核人工生殖的孩子就是我的儿子，不是我的弟弟。在这个系统中，根本就没有父母亲的分别，遗传上都是单亲家庭；也没有兄弟和姊妹的分别，因为都是单性。可是，当我们把这个"复制儿"形容为我迟来的全等孪生弟弟时，我们却是用有性生殖的眼光来理解我与他的关系。我们会这样做，因为我们一向都是用有性生殖的观念来思考，而这个新生儿也要生活在一个有性生殖的家庭结构中，有父有母，甚至有兄弟及姊妹。

---

① 不少学者已经指出，多利及其"妈妈"的相同之处，其实不及一般的全等双胞胎。首先，一般的全等双胞胎不单是核 DNA 完全相同，线粒体（mitochondria）DNA 也完全一样；至于多利，由于是用体细胞移植法，所以与它"妈妈"的基因组合只是在核 DNA 方面相同，而多利的线粒体 DNA 却来自另一只提供卵细胞的绵羊。其次，一般的全等双生儿是成长于大致相同的环境中（子宫内的环境及离开子宫后的家庭及社会环境），多利及它"妈妈"却成长于不同环境内 [Donald M. Bruce, "A View from Edinburgh," in Ronald Cole-Turner edited, *Human Cloning*: *Religious Responses* (Louisville, Kentucky: Westminster John Knox Press, 1997), pp. 8 - 9]。

② 对于中国人来说，这个困扰很可能会比对西方人的困扰更大，因为中国文化特别强调家庭中的人伦关系，因此自古以来，便发展出一个非常严密及准确的亲属称谓系统：家庭亲属关系不同，便有不同的称谓。而伦理便与这个人伦的差序格局挂钩："在这种社会中，一切普遍的标准并不发生作用，一定要问清了，对象是谁，和自己是什么关系之后，才能决定拿出什么标准来。"费孝通：《乡土中国》，34～35 页，北京，生活·读书·新知三联书店，1985。金耀基也同意这种看法，参见金耀基：《儒家学说中的个体和群体》，见《中国社会与文化》，12 页，香港，牛津大学出版社，1992）。

把"human cloning"译作"人的人工无性生殖",有助于提醒我们,我们正在把两个不相容的生殖及家庭观接嵌在一起。只要我们头脑灵活,晓得何时用无性生殖的观念,何时用有性生殖的观念去看问题,便不会过度感到扑朔迷离了。

三、生殖科技的大视野

要思考"复制人"的问题,应把它放在一个更大的视野下来反省,才不至于见树而不见林。人工无性生殖,其实是人工生殖的一种;我们若从生殖科技的大脉络来看,便可发现人工无性生殖与其他人工生殖的异同,既看到前者与后者的连贯性(所以无须大惊小怪),也看到前者的差异性(这里才值得我们特别注意)。

所谓人工生殖,是通过生殖科技之运用而使人无须交媾而可成孕及生殖。以前比较常用之技术包括夫精人工授精、他精人工授精、体外授精、卵子捐赠、胚胎捐赠、代孕母等。通过这些技术,人无须通过男女交媾便可生殖。利用体细胞核移植技术的无性生殖也如是,是一种非交媾性的(non-coital)生殖,这是新旧生殖科技之连贯之处。可是,以前的人工生殖虽然在某种意义上也可说是"无性生殖"(无须通过男女性交而生殖),但仍需要男女两性双方的生殖细胞或配子(卵子及精子),所以仍是"有性生殖"。现在这种新的人工生殖却不需要精子,而只需卵子(及任何性别的体细胞),是严格意义的"无性生殖"(无须男女两性配子的结合而生殖)。这是两者的异同之一。

其次,以前的生殖科技已创造出许多崭新的家庭模式,如多父多母家庭(遗传上的母亲、孕育母亲、抚养母亲、遗传上的父亲、抚养父亲),亲属关系不清家庭(中年妈妈替青年女儿做代孕母,产下的婴儿便既是前者的孙子,也是她的孩子),不婚单亲家庭(单身男士及女士都可无须通过婚姻及性交而自行生育),同性双亲家庭(同性恋者可以有自己的血缘后裔)。同样的,利用体细胞核移植技术而进行的无性生殖,也会带来崭新的家庭模式——不婚单亲家庭、同性双亲家庭、多亲家庭(多利共有三个"妈妈")、亲子合一家庭(既是亲子关系,也是兄弟或姊妹关系)等。这是新旧技术的连贯之处。可是,用新技术建立的家庭之新颖之处,是不管抚养上有多少个亲体(parent),在遗传基因上则永远是单亲体。这是新旧技术的异同之二。

最后，以前的生殖科技已可协助人选择婴儿的特征，"精英精子库"正因此而成立。[①] 体细胞移植技术的无性生殖之所以对很多人具有吸引力，就是因为这种生殖科技可使人选择下一代的生物特征。这是新旧生殖技术之连贯之处。只不过，新技术比旧技术更有保证，因为只牵涉一个人的遗传基因组合，排除了两组遗传基因结合中的不可预测及不受控制的随机因素。这是新旧生殖科技的异同之三。

明乎此，知道"复制人"所带来的道德困惑一部分其实是老问题，复制多利的技术并非这些问题的始作俑者，我们便无须过分吃惊。从另一个角度来看，这意味着我们对"复制人"的反思不能局限在体细胞核移植这个新的生殖科技的范围内，像庸医一样用"头痛医头、脚痛医脚"的方式来思考。医学哲学的任务，就是要透过芸芸表象，抓住大问题及基本问题来反省。

当然，笔者无意冲淡人的人工无性生殖所带来的震撼，因为在上文除了罗列新旧生殖技术所带来的共同问题外，也列出了新技术所带来的新变化，笔者只是要提出，要对"复制人"这个问题作反思，方法之一是从大处着眼，从小个案看大问题。

四、公共政策的考虑与道德反思

上文提及美国全国生命伦理咨询委员会（NBAC）于 1997 年 6 月发表了"复制人"报告书，此报告书共六章，除了第一章的"导言"及最后一章的"委员会之建议"外，中间的四章分别为"人工无性生殖的科学与应用"（第二章），"宗教之各观点"（第三章），"伦理之各种考虑"（第四章）及"法律与政策考虑"（第五章）。这种安排方式也很有启发性。

要讨论人的人工无性生殖，也要区分公共政策的考虑及道德反思的观点。公共政策是由政府制定的对整个社会有约束力的统一政策，要决定是否用法律

---

① 在美国加州埃斯孔迪多市（Escondido）便有一家精子银行，名为生殖选择库（Repository for Germinal Choice），在 1987 年时，便已拥有五位诺贝尔奖得主及其他杰出人士的精子，促成了 37 个小孩的诞生。Robert H. Blank, *Regulating Reproduction* (New York: Columbia University Press, 1990), pp. 60 - 61.

手段去干预市民的生活（教育有时会比法律强制更事半功倍）；如要诉诸法律，是要完全禁止，还是只做适当管制？任何公共政策都不可能传递很丰富的道德理念，原因有二。第一，政策要能执行，所以一定要考虑社会现实，不能唱道德高调而致曲高和寡。第二，现代社会的文化及价值观日益多元，公共政策要寻求最大共识，所以只能表达一个道德上的最低要求，坚守道德底线。在这个有限的空间中，个人自决及不伤害他人也许是最关键的考虑。① NBAC 建议美国政府立法禁止人的人工无性生殖三至五年，也主要是根据不伤害他人这条道德底线。②

由于公共政策只能决定道德底线，因此不应限制多元社会的人各自去做更深入的道德反思的自由。自由社会中人既有法律权利，也有道德义务去超越道德底线，探索道德思想的丰富内容，追求道德理想及以这种理想来指导个人或小群体对人的人工无性生殖做更深入反思。因此，NBAC 报告书便有"宗教之各观点"（第三章）及"伦理之各种考虑"（第四章）这两章，对人的人工无性生殖做进一步哲思。此外，还需要反思人的尊严、生殖的尊严、孩子的最高利益、家庭关系等问题。

五、医学哲学的三大基础问题与中国思想之资源

哲学的任务并非为人生及社会的问题给出直截了当的"标准答案"；相反，哲学很多时候是促使人在考虑问题时，采取一种寻根究底的态度，督使人去反思一些在事物表象背后更根源性或终极性的问题。

医学哲学也不例外。因此，医学哲学对人的人工无性生殖的哲思，不能停留在"法律上该管制还是不该管制""为道德所不容或可容"这些表面问题上。不是说这些表面问题不重要或不迫切，而是说在对这些问题提供一些经过了深思熟虑的答案前，必须先处理一些更基本的重大问题。

在浩瀚的中国文化中，到哪里可找到资源去协助我们反思人的人工无性繁殖？这个问题不容易回答。可是，假如我们先回到医学哲学的一些基本问题，

---

① 有关晚近 50 年西方生命伦理的公共政策，参见 Albert R. Jonsen, Robert M. Veatch and Le-Roy Walters edited, *Source Book in Bioethics* (Washington, D. C. : Georgetown University Press, 1998).

② NBAC, *Cloning Human Beings*, p. iii, 106 – 107.

便可以发现传统的中国思想中有丰富的资源协助我们去反思，让我们与别的文化思想进行跨文化对话。因此，我们若回到医学哲学的基本问题，也有助于中外医学哲学的沟通。

医学哲学的基本问题是什么？这个问题本身就没有标准答案。笔者认为，我们不妨参考卡拉罕（Daniel Callahan）的见解。卡拉罕被公认是美国生命伦理学的鼻祖之一，是影响力巨大的黑斯廷斯中心（Hastings Center）之两个创办人之一。[①] 1995 年修订再版的《生命伦理学百科全书》[②] 中的"生命伦理学"一条目，便是由他来执笔。在该文中，卡拉罕说：

> 从某一角度而言，生命伦理学完全是一个现代的领域，是生命医学、环境科学及社会科学所带来惊人进步之产物。……可是从另一角度而言，这些进步所带来的问题，无非是人类自古以来所提出的悠久问题。……生命医学、社会科学及环境科学之最大能力，是它们能决定我们人类如何去理解自己及我们所活于其中的世界。表面看来，它们为我们带来新选择，及由此而产生的新道德两难。往深一层去看，它们却迫使我们去质疑习以为常的人性观，并且提出一个我们该面对的问题：我们希望成为何等样人？[③]

换言之，我们不应见树不见林，不应停留在问题的表面而不反思一些更深层的问题。因此，卡拉罕提出，要完备地去处理一些医学及其他生命科学所带来的道德问题，我们最终必须诉诸一幅广大悉备的人生图像：

> 一个人生的图像（或直接、或间接）会为生命伦理学的不同理论及策略提供框架。这个图像应该提供生命力让我们去：（1）过一个人自己的生活——当医学与生物学增加了人的选择时，人对如何活出自己的人生有更强的自觉；（2）过

---

① 黑斯廷斯中心位于美国纽约市北近郊，全名是"社会、伦理及生命科学研究所"，笔者曾于 1996 年在该中心做访问研究员。

② Warren T. Reich, edited. *Encyclopedia of Bioethics*, 1995 revised edition（New York: Simon & Schuster Macmillan, 1995）.

③ Daniel Callahan, "Bioethics," in Warren T. Reich edited. *Encyclopedia of Bioethics*, 1995 revised edition（New York: Simon & Schuster Macmillan, 1995）, pp. 248, 254. 引文为笔者中译。

一个人与他人共活的生活——既有权利也有责任，互为依存及互相约束，创造一个大家共同的人生；（3）过一个人与大自然共活的生活——大自然一方面有其自身的内在规律及目的，另一方面又为我们的人生提供了一个养育及自然脉络。[①]

因此，从医学哲学角度去反思人的人工无性生殖问题，除了从微观角度，也可以从宏观角度，透过三大哲学问题的广阔视野来反省：（1）从人的自我理解与定位看人的人工无性生殖；（2）从人与他人的关系看人的人工无性生殖；（3）从人与自然的关系看人的人工无性生殖。在下文中，笔者会逐一简要介绍这些基本的哲学问题，分析对这些问题的不同回答会如何影响我们对人的人工无性生殖的态度，及检讨在浩瀚的中国文化中有何资源去处理这三大哲学问题。

六、人的自我理解与定位

1. 宗教与人观

美国 NBAC 报告书的第三章讨论宗教对人的人工无性生殖之各种观点。这个全国性的咨询委员会之所以会这样做，一方面是因为它承认犹太教、天主教、基督教及伊斯兰教对美国人的生活及价值观仍有一定影响力；另一方面，它也承认这些宗教包含了悠久的人生智慧，含有一种连教外人也能起共鸣的人生哲学。[②]

不少西方人对人的自我理解与定位，仍是通过宗教来进行，把人放在一个更广阔的脉络下来反思。按照这些宗教的观点，人并不应如浮萍般无根地存活于穹苍之中，切割孤立，而是要通过与上帝、天主或真主（终极实在或终极存有）的适当关系来安身立命。因此，要理解人，就要理解人与终极实在或终极存有的关系。宗教的人学的智慧，就是提醒人若要充分认识自己，必须冲破自闭的狭隘眼光，从更广大辽阔的视野全方位地来看人，从永恒的视角来审视今

---

① Callahan，"Bioethics，" p. 254.

② NBAC, *Cloning Human Beings*, pp. 39 - 40.

生，通过与神性及物性的对照来反思人性。①

2. 西方的一种人观：人不应扮演上帝

因此，NBAC 报告书的第三章便讨论了一句在西方常被提起的劝诫："不要扮演上帝。"人只是人，而不是上帝，也永远不能进化成为上帝，因为人只是受造物，不是创造主。因此，人的能力与成就都是有限的，人应安分守己，不要试图摆脱人的限制，去从事一些只有上帝才可以做的事，这是人应有的自我理解与定位。所谓"不要扮演上帝"，就好像是一个道德红灯或禁区指示牌，提醒人不要跨过一个不可逾越的界限。②

毛拉·瑞安（Maura Anne Ryan）对生殖科技和不可扮演上帝的关系有非常深刻的分析。她的结论是，一方面，一种生殖科技，究竟什么时候逾越了人不可跨过的界限，并不十分明了清晰（至少并不如某些神学家所揭示的那般肯定）；本质上是否所有生殖科技都是"扮演上帝"的行为，仍有待商榷。另一方面，在人工生殖中，作为一个一般性的警告，"不要扮演上帝"仍是一个引人深思的提醒。它提醒人在生儿育女的过程中要对子女有充分的尊重，提醒人们亲职其实是一项受托服务，在"生"了孩子之后，还需在"育"方面忠于职守。而且，"不要扮演上帝"这句老生常谈还提醒人们，生殖科技并非万能，不能解决人类所有的生殖困难。在生理和心理方面，人类仍有不少局限及劣势；以为生殖科技能解决人的一切生殖困难，只会增加一些不育人士的痛苦。③

"不要扮演上帝"这句劝喻，反映了西方的一种人观，把人定位于神与物之间的居中地位。④ 正如 18 世纪英国诗人蒲柏（Alexander Pope）在其《论人》长篇诗中所写的：

> 处于这种居中地位的人，
> 是聪明而带黑暗，伟大而带粗野；
> 想保持怀疑，但又知识丰富，

---

① NBAC，*Cloning Human Beings*，p. 69。

② NBAC，*Cloning Human Beings*，pp. 44 - 45.

③ 参见 Maura Anne Ryan：《新的生殖技术：侵犯上帝的领地了吗?》，载《中外医学哲学》，1998，1 (3)。

④ "尊重某些限制，就是尊重人在宇宙中之合适位置"（NBAC，*Cloning Human Beings*，p. 70）。

想克己自豪，但又弱点太多，

他悬于中间，不知该行动，还是该静止；

不知该视己是神还是兽；

不知该偏爱精神还是肉体；

既出生而又要死，既推理而仍犯错误；

虽各有理性，但其无知却何其相似，

不管想得太多，还是太少；

思想与情欲，混乱一团；

为己解惑，又自我欺骗；

一半上升，一半下坠；

万物之主宰，亦是万物之猎物；

真理的唯一法官，造出无穷的错误；

是世界之光荣及笑柄，是世界之谜！①

对人感到既可赞，又可悲的态度，同样地表达于 17 世纪法国思想家帕斯卡尔（Blaise Pascal）的《思想录》中：

因而，人是怎样的虚幻啊！是怎样的奇特、怎样的怪异、怎样的混乱、怎样的一个矛盾主体、怎样的奇观啊！既是一切事物的审判官，又是地上的蠢材；既是真理的贮藏所，又是不确定与错误的渊薮；是宇宙的光荣而兼垃圾。②

3. 审慎对待"复制人"技术

按照这种对人的自我理解及定位，对于人的人工无性生殖这一革命性突破，难免会采取谨慎的态度。不管人类多伟大，人的愚昧驱而不散、人的自制力量不足、人的道德力量停滞不前等现象，也是根深蒂固。人所发明的科技虽是一代比一代进步，但人的善性与善行却是每一代人皆相若，没有明显进步。人类知识不断增加，智能却没有与之俱长。生殖科技及其他科技可以臻于完善，但使用科技的人却因着人性的极限而永不能臻于完善，于是滥用及误用科

---

① Alexander Pope, "An Essay on Man," in George Sherburn edited, *The Best of Pope*, rev. ed. (New York: Ronald Press Company, 1940), pp. 125 - 126. 引文为笔者中译。

② ［法］帕斯卡尔：《思想录：论宗教和其他主题的思想》，196 页，北京，商务印书馆，1995。

技之现象也不可能根绝。对于崭新的生殖科技，我们该尤为审慎，因为生殖科技大功告成之时（一个新生命通过特别的方法诞生了），正是问题出现的时候。生殖科技只管"生"，而不管"育"；"生"的方式会否严重加深一个新生命"育"的困难，是非常值得关注的。因此，上述这种对人的自我理解和定位，会使人对用体细胞核移植技术去从事人的人工无性生殖这项活动，感到战战兢兢，如临深渊，如履薄冰，而不会兴高采烈，鼓吹尽快进行。

上述对人的自我理解与定位的见解，深受基督教的影响，反映了西方文化的观点。当然，西方文化的人观并不限于此，这在 NBAC 报告书的其他地方也有反映。

4. 当代中国的一种人观：人要挑战上帝

只不过，对于中国人来说，上述的人观肯定是陌生的。在中国文化中，无论是传统还是当代，都绝少这样来理解人及为人类定位。

中国科学院的何祚庥院士对部分西方人对"克隆"技术之反应的评论，正反映了一种很不一样（甚至是对立）的人的自我理解与定位：

> 克隆技术的出现，是生命科学中的重大发现，有些人甚而比喻为相当于物理学里原子能的发现。科学的重大发现和重大发明，应该激起人类的欣喜，应该庆幸人类又掌握了可以为人类谋取幸福的一种新技术。但是，克隆技术的出现，却引来一连串"天将要掉下来的担忧。"支持这种怪论的不仅有宗教家、哲学家、某些缺乏远见卓识的政治家，甚而还包括某些生物学家，医学家以及某些行政管理人员。这才是真正的"咄咄怪事"！……遗憾的是，从克隆问题的争议中，人们不难发现，"反科学主义"的思潮，已经渗透到一部分生命科学工作者的队伍之中！生命科学家们，还是勇敢地向"上帝的权威"挑战吧！[①]

有些西方人提醒人不要扮演上帝，何祚庥却像尼采一样鼓励人去挑战上帝，背后正反映了两种不一样的人观。

---

① 何祚庥：《再谈〈宽容地看待克隆技术〉》，见林平编撰：《克隆震撼：复制一个你，让你领回家?》，9～10 页。

5. 古代中国的人观：人就是上帝

根据不少学者的研究，古代中国大部分的思想家（儒、道及佛家），对人的自我理解与定位，是不如上述受基督教影响的人观般保守的。换言之，他们对人的生命自我提升力量信心十足，不会把人定位为一个受限制的受造物。无论是海外的新儒家，还是中国大陆的中国哲学学者，都同意中国古代哲人对人的评价是较乐观的。

先以新儒家（尤其是唐君毅及牟宗三）为例。[①] 他们认为儒家的人观之最独特之处是在"天人合一"（或"天人同一"）；而这个"天"是宗教意义之天，是"超越者"，是宇宙的终极实在。[②] "天人合一"是指天与人在本体上本来同一（天人同体），天性与人性在内涵上也是同一（天人同质）。正如宋儒朱熹所言，"天即人，人即天"，"天便脱模，是一个大底人，人便是一个小底天"[③]。

就天人同体而言，正如牟宗三所解释的：

> 天命不已（天地或天之生德）即是本心真性之客观而绝对地说，本心真性即是天命不已之主观而实践地说（只就人或一切理性的存有之实践说），就其为体言，其实一也。……人之体、天之体之平行的说法只是图画式的语言之方便。[④]

又如唐君毅所说：

> 我之此仁心仁性，即天心天性。……克就其本身而言，即为一绝对普遍而客观之形上实在，谓之为绝对生命，绝对精神，或神，与上帝，皆无不可。就其"内在于我，而为我之仁心仁性仁德，使我之生命，我之精神，我之人格之得日生而日成"以言，则天心天性天德之全，又皆属于我而未尝

[①] 笔者挑选唐牟二人为新儒家之代表，除了这是学界的共识外，也因为笔者在大学生涯中，四年来先后就学于他们二人。

[②] 参见唐君毅：《中国文化之精神价值》，320、329 页，台北，正中书局，1953。

[③] 钱穆编：《朱子新学案》，366、375 页，台北，三民书局，1971。

[④] 牟宗三：《圆善论》，139～140 页，台北，学生书局，1985。

外溢。……天人不二之心知，即主观而即客观。①

换言之，天与人只是一体两面，是之谓"天人同体"。

至于"天人同质"，如牟宗三抓住孟子之名言"尽其心者，知其性也。知其性，则知天矣。存其心，养其性，所以事天也"（《孟子·尽心上》）来解释：

> 天之所以有如此之意义，即创生万物之意义，完全由吾人之道德的创造性之真性而证实。外乎此，我们决不能有别法以证实其为有如此之意义者。是以尽吾人之心即知吾人之性，尽心知性即知天之所以为天。……天之所以为天，上帝之所以为上帝，依儒家，康德亦然，须完全靠自律道德（实践理性所规定的绝对圆满）来贞定。……为什么存心养性是事天底唯一道路呢？盖因存心养性始能显出心性之道德创造性，而此即体证天之所以为天：天之创生过程亦是一道德秩序也。②

天性或神性只能透过人性来认知，人性的发扬也就是天性或神性的流露，天与人即同质，所以可见天人合一。

由于天人同体及天人同质，不管在现实生活中的人多有限，始终有无限的潜能。在这方面，牟宗三透过对康德的对比性研究，而对人的无限性论述最多③，如早年所陈述：

> "成德"之最高目标是圣、是仁者、是大人，而其真实意义则在于个人有限之生命中取得一无限而圆满之意义。……在儒家，道德不是停在有限的范围内，不是如西方者然以道德与宗教为对立之两阶段。道德即通无限。道德行为有限，而道德行为所依据之实体以成其为道德行为者则无限。……

---

① 唐君毅：《中国文化之精神价值》，332～334 页。

② 牟宗三：《圆善论》，133、137 页。

③ 牟宗三认为康德毕竟把人看成是有限的存有，因此结论说人没有智的直觉，不能直窥物自身。相反地，中国儒释道三家都把人视为既有限而亦无限，所以有智的直觉，而这三家思想也可成圆教，而康德体系却不能成圆教。参见牟宗三：《圆善论》。

> 然而有限即无限，此即其宗教境界。①

到了晚年定论，牟宗三更明确指出，上帝之所以是上帝，是因为他的无限的智心，"但是无限的智心并非必是人格化的无限性的个体存有……中国的儒释道三教都有无限的智心之肯定（实践的肯定），但却都未把它人格化。……无限智心一观念，儒释道三教皆有之，依儒家言，是本心或良知；依道家言，是道心或玄智；依佛家言，是般若智或如来藏自性清净心"②。

换言之，上帝本来就内存于每一个人的心性中，除此之外，再没有上帝！也因此，唐君毅很早就承认，中国的天人合一思想相当于西方的泛神论。③ 既然上帝的唯一可知存在方式就是内存于人的心性中，人的心性自然是力量无穷，因此我们对人也可以信心十足。

中国大陆的著名中国哲学学者汤一介教授，对中国古代思想也有类似的分析。他指出中国哲学（无论是儒、释、道）大都有一主要特征，就是把"内在性"（人的本性）与"超越性"（宇宙存在的根据或宇宙的本体）统一起来。④ 换言之，"'天道'不仅是超越的，而且是内在的，因此它本身也是'内在超越的'，'人性'同样不仅是内在的，而且是超越的，因此它本身也是'内在超越的'"⑤。因此，人之本性（仁、德、自性）就已经是天、道或佛性；人并不是一个受限制的存有物。

6. 畏天与"克隆人"

一些学者在指出中国古代人观的特点之余，也不遗余力地批评其流弊。汤一介认为这种"内在超越说""过分地强调人自身的觉悟的功能和人的主观精神和人的内在善性"，"虚构了'自我'的无限的超越力量"⑥。香港中文大学的刘述先教授虽然是新儒家的代表人物，但对唐、牟等强调天人合一也有异议，而认为天人关系应该是"不一不二"，在肯定天人不二之余，也要承认天

① 牟宗三：《心体与性体》，6 页，台北，正中书局，1968。
② 牟宗三：《圆善论》，243～244、255 页。
③ 参见唐君毅：《中国文化之精神价值》，338 页。
④ 参见汤一介：《儒道释与内在超越问题》，2～3 页，南昌，江西人民出版社，1991。
⑤ 汤一介：《儒道释与内在超越问题》，4 页。
⑥ 汤一介：《儒道释与内在超越问题》，11、50 页。

人不一①，"多讲一点天人的差距"②。过度强调天人合一，把天往下拉，把人往上提，流弊重重："超越的讯息往往不够明显；而对人的过分的信心使人对人性阴暗面的照察不够鞭辟入里。"③

针对这种过度的自信、对人的为善力量的过于乐观，汤一介与刘述先都不约而同地提出要发扬孔子的"畏天"精神。④ 人要畏天，因为人不是天，天还是高高在上（所谓"外在超越"），人应脚踏实地，安分守己去做人，承认人的局限，而不图僭取天的崇高地位。⑤

人若畏天，则当然不会企图扮演上帝，也不会如上述何祚庥所言，在"克隆人"这个问题上"勇敢地向'上帝的权威'挑战"，而是会带着既喜又惊的心情，三思而又三思，审慎而行。

透过崭新科技去思考古老问题，第一个要思考的哲学问题就是人该如何恰如其分地看人。在上文，对于人的自我理解与定位，笔者已简略解释了两个截然不同的人观。中国文化对于这个哲学问题可以对全人类有何贡献？笔者相信要走的路还很漫长。

七、人与他人的关系

1. 从人工无性生殖到个人生殖的权利

卡拉罕所提出的第二个基础问题，是人与他人该有怎样的一种关系，也就是己群之间的应然关系。这个问题自柏拉图及亚里士多德以降，一直以来是西

---

① 参见刘述先：《牟先生论智的直觉与中国哲学》，见《牟宗三先生的哲学与著作》，757~758页，台北，学生书局，1978。

② 刘述先：《当代新儒家可向基督教学些甚么》，见《大陆与海外》，264页，台北，允晨文化事业公司，1989。

③ 刘述先：《由中国哲学的观点看耶教的讯息》，见《文化与哲学的探索》，186页，台北，学生书局，1986。

④ 参见汤一介：《儒道释与内在超越问题》，4、36、50页；刘述先：《当代新儒家可向基督教学些甚么》，264页。参见《论语·季氏》。

⑤ 除了"畏天"之外，另外一个可以约束人过分自信的方法，是在人观中强调"幽暗意识"（"所谓幽暗意识是发自对人性中或宇宙中与始俱来的种种黑暗势力的正视和省悟：因为这些黑暗势力根深柢固，这个世界才有缺陷，才不能圆满，而人的生命才有种种的丑恶，种种的遗憾。"张灏：《幽暗意识与民主传统》，4页，台北，联经出版事业公司，1989）。

方伦理学及政治哲学所关心的根源问题之一,而这个问题的其中一种表述是:如何去平衡个人权利及群体利益二者之间的冲突?孰轻?孰重?孰先?孰后?

要妥善处理人的人工无性生殖问题,无可避免地也要追溯到这个群己关系来。赞成人有人工无性生殖自由的人,其中一个论据是诉诸个人的权利;而反对的人的其中一个论据,则是诉诸家庭的利益。于是,己群之间的对立,又被凸显出来。

让我们先从个人的权利说起。正如前述,用体细胞核移植技术去使人做无性生殖,与以前的生殖科技有其连贯性。因此,人有用生殖科技去生育的权利这个论点,便马上可以被用来支持人有人工无性生殖的权利。在这方面论述最多及最有代表性的是美国法律学者罗伯逊(John A. Robertson),他除了写了《透过选择而生的孩子:自由与崭新生殖科技》① 这部专著外,也有学术论文讨论人的人工无性生殖②,所以也被邀请为美国 NBAC 委员之一,影响力不小。

罗伯逊认为人皆有生殖的权利,而这项权利的内容包括生殖或不生殖的自由,以及如何使用一己生殖能力的自由。③ 这个自由很重要,对人生影响极大,直接影响一个人的个人身份、尊严及人生意义④,所以应该被视为人皆可享有的人权⑤。因此,就算是未婚人士、同性恋者、身体残障者、艾滋病毒带菌者,以及身系囹圄者等,都应可与其他人平等享有生殖的自由。就算有些人缺乏履行亲职(养育)的能力,我们顶多只能不让他们养育儿女,而仍应让他们生殖儿女。⑥ 既然人皆有生殖的自由,而生殖科技可以使交媾上不育的人也能享有生殖的经历,所以,生殖的自由便逻辑地蕴含着使用生殖科技的自由。再者,使用生殖科技时要进行质量控制,这是合理的,否则所得可能非所欲;

---

① John A. Robertson, *Children of Choice: Freedom and the New Reproductive Technologies* (New Jersey: Princeton University Press, 1994).

② John A. Robertson, "The Question of Human Cloning," *Hastings Center Report* (March-April 1994): 6 - 14.

③ Robertson, *Children of Choice*, p. 16.

④ Robertson, *Children of Choice*, p. 24.

⑤ Robertson, *Children of Choice*, p. 29.

⑥ Robertson, *Children of Choice*, p. 31.

因此，使用生殖科技的自由也包括了利用这项科技选择婴儿特征的自由。①

赞成人皆有生殖的自由，当然并不表示把所有的生殖行为都视为道德上正当的。一个生殖行动是否道德上正当，还要视乎行动是否表达了正当的生殖目的，及行动有没有对他人造成具体的伤害。说生殖自由是一项人权，意味着我们在作道德上的权衡轻重时，应给予个人的生殖自由优先考虑（presumptive priority），其他的考虑因素只是次要的（仍然重要，但不是最重要）。因此，除了会对他人构成具体伤害，否则，对孩子、家庭及社会会带来"不良影响"等考虑因素，虽然都是一些重要的考虑因素，但却不足以成为限制人生殖权利的充分理由。②

在写作《透过选择而生的孩子》一书时，罗伯逊与其他人一样，把用体细胞核移植技术进行人工无性生殖人类视为天方夜谭，认为这种生殖行为并没有表达一个正当的生殖目的，所以不包含在人的生殖权利之内。③ 可是，当多利绵羊诞生后，罗伯逊便马上修正了这个观点，认为个人的生殖权利，也包含了使用体细胞核移植技术去进行无性生殖的权利，并且论证因此而生的婴儿不会受到伤害，所以反对任何对这种人的人工无性生殖的禁止。④

2. 从个人生殖的权利到自由主义

罗伯逊对个人生殖权利应给予优先考虑的坚持，并不是一项孤立的坚持，而是源自一种以个人权利为本的伦理学及政治哲学。他承认强调个人生殖的自由虽然也有流弊，但我们若限制人的生殖自由，意味着在一些人生大事中人的自由受到剥夺，则其不良后果（如政府权力过大）就更严重。因此，罗伯逊主张以一个首尾一贯的以个人权利为本的生命伦理学来指导生殖及其他生命伦理

---

① Robertson, *Children of Choice*, pp. 32 – 34.

② Robertson, *Children of Choice*, pp. 16, 30, 35, 40 – 42.

③ Robertson, *Children of Choice*, pp. 34, 41.

④ Robertson, "A Ban on Cloning and Cloning Research is Unjustified," *Biolaw*, 2 (1997): S133 – S139; Robertson, "Liberty, Identity, and Human Cloning," *Texas Law Review*, 76 (1998): 1371 – 1456. 在 1994 年一篇讨论胚胎分裂法的无性生殖技术的论文中，罗伯逊已列举了多个论据，支持人有这种无性生殖的自由（Robertson, "The Question of Human Cloning," pp. 6 – 14）。他在 1998 年的长篇论文中，更详尽地为体细胞核移植法的无性生殖辩护。然而，他的论述主要停留在法律及公共政策的层面（Robertson, "Liberty, Identity, and Human Cloning," pp. 1371 – 1456）。

抉择。①

换言之，赞成人有人工无性生殖的自由及权利，是以人有生殖的自由及权利为根据的；而后者则是以一种个人权利为本的道德及政治理论为根据。那么，个人权利为本的道德及政治理论又以何为根据呢？这是医学哲学必须追问的问题，而其答案也很明显，就是以自由主义为根据。因此，医学哲学的讨论，也必须要追溯到自由主义是否可取这个政治哲学问题。

简单而言，自由主义的核心价值之一是个体主义。个体主义有两个重要意义：存有论的及规范性的。② 首先，就存有论或本体论而言，个体主义主张"己先群后"。换言之，个人比群体更真实，因为从存有论的角度来看，是先有个人，才有群体。群体是由个人所组成的，所以个人是第一位的，而群体只是第二位的。没有群体的独立个人可以作为一个实体存在，超越个人而自成实体的群体却不可能存在。其次，就规范或应然层面而言，个体主义主张"己重群轻"。换言之，既然在存有论上是己先群后，在价值取向方面，我们应先考虑个人，再考虑群体；当己群之间有利益冲突时，个人利益有优先性，要得到充分尊重，我们不可为了抽象的群体利益而牺牲具体的个人利益。而所谓个人利益，主要的是消极的自由及人的私人空间③，而权利话语便是最恰当的保障个人利益的道德话语。个人有各种人权，而群体却没有对等的权利，所以便己重群轻；人的首要义务是不侵犯他人的权利，不干预他人的自由及私事。

上述的个体主义，再加上其他的价值观（如价值多元、政府价值中立、容忍歧见、政府有严格权限、法治、民主等），便构成了自由主义。④

---

① Robertson, *Children of Choice*, pp. 42, 222 - 225, 234. 有关西方以个人权利为本的道德理论之讨论，可参见罗秉祥：《权利为本的道德理论之限制与价值》，载《哲学论评》，1996 (9)。

② Roger Scruton, *A Dictionary of Political Thought* (New York: Hill and Wang, 1982), pp. 218 - 219; Anthony Arblaster, *The Rise & Decline of Western Liberalism* (Oxford: Basil Blackwell, 1984), pp. 15 - 16.

③ Arblaster, *The Rise & Decline of Western Liberalism*, pp. 43 - 44, 56 - 59.

④ Arblaster, *The Rise & Decline of Western Liberalism*, pp. 55 - 91；林火旺：《罗尔斯正义论》，14～27 页，台北，台湾书店，1998。

3. 从自由主义到社群主义

自由主义在近代及现代西方世界所向披靡，直到 20 世纪 80 年代后期，才有另一股思潮崛起，挑战其优越性，那就是社群主义（communitarianism）。[①]

粗略而言，社群主义的思想可以用一个三段论论证来表述。（1）前提一：社群是人类生活中极其重要的一部分；（2）前提二：自由主义不能建立及维持真正的社群生活；（3）结论：自由主义有严重缺陷，要加以修正甚至推翻。[②]

限于篇幅，在这里只简单解释上述的第二个前提。以桑德尔（Michael J. Sandel）对罗尔斯（John Rawls）的新自由主义有名的批判为例，桑德尔认为自由主义只能有两种社群观（工具性及情感性），这两种社群观都是以独立个体为本，群体为第二序的，所以这样的群体是不稳定的。真正稳定的群体，是所谓"构成的社群观"，是把个体与群体视为同序。[③] 在这个世界上我们永远找不到脱离社群独立存在的个人；相反地，个人永远是活在一个社群中的个人，个人的本性就是存在于紧密联系中的人。因此，有些社群便构成了人自我身份的一部分；人并非一个无拘无束的自我（unencumbered self），而是承担各种义务的自我（encumbered or constituted self）。

大部分社群主义者都继承了 19 世纪末德国社会学家滕尼斯（Ferdinand Töennies）的看法，把人的群体作 Gemeinschaft（community，社群）和 Gesellschaft（voluntary association，自愿结社）之分。后者是契约性的，人自由选择参加与否；前者则并非如此，它是人所发现的依附（attachment）。在社群中，成员团结一体，有共同价值，共同身份，构成一个有机的共同

---

① 有关社群主义的中文论述现已有不少，参见石元康：《社群与个体：社群主义与自由主义的论辩》，载《当代》，1995（114）；刘军宁：《自由与社群》，1～110 页，北京，生活·读书·新知三联书店，1998；俞可平：《社群主义》，北京，中国社会科学出版社，1998；林火旺：《罗尔斯正义论》，195～202 页。

② 社群主义有两种形态：温和的只是想修正自由主义，所以主张自由社群主义（liberal communitarianism）；激进的则企图推翻自由主义，另建新典范。

③ Michael J. Sandel, *Liberalism and the Limits of Justice* (Cambridge: Cambridge University Press, 1982), pp. 147-150.

体。① 由于自由主义（尤其是其存有论的个体主义元素）把所有社群皆视为自愿性的结社，于是便动摇及威胁了真正的社群的稳定性。为了维护非契约性的社群不致被转化为契约性及自愿性的结社，便必须修正甚至推翻自由主义。

由于在社群中，成员团结一体，所以更强调彼此之间的忠诚、献身及归属，鼓励一种更强的责任感，这超过了不干预对方及不伤害对方这些最低要求。因此，社群主义除了保留权利话语，也强调责任话语，其最重要的关注不是个人权利，而是公共利益（common good）。

4. 从社群主义到另一种生殖伦理

正如自由主义孕育了自由主义的生命伦理学②，社群主义也催生了社群主义的生命伦理学，而这种社群主义立场对人的人工无性生殖采取了较为审慎的有保留的立场。

卡拉罕本人便是社群主义生命伦理学的倡导者，在 1990 年的一本书中他已透露了一些初步构思③，后来在一篇论文中他又指出社群主义的生命伦理学的几个大方向④，而他的同道中人也开始增加（如 Ezekiel J. Emanuel, James

---

① 正如桑德尔所说："按照这种强观点，说社会成员被社群意识约束，并不只是说他们中的大部分人承认社群的情感，都追求社群的目的，而是说，他们认为他们的身份——既有他们情感和欲望的主体，又有情感的欲望的对象——在一定程度上被他们身处其中的社会所规定。对于他们来说，社群描述的，不只是他们作为公民拥有什么，而且还有他们是什么；不是他们所选择的一种关系（如同在一个志愿组织中），而是他们发现的依附；不只是一种属性，而且还是他们身份的构成成分……因此，'社群'不可能毫无损失地被翻译为'结社'，'归属'不可能完全被翻译为'关系'，'分享'不可能被翻译为'交互性'，'参与'不可能被翻译为'合作'，'共同的'不可能被翻译为'集体的'。"迈克尔·桑德尔：《自由主义与正义的局限》，181～183 页，南京，译林出版社，2001，译文经笔者修改；另外参见 Stephen Lukes, *Individualism* (Oxford: Basil Blackwell, 1973), p. 138; Robert N. Bellah et al., *Habits of the Heart: Individualism and Commitment in American Life* (Berkeley and Los Angeles: University of Califronia Press, 1985), pp. 71 - 75, 161 - 162, 333 - 335).

② 很多西方生命伦理学著述都反映了自由主义的色彩，而最自觉及最旗帜鲜明地主张要彻底采纳自由主义的，可参见 Max Charlesworth, *Bioethics in a Liberal Society* (Cambridge: Cambridge University Press, 1993).

③ Daniel Callahan, *What Kind of Life: the Limits of Medical Progress* (New York: Simon and Schuster, 1990), pp. 105 - 113.

④ Daniel Callahan, "Communitarian Bioethics: A Pious Hope?" *The Responsive Community* 6 (1996): 26 - 33. 值得注意的是，这篇论文发表在 The Responsive Community 期刊上，它是美国唯一完全用来讨论社群主义思想之期刊。

Lindemann Nelson 和 Mark G. Kuczweski)[1]；限于篇幅，在这里不作全面阐述。笔者会把焦点放在生殖伦理，来对比社群主义生命伦理学与自由主义生命伦理学的不同。

首先，自由主义的生殖伦理学由于采取己重群轻的立场，强调一个成年人的生殖自决，所以对生殖科技所带来的崭新家庭模式（多父多母家庭、亲属关系不清家庭、不婚单亲家庭、同性双亲家庭等）处之泰然。这种立场最明确显示于欧洲委员会于 1989 年所发表的《葛罗弗报告书》中，该报告书第四章整章讨论家庭，而结论是应"允许未来家庭的结构作实验式的演变"，因为"我们宁愿选择一个乐于从事（而不是压制）'生活实验'的社会"[2]。倾向于社群主义的生命伦理学学者，则把家庭视为最重要的社群之一，并且把家庭视为针对以契约为基础的道德理论（所有道德关系皆源于契约）的最有力的反例，是对抗个体主义的最重要的城堡。因此，他们特别关注生殖科技对家庭稳定性的影响，而不随意放任家庭的结构随着生殖科技的日新月异而发生变化。[3]

其次，自由主义的生命伦理学强调个人权利，所以在生殖伦理上也强调个人生殖（procreation）的权利，至于生殖后的养育（rearing）责任，则不能与之相提并论：那些不适亲职的人，最多是不让他们养育儿女，而不能禁止他们生殖儿女。[4] 这种把"生"与"育"二分的处理办法，也难以为社群主义的生命伦理学所首肯，因为社群主义强调对家庭及其成员的责任及献身，强调社会

---

① Ezekiel J. Emanuel，*The Ends of Human Life*：*Medical Ethics in a Liberal Polity*（Cambridge，Massachusetts：Harvard University Press，1991）；James Lindemann Nelson，"Routline Organ Donation：A Communitarian Organ Procurement Policy，" *The Responsive Community* 4（1994）：63 - 68；Mark G. Kuczweski，*Fragmentation and Consensus*：*Communitarian and Casuist Bioethics*（Washington，D. C.：Georgetown University Press，1997）.

② Jonathan Glover *et al.*，*Fertility and the Family*：*The Glover Report on Reproductive Technologies to the European Commission*（London：Fourth Estate，1989），p. 63.

③ Hilde Lindemann Nelson and James Lindemann Nelson，"Family，" in Warren T. Reich edited. *Encyclopedia of Bioethics*，1995 revised edition（New York：Simon & Schuster Macmillan，1995），p. 804；Callahan，"Communitarian Bioethics：A Pious Hope？" p. 32；B. Almond，"Family Relationships and Reproductive Technology，" in Carole Ulanowsky edited，*The Family in the Age of Biotechnology*（Aldershot：Avebury Ashgate Publishing Limited，1995），p. 25. 关于生殖科技对家庭制度所产生的冲击所作的不同家庭伦理学反思，见 Carole Ulanowsky，*The Family in the Age of Biotechnology*。

④ Robertson，*Children of Choice*，p. 31.

公益。生殖并不只是个人的私事而已，也是社会公事，因为一个孩子生到世上来，既是家庭的一分子，也是社会的一个成员。不能履行亲职，便不应生殖，否则只是制造孤儿或缺乏后天照顾的儿童，既不符合孩子的最高利益，也有损社会公益。

5. 回到人的人工无性生殖

基于上述两个社群主义生殖伦理的立场，则不难推论出社群主义对人的人工无性生殖的看法。根据我们目前对体细胞核移植法的知识及推想，社群主义比较倾向于反对用这种技术去人工无性生殖另一个人。原因之一是这种生殖方式长远来看不利于这个家庭新成员的最高利益；原因之二是这种生殖方式会使家庭契约化，动摇家庭的稳定性。[①]

首先，正如在很多讨论中都有澄清的，用这种新技术来生殖可能是出于几种不同的动机。其中的一种动机是，除了希望生一个小孩之外，还希望生出一个与当事人生物特征完全相同的小孩，这是体细胞核移植技术与其他生殖技术不同及吸引人之处，所以，也很可能是极大部分想用这项技术生小孩的人的动机（下文称之为"酷像动机"[②]）。出于这种动机而做人工无性生育，会对孩子的长远最高利益比较不利，这是因为正如不少评论都有指出的，带着这种期望而出生的小孩，在成长期间会长期活于某种压力底下，要再一次去演绎"受复制者"的生平及成就。由于长期活在"受复制者"的阴影当中，这个小孩的未来将大大不像其他小孩的未来般开放，对于人生的方向较难自决，不容易自立门户[③]；因此，孩子成长的长远最高利益将很可能受到损害。多利绵羊不需要自立门户，它的工作就是像其他牲畜一样为人类提供奶、肉及皮毛；人却不然，"人生"比"羊生"更复杂及多样化，需要有更大的空间让人自我发展。正如前述，社群主义不允许把"生"分离于"育"而独立考虑，因为社群主义主张对社群及其成员有一种更高的责任感（并不只是不伤害而已）。"生殖"的好消息（欲为人父母者多了一种生殖方式的选择），若成为"发育"的坏消息

---

① 笔者认为，这两个后果虽非必然发生，但却有很高的可能性；但也有人会有异议（NBAC, *Cloning Human Beings*, p. 66）。

② NBAC, *Cloning Human Beings*, p. 76.

③ James Lindemann Nelson, "Cloning, Families, and the Reproduction of Persons," *Biolaw*, 2 (1997)：S144 - S150；NBAC, *Cloning Human Beings*, pp. 65 - 69.

（小孩较难获得一个高度开放的未来），则尽管体细胞移植技术不会对生命造成伤害，也不见得是一项值得称赞的生殖方式。①

其次，这种生殖方式会带来更多后果动摇家庭的稳定，使家庭由一个非契约性社群演变为契约性社群。正如上述，生殖科技的发展已使人可以尝试选择子女特征，而生殖权利的鼓吹者罗伯逊的书名就是《透过选择而生的孩子》，他认为生殖的权利包括了选择某一种生物特征组合成孩子的权利。② 人若有其他生殖方式可生儿女，却坚持用体细胞核移植法做人工无性生殖，就是因为这种方法可使欲为人父母者达到选择的目的。换言之，这种做法是把亲职建立在自己的选择上，而不是建立在遗传基因的交换或随机分组上。③

我们可以设想，若成年人在建立亲子关系时是以选择为基础，则在这个关系的另一端，孩子是否也可以要求有选择权，来决定是否要维持这种亲子关系，以示公平？答案应该是肯定的。事实上，在讨论其他生殖科技对家庭的冲击时，已有学者提出为体现公平原则，成年人若有权利选择孩子的特征，孩子在长大懂事后，也该有权利选择维持在这种亲子关系中或与双亲脱离关系，即"离亲"（divorce their parents）。④ 显然地，亲子关系的建立及维持若皆以选择为基础，家庭便会变成自愿性结社的一种，也就是把家庭改变成为一个契约性群体⑤，而这发展（正如前述）却正是社群主义所坚决反对的。⑥

---

① 虽然孩子有"开放的未来"之权利，是 Joel Feinberg 于 1980 年的一篇论文中所提出的。但其背后的观念（孩子有对未来人生无知的权利），则是 Hans Jonas 最早透彻阐述的。Jonas, "Biological Engineering: A Preview," pp. 159-163.

② Robertson, *Children of Choice*, pp. 32-34.

③ NBAC, *Cloning Human Beings*, p. 68.

④ S. E. Marshall, "Choosing the Family," in Carole Ulanowsky edited, *The Family in the Age of Biotechnology*, p. 109.

⑤ 这种把家庭契约化的压力，除了来自生殖科技之应用外，也来自西方晚近对家庭伦理的反思。在自由主义影响之所及，有些哲学家也主张把亲子关系建立在友谊的模式上，于是子女对父母的孝爱，便并非无条件的，而是视乎双方友谊之深浅及有无而定；合则来，不合则去 [如 Jane English, "What Do Grown Children Owe Their Parents?" in Onora O'Neill and William Ruddick edited, *Having Children: Philosophical and Legal Reflections on Parenthood* (New York: Oxford University Press, 1979)]。于是，有些社群主义者便指控这些哲学家"反家庭" [Christina Hoff Sommers, "Philosophers Against the Family," in Markate Daly edited, *Communitarianism: A New Public Ethics* (Belmont, California: Wadsworth, 1994), pp. 321-335]。

⑥ "人的道德生活不能化约为建基于选择的契约式关系" [Courtney S. Campbell, "Prophecy and Policy," *Hastings Center Report* 27 (1997): 16]。

正如社群主义哲学家桑德尔的名言所说，真正的社群"并非如自愿性结社一样，是一个人自己选择进入的关系，而是成员所表现出的某种联系"①；社群主义是倾向于维持在生殖中遗传基因的交换或随机分组（genetic lottery）。这样，在亲子关系的建立及维系中，互不挑选；亲不拣选子的特征，子也不审查亲的特征，这样既公平，也能增强家庭的稳定性。表面上，这似乎是屈从于机遇的盲目性，而有违自由主义的个人选择优先（pro-choice）的价值取向。可是，这种安排，除了能保障家庭的稳定性外，还有助于建立一个慈道及孝道的理想。

理想的慈道（父母对待子女之道），应该是一种全然的接纳及无条件的忠诚与献身。父母爱子女，不是因为他们拥有什么天赋（what they have），而是因为他们是子女的身份（who they are）；这是因为子女本身之缘故而爱他们，而不是因为他们所拥有的特征。② 放弃了选择子女特征的自由，而对子女采取不管会有什么特征都全然开放接纳的态度，固然是一种盲目的爱。但伟大的爱都必然是盲目的——不问对方的表现及成就之高低，不问对方的天赋或才干的多寡，都坚定不移地接纳及爱对方。③

假如我们对慈道持这种理想，我们也可以公平地对孝道提出类似的理想。子女爱父母，也不应该建立在父母的成就高低或天赋多寡上，而应全然接纳，无条件献身，坚定不移地忠诚。换言之，假若我们希望孩子对父母说"我爱你，并不因你拥有什么特征，而只因你是我的父或母"；那么，父母也应该对子女说："我爱你，并不因为你拥有什么特征，而只因为你是我的孩子。"可是，正如上述，因酷像动机而人工无性生殖的人，却比较难以培养"我爱你，只因为你是我的孩子"的态度，因为整个生殖过程背后的动机，都并非只是想生一个孩子，而是想生一个拥有某一组特征（酷像自己）的孩子。

换言之，在生殖中我们若放弃选择孩子特征或预定其遗传基因组合的自由，则较有利于推行一种理想的慈道及孝道，而这又会增强家庭的稳定性。因

---

① Sandel, *Liberalism and the Limits of Justice*, p. 150.

② NBAC, *Cloning Human Beings*, p. 69.

③ Brent Waters, "One Flesh? Cloning, Procreation, and the Family," in Ronald Cole-Turner edited, *Human Cloning: Religious Responses* (Louisville, Kentucky: Westminster John Knox Press, 1997), p. 85.

此，放弃用体细胞核移植技术去做无性生殖，是与社群主义思想的大方向吻合的。

6. 崭新的医学科技，古老的哲学问题

总而言之，自由主义及社群主义在"复制人"问题上的立场可谓泾渭分明。表面上，社群主义在这一问题上的立场似乎比较合乎人的道德常理，对自由主义构成一个有力的批判，这也是自由主义者如罗伯逊所承认的。[①] 只不过，我们就算承认社群主义在"复制人"的问题上立论较持平，也不表示在整体思想而言，社群主义也比自由主义优胜，因为自由主义之所以在近代及当代西方社会所向披靡，也是由于它的整体主张有不少优点，以大功掩其小过。[②] 整体而言，社群主义是否能保持自由主义的优点且克服其缺点？这是当代西方学术界最热烈争论的议题之一，暂时难见定论。只不过，平心而论，自由主义的己先群后及己重群轻两种个体主义立场，以往主要是针对政治群体（国家）而发，而不是主要针对家庭群体。[③] 自由主义面对社群主义的挑战，是否能发展出促进家庭稳定的理论，吾人尚需拭目以待，而不必过早宣布自由主义的没落。

笔者在上文不惜用极长的篇幅去论述自由主义与社群主义之争，旨在说明卡拉罕的见解："克隆人"的科技是崭新的，但它所引起的价值取向争论（群己关系）却是古老的。医学哲学，除了应用性的任务（协助人回答"可不可以复制人"）之外，还有其根源性的任务：引导人发现及探索表象背后的根源性哲学问题。这样的医学哲学，既能微观，也能宏观，见树也见林。微观与宏观互动贯通，这样的哲学思考才能彻底处理问题。

7. 儒家的群己思想与家庭伦理

最后，我们当然要问，中国文化中有何资源去处理上述的宏观医学哲学问

---

① Robertson, *Children of Choice*, pp. 223 – 225, 231 – 232; John A. Robertson, "Liberalism and the Limits of Procreative Liberty: A Responsive to My Critics," *Washington and Lee Law Review* 52 (1995): 258 – 260.

② Robertson, *Children of Choice*, p. 42; Robertson, "Liberalism and the Limits of Procreative Liberty: A Responsive to My Critics," p. 259; Tom L. Beauchamp and James F. Childress, *Principles of Biomedical Ethics*, 4th edition (New York, Oxford: Oxford University Press, 1994), pp. 83 – 85.

③ Lukes, *Individualism*, pp. 79 – 87; John Gray, *Liberalism* (Minneapolis: University of Minnesota Press, 1986), pp. 70 – 77.

题？在古代中国，比较关心群己问题的是儒家思想。首先，没有多少学者认为儒家的政治社会思想是接近近代西方的自由主义及个体主义的；虽然有少部分学人认为古代儒家思想是"有中国特色"的个人主义或人格主义①，但儒家的"为己之学"的中心关怀与近代西方自由主义及个体主义的中心关怀（存有论的己先群后，价值取向上的己重群轻）大相径庭。近代把西方的自由主义及个体主义介绍到中国来的应以百年前的严复为第一人；可是，虽然他把穆勒（John Stuart Mill，严复译为弥尔）的《论自由》译为中文（取名为《群己权界论》），并加上不少译者解释，但他的终极取向，仍是与穆勒取向不同。正如近人的研究显示，严复的理想是一个己群并重的平衡，并且在不能到达这个理想的平衡时，严复便宁择"两害相权，己轻群重"，而不是如穆勒一样坚定地选择己重群轻。② 这正反映了儒家思想对严复的影响。③ 近代哲学学者谢幼伟在批判穆勒的《论自由》时，也以中国思想来批评穆勒的己先群后见解，而主张己群同序。④

儒家既非主张个体主义，那么它是否主张集体主义呢？持肯定见解的在早期西方学术界不乏其人，但晚近的一些研究，也指出其论点之错误。⑤

那么儒家思想是否较接近上文所论述的西方社群主义呢？尽管有些人有这种联想，也尽管两者之间表面上是有一些相似的见解，但两者之间的差异却更大。⑥ 此外，根据金耀基及其他人的研究，儒家思想对于家庭以外的社群，根本就没有清晰的观念；儒家思想严重缺乏明确的"公"的意识及家以外的"群"的概念。⑦ 既然如此，也就说不上强调社群的公共利益，不能与西方的

---

① 如狄百瑞：《中国的自由传统》，台北，联经出版事业公司，1983；杜维明：《儒家思想——以创造转化为自我认同》，台北，东海大学出版社，1997。

② 参见黄克武：《自由的所以然：严复对约翰弥尔自由思想的认识与批判》，5、228～231页，台北，允晨文化事业公司，1998。

③ 参见黄克武：《自由的所以然：严复对约翰弥尔自由思想的认识与批判》，231～233页。

④ 参见谢幼伟：《穆勒〈论自由〉的批判》，见《中国哲学论文集》，76～87页，台北，华冈出版部，1973。

⑤ 参见杨中芳：《中国人真是"集体主义"吗？》，见杨国枢编：《中国人的价值观：社会科学观点》，321～434页，台北，桂冠书局，1993；金耀基：《儒家学说中的个体和群体》。

⑥ 参见卜松山：《社群主义与儒家思想》，载《二十一世纪》，1998（48）。

⑦ 参见费孝通：《乡土中国》，21～28页；金耀基：《儒家学说中的个体和群体》，7～9、12～13页。

社群主义相提并论了。杜维明及其他学者一直强调儒家思想中有一个独特及值得发扬的自我观，但从没提出儒家思想中也有一个独特及值得发扬的社群观①，似乎因为这正是儒家政治及社会哲学的弱点。②

　　简言之，无论是古代中国思想，还是当代中国学界，对如何处理己群关系这个社会及政治哲学课题所能提供的资源似乎都不多。在 20 世纪，除了一些孤独的声音（如胡适长期所提倡的自由主义及"健全的个人主义"③），对群己关系的讨论就似乎都是政治意识形态之争了。这样看来，中国学人对这方面的哲学探索，还有很长的路要走。④

　　由于中国文化对家庭这个血缘性社群非常重视，以致有些社会学家把中国

---

①　参见杜维明：《儒家思想——以创造转化为自我认同》。

②　假如自由主义的问题是重契约性群体，而轻非契约性群体，儒家思想的问题就正相反，是重非契约性群体（家庭），而轻契约性群体。因此，自由主义坚持邦国是一个契约性群体，儒家却把邦国视为一个大的家（所以称为"国家"；统治者是"君父"，是"父母官"，皇帝"上为皇天之子，下为庶民父母"，被统治者就只是"臣子"及"子民"），把朋友关系也要家庭化（朋友如手足，称兄道弟，结拜兄弟）。假如自由主义的一个功德是保障个人权利，使人民较能免于暴政，儒家思想的"整体主义"（holism），就正如 Karl Popper 等自由主义者批评的，带有政治乌托邦主义的倾向，是专制暴政的温床（参见 Arblaster, *The Rise & Decline of Western Liberalism*, p. 39；Donald J. Munro, *Individualism and Holism：Studies in Confucian and Taoist Values*, Ann Arbor：Center for Chinese Studies University of Michigan，1985，p. 23）。因此，如果自由主义是属于现代（modern）的思潮，则儒家的群己关系思想仍是前现代的（premodern），与西方 18 世纪前之思想主流类似（Munro, *Individualism and Holism*, pp. 22 - 24）；社群主义，则可说是迈向后现代（postmodern）了。因此，把儒家思想与社群主义相提并论，就更不恰当。

③　参见《胡适文选》，85～104 页，台北，远东图书公司，1930，1973 年重印。

④　近年来在国际间兴起一个"亚洲价值观"的讨论，而鼓吹这套价值观甚力的包括新加坡、马来西亚及日本的某些政府官员。虽然这些倡议就其详细内容而言并没有一致共识，但大都是涉及群己关系，及反对西方的"己先群后，己重群轻"思想。例如新加坡在其学校所推行的"共同价值观"包括五组核心价值观：国家至上，社会为先（nation before community and society above self）；家庭为根，社会为本（family as the basic unit of society）；关怀扶助，同舟共济（regard and community support for the individual）；求同存异，协商共识（consensus instead of contention）；种族和谐，宗教容忍（racial and religious harmony）（关于这五组价值观的解说，参见 The Government of the Republic of Singapore, *Shared Values White Paper*, 1991）。有学者认为，这个亚洲价值观的体系基本上就是儒家的价值观[如林徐典：《儒家思想与现代化——新加坡的经验》，载《孔子研究》，1991（3）；杜维明于 1997 年在香港科技大学的公开演讲也如此说]。只不过，笔者尚未见过有学者为这套群己关系指引作哲学性的辩护，或建构理论去支持。所以，迄今为止，这套价值观主要在国际政治上引起不少讨论[参见梁元生：《"外圣"而"内王"——李光耀与新加坡儒学》，载《人文中国学报》，1997（4）；Chris Patten, *East and West* (London：McMillan, 1998)，pp. 146 - 172]，但在华人哲学界却讨论不多。

社会视为家庭为本的社会。① 既然如此，中国古代的家庭伦理能够为"复制人"提供一些反思的资源吗？目前，恐怕也无能为力。一方面，自 20 世纪初起，中国的知识分子对古代中国的家庭制度有严厉的批判。巴金在《家》这部小说中对古代大家庭的控诉是广为人知的，但早在晚清及民国初年时，对儒家思想忠心耿耿的康有为即已在《大同书》中（己部，"去家界为天民"）批判中国的家庭制度，认为为了个性解放，男女平权，使中国走向"太平世"的大同社会，必须"去家"。② 稍后的胡适也以娜拉的离家出走，来表达易卜生主义（胡适认为这是一种健全的个人主义）。③ 另一方面，在当代华人学术界，对家庭的社会学论述不少④，但对家庭伦理的讨论则不多；在这些少数的著述中，也是比较侧重于宣扬古代家庭伦理的一些美好之处⑤，而不是对家庭伦理的重新建构。杨国枢尝试继承胡适的方向去建立一种新孝观⑥，但也只是止于孝的伦理，而并未对家庭这个社群作任何道德哲学反省。虽然，我们可以有把握地说，在当代中国人的道德意识中，家庭仍扮演一个重要的角色，很少人会把个人的生殖权利置于家庭共同利益之上，但这只是一个实然的描述性观察，而不是应然的规范性反思。⑦

因此，在这个生殖科技发达的年代，究竟中国古代的家庭伦理有什么智慧资源可提供我们参考，这是一个迫切的医学哲学研究的课题。

---

① 参见金耀基：《儒家学说中的个体和群体》，3 页。

② 参见康有为著、朱维铮编校：《康有为大同论二种》，225～252 页，香港，三联书店，1998。

③ 参见《胡适文选》。

④ 如乔健主编：《中国家庭及其变迁》，香港，香港中文大学出版社，1991。

⑤ 如杨懋春：《中国家庭与伦理》，台北，"中央文物供应社"，1981；张怀承：《中国的家庭与伦理》，北京，中国人民大学出版社，1993。

⑥ 参见杨国枢：《中国人之孝道的概念分析》，见《中国人的蜕变》，31～64 页，台北，桂冠书局，1989；胡适：《我的儿子》、《关于〈我的儿子〉的通信》（1919），见钱理群编：《父父子子》，北京，人民文学出版社，1990。

⑦ 假如我们的传统道德观念认为人没有"复制"自己的权利，是因为传统道德思想中找不到"人有生殖权利"这个观念，这是否因为传统伦理思想根本就不看重个人的权利？这是可喜的，还是可悲的？

八、人与自然的关系

人的自然本性是有性生殖，人若利用体细胞核移植技术做无性生殖，是利用科技去改写自然生殖秩序，以科技去扩大人生殖方式之选择。这意味着人对自己生殖能力之全面驾驭，全然主宰自己的生殖命运。这个现象背后隐藏着一个重要及悠久的哲学问题：人与自然的关系，或人所发明的科技应该与自然（自然界，自然界运行的规律）有怎样的关系？人所开拓的人文科技世界是否应摆脱（部分或完全）生物自然秩序？

人与自然的关系可以用一个三分的分类法来表示：（1）人受制于自然之下，（2）人凌驾于自然之上，（3）人与自然共存。① 中国古代对天人关系有非常广泛及丰富的论述，而"天"的其中一层意义就是自然。《庄子》、《荀子》及《周易》这三部书中的天人关系，能对应上述的人与自然关系分类法。

首先，《庄子》的"人与天一"相当于上述的"人受制于自然之下"，如下列引文所示：

> 何谓人与天一邪？……有人，天也；有天，亦天也。人之不能有天，性也，圣人晏然体逝而终矣。（《庄子·山木》）
>
> 古之真人，以天待人，不以人入天。（《庄子·徐无鬼》）
>
> 知天之所为，知人之所为者，至矣！……不以人助天，是之谓真人。……其一与天为徒，其不一与人为徒，天与人不相胜也，是之谓真人。（《庄子·大宗师》）
>
> 牛马四足，是谓天；落（络）马首，穿牛鼻，是谓人。故曰："无以人灭天。"（《庄子·秋水》）
>
> 子贡南游于楚，反于晋，过汉阴，见一丈人方将为圃畦，凿隧而入井，抱瓮而出灌，搰搰然用力甚多而见功寡。子贡曰："有械于此，一日浸百畦，用力甚寡而见功多，夫子不欲乎？"为圃者卬而视之曰："奈何？"曰："凿木为机，后重前轻，挈水若抽，数如泆汤，其名为槔。"为圃者忿然

---

① NBAC，*Cloning Human Beings*，pp. 46 - 47.

作色而笑曰："吾闻之吾师，有机械者必有机事，有机事者
必有机心。机心存于胸中，则纯白不备；纯白不备，则神生
不定；神生不定者，道之所不载也。吾非不知，羞而不为
也。"(《庄子·天地》)

其次，《荀子》的"天人之分"，相当于上述的"人凌驾于自然之上"，如
下列引文所示：

庄子蔽于天而不知人。(《荀子·解蔽》)

故明于天人之分，则可谓至人矣。(《荀子·天论》)

如是，则知其所为，知其所不为矣，则天地官而万物役
矣。(《荀子·天论》)

大天而思之；孰与物畜而制之？从天而颂之，孰与制天
命而用之？望时而待之，孰与应时而使之？因物而多之，孰
与骋能而化之？思物而物之，孰与理物而勿失之也？愿于物
之所以生，孰与有物之所以成？故错人而思天，则失万物之
情。(《荀子·天论》)

最后，《周易》中的天人思想，可以说是对《庄子》及《荀子》的对立观
点的调和及统一。假如前者是"蔽于天而不知人"，则后者便是"蔽于人而不
知天"。人既不应完全臣服于天，天也不应完全臣服于人，二者之间应有一互
动的亲密关系。因此，《周易》的"天人和合"相当于上述的"人与自然共
存"，如下列引文所示：

易之为书也，广大悉备：有天道焉，有地道焉，有人道
焉。兼三才而两之故六。六者，非它也，三才之道也。(《周
易·系辞下》)

夫大人者，与天地合其德，与日月合其明，与四时合其
序，与鬼神合其吉凶。先天而天弗违，后天而奉天时。(《周
易·乾》)

用体细胞移植技术无性生殖，是生殖科技的一种；而生殖科技又是芸芸医
学科技中的一种。要全面审视人应否"复制人"这个问题，则必须也审视人该

如何应用医学科技这个大问题，而这又必然把我们引到人与自然的关系这个哲学问题上。正如卡拉罕所言，科技是新的，但其引发的问题却是古老的。医学哲学虽然不能为临床医疗问题提供特别实用的答案，但却提醒我们在每一个实用的问题背后，都有一些重要的哲学问题等待我们去探索。

再论复制人——一个比较伦理的分析

陈强立

    自从 1997 年 2 月 27 日克隆羊多利（Dolly）成功被复制的消息公布以来①，人们对于把"体细胞核移植技术"（somatic cell nuclear transfer tech-nique）应用于复制人类生命方面的道德争论有增无减。生命伦理学家对于应否从事人的复制活动在意见上亦相当不同。有人以生育权利来为有关活动进行辩护，有的论者则以违反人的尊严为理由反对从事有关的复制活动。本文则尝试从一个比较伦理的视野来考察复制人的道德问题。

    关于复制人的道德问题可以从三方面来加以剖析。首先，我们可以从应用有关复制技术的风险入手探讨相关问题。这里涉及把有关技术应用在人的复制的事情上是否安全的问题。比方说，成功被复制出来的人（以下简称"复制人"）会否因为有关技术未臻完善而出现严重的（无论是身体上或健康上）的缺陷？再者，提供卵子的一方在荷尔蒙分泌和调节方面会否受到严重的影响？此外，亦有人提出"在复制的过程当中会否牺牲大量胚胎"此一问题。其次，我们可以从复制目的方面入手考察有关问题。这里涉及下述的一组问题：（1）复制人类究竟要达到什么目的？（2）这些目的是否合乎道德？最后，我们亦可以从复制人的道德地位（moral status）入手检视复制人的道德问题。这里涉及两方面的问题。一是复制人的基本性质的问题，比方说，复制人和其原型（即提供体细胞的人）是否只是不同时间出生的基因相同的孪生儿（identi-cal twins）？抑或他们连基因相同的孪生儿的关系亦并不具备？与此相关的问题是，复制人是否具有独一性（uniqueness）或个体性（individuality）？二是对复制人具有某种基本性质的有关事实进行评估。必须指出的是，有关评估所能得出的结论取决于我们的道德视域（moral perspective）。比方说，从自由主义的道德视域来看，不管复制人具有什么别的性质，只要他和其他人一样具有

---

    ① I. Wilmut，et al.，"Viable Offspring Derived from Fetal and Adult Mammalian Cells"，*Nature* 385（1997）：810–813.

自我意识、理性思考的能力，那么，复制人的道德地位和一个普通人的道德地位并无二致。如此一来，他就和一个普通人一样可享有人的基本权利。但是从儒家的道德视域来看，倘若复制人无法和其他人建立一种自然的人伦关系（即自然的亲子关系以及由此而引申出来的人伦关系），那么，复制人的道德地位和一个普通人的道德地位就并非一致，更准确地说，他缺少了人所应有的道德地位。

关于第一个方面的问题，笔者业已在别的地方详细论述过，故不再在此重复有关分析。① 在下面，本文将分别从自由主义②和儒家的道德视域，以及上述的第二方面（复制的目的）和第三方面（复制人的道德地位），来检视复制人的道德问题，希望借着此一比较伦理的分析让我们对复制人的道德问题有更深入的了解，反过来说，亦希望通过此一对比分析，让我们更清楚地看到上述两种道德视域在理论上的不同取向。儒家和自由主义在东西文化的道德传统里分别占有重要的位置。考察清楚它们的交叠和相异之处，对于道德理论的研究发展有重要的意义。

---

① 关于复制的安全性及风险所涉及的道德问题并非根本性的，以安全性及风险为理由，我们最多只能说在有关技术还没有达到完善的情况下，进行复制人类的活动是不道德的，这是暂时性的。其次，有关复制技术涉及风险有多高，对于此一问题需要经过进一步的研究方能得知，故此，我们不应一刀切地把所有和复制人类有关的活动都加以禁止。最后，基于安全性而反对有关行为的人会碰到"身份并非同一的难题"（non-identity problem），关于此一难题可参考拙作：《从中国生命伦理学到复制人类的道德问题——一个方法学上的省思》，载《中外医学哲学》，1998（3）。以及拙作 "Human Cloning, Harm, and Personal Identity," in Gerhold K. Becker（ed.），*The Moral Status of Persons: Perspectives on Bioethics*，Rodopi B. V.，Amsterdem/Atlanta，pp. 198 - 199。

② 本文用"自由主义"一词是取其最广义，它泛指以自由、平等和自主性等理念为背景的道德视域。依此，传统的自由主义哲学家如洛克等固然是自由主义者，但像穆勒（J. S. Mill）等以效益主义为宗的哲学家亦可包括在内。在理论上我们应对各种不同进路的自由主义作严格区分（有的哲学家认为以效益主义为哲学根据的道德视域不能称为自由主义，依笔者看，有关争论或多或少是言辞之争，这主要在于我们如何界定"自由主义"一词，倘若按照本文的定义，则把该等道德视域称为自由主义并无不妥），但在讨论复制人的道德问题此一具体脉络下，这种"共治一炉"的做法亦是可以接受的。因为，从有关理论出发来讨论复制人的道德问题的哲学家都是以自由、平等和自主性等理念为背景来讨论有关问题的。

一、复制人类的目的

对复制人类的行为进行道德评价，其中一个需要考虑的因素就是复制的目的。事实上，有不少人是因为对复制的目的产生疑虑而反对复制人类的。那么，复制人类究竟要达到什么目的？这些目的是否合乎道德？

1. 复制的自由 vs 人的尊严

复制人类的目的大致上可分为生育、非生育以及上述两者的混合三大类。所谓"生育的目的"，就是指有关复制行为的目的是生儿育女、建立某种亲子关系。而"非生育的目的"就是指有关行为的目的不是生儿育女、不是要建立某种亲子关系，而是为了别的目的，如科学研究等目的。至于两者的混合，就是指有关行为的目的既有生育的目的亦有非生育的目的，例如生一个与自己有血缘关系的儿子作为家族事业的继承人，就可以说是一种生育和非生育混合的目的。上述的分类基本上穷尽了制造复制人的目的。通过此一分类，本文希望能厘清和疏通一些关于复制人的道德论争。

2. 人的尊严与把人当作目的

有的论者根据康德的"应当把人当作目的而非仅仅是一件工具"的道德原则来反对复制人类，他们认为有关的复制行为违反了上述康德的道德原则，因而损害了人的尊严。[①] 上述论证以康德伦理的尊严观为背景，此一尊严观以上述康德的伦理原则为衡量人的尊严是否受到损害的一个准则。简单地说，当我们仅仅把人当作一件工具看待时，就是损害了他的人性的尊严。依此，我们可以把反对者的论证重构如下：

（1）仅仅把人当作一件工具是一种损害人的尊严的行为。

（2）复制人的生命的行为仅仅把人当作一件工具看待。

（3）因此，复制人类的行为损害了人的尊严。

3. John Harris 的批评

有的论者质疑康德伦理的尊严观在复制人的道德问题上的适用性。比方

---

① Axel Kahn, "Clone Mammals…Clone Man," *Nature* 386 (1997)：119.

说，英国的生命伦理学家 John Harris 就认为："它（指康德的道德原则）过于模糊、容易被赋予具选择性的诠释，其应用范围因而亦相应地受到相当大的限制。作为指导现代生命伦理思想的一个基本原则，它的效用基本上等于零。"①

Harris 指出："人们的目的和动机往往是混合和复杂的，我们几乎无法合理地设想什么时候可以说他们是把其他人仅仅当作一件工具。"② "很多人都是为了某些目的而生儿育女：延续他们的基因、生一个儿子做继承人、给儿子一个妹妹做伴、养儿防老，等等。但在什么情况下我们可以合理地说他们生儿育女纯粹是为了达到这些目的？"③

就制造人类生命的伦理而言，Harris 提出这样的说法："倘若你对制造人类的伦理感兴趣，那么，只要生存对于被制造的个体而言是最有利的，并且该个体将具备自主的能力，则制造该个体的动机不是道德上不相干，就是需从属于其他道德考虑。"④

本文无意为康德的伦理原则辩护，事实上笔者很大程度上同意 Harris 的有关批评。依笔者的看法，认为复制人类是把人仅仅当作工具的论者确有以偏概全之嫌。根据前文对复制的目的所提出的分类，人们从事有关的复制活动可以是基于生育的目的。倘如此，则有关论者对复制人类的行为的指控是没有充分理据的。因为倘若以此为目的也算是把人仅仅当作工具的话，那么一切自然（或非自然）的生育行为俱属"把人仅仅当作工具"的行为之列。如此一来，一切生育行为都是损害人的尊严的，因而亦是道德上不可接受的。但显然没有多少人会认为此一结论是合理的。按道理说，倘若一个生育的行为（无论自然或非自然的），其目的是为了养儿育女，为了建立某种亲子关系，此等行为便不应被视为"把人仅仅当作工具"的行为。因为其所要建立的"亲子关系"并非一种"工具—目的"的关系，而是具有"内在的善"（internal good）的一种非工具性的关系，它是建基在亲情和爱上面的，它要求人们把其子女当作爱的对象而非仅仅是一件工具来看待。依此，持康德伦理的尊严观来评价复制人类的行为的论者，看来有需要把复制的各种不同目的区分开来，不要一刀切地

---

① John Harries, "Clones, Genes, and Human Rights," in J. Burley (ed.) *The Genetic Revolution and Human Rights* (Oxford University Press, New York, 1999), p. 68.

②③ John Harries, "Clones, Genes, and Human Rights," p. 70.

④ John Harries, "Clones, Genes, and Human Rights," p. 68 - 69.

把所有复制人类的行为都判定为"把人仅仅当作工具"的行为。

倘若基于"生育目的"而复制人类不能算是"把人仅仅当作工具",那么基于"混合目的"而复制人类亦不应被视为"把人仅仅当作工具"的行为。因为,所谓"混合目的",根据上文的定义,是指生育和非生育兼备的目的。如此一来,有关的复制行为仍是为了养儿育女,为了建立某种亲子关系。倘如此,则有关行为虽混有其他目的,但达成此等目的必须以同时能达成上述的生育目的为大前提。这样一来,有关的行为仍不能算是"把人仅仅当作工具"的行为。这就是为什么我们一般都不会否定以养儿防老为生育下一代的一个目的,因为关键的地方在于父母是否同时把子女当作爱的对象来看待。

那么基于非生育的目的来复制人类又是否道德上可接受呢?比如说,复制纯粹是为了科学研究或商业目的,这样的复制行为在道德上是否可接受?从康德的伦理原则来看,基于此等目的的复制人类的行为,明显是把人仅仅当作工具。因为在这种情况下,复制儿(被复制出来的儿童)只是一个被研究的对象或一件待价而沽的物品,而非被爱的对象。相信没有多少人会认为把儿童仅仅当作研究的对象或待价而沽的物品是道德上可接受的做法,此一道德判断并不是建基在个体自由或自主性等原则上面,而是基于儿童福利(child welfare)的道德考虑,而此一道德考虑是康德的伦理原则所支持的。①

以此观之,用康德的伦理原则来反对上述基于非生育的目的而复制人类的行为在道理上是站得住脚的。而 Harris 认为"制造该个体的动机不是道德上不相干,就是需从属于其他道德考虑"的说法则显然并没有充分考虑到生育行为背后的道德要求——必须基于生育目的(即使它混有其他目的)。倘若我们充分了解到生育行为背后的道德要求,我们就得承认生育的动机并非仅具从属的地位,更非道德上不相干。

4. 生育的权利

有的论者把复制人类的自由提到生育权利的高度。他们把复制人类视为生育手段(reproductive means)的一种,如此则复制人类的自由亦属于生育自

---

① 即使是最极端的自由主义者亦不会认为儿童的个人自由或自主性是限制其父母的行为的充分道德根据。

由的一部分，因而亦受到生育权利所保护。例如 Harris、John Robertson[1] 等论者就是采取上述的逻辑来反对禁止一切从事人的复制活动的社会措施或立法主张。Harris 援用了著名自由主义哲学家德沃金（Ronald Dworkin）所提出的"生育自决权利"（the right to procreative autonomy）来为复制人类的自由辩护。他认为有关自由可以由生育自决权利引申出来。[2] 根据 Dworkin 所提出的定义，所谓"生育自决权利"就是"人们可控制其在生育的事情上所扮演的角色的一种权利"，此一权利只有在政府有充分理由的情况下方可限制它。[3] Dworkin 认为此一权利是建立在下述的信念上的：

人们有这样的一种道德权利（和责任），就是以其良知和信仰去面对及处理与其人生意义和价值有关的最根本问题的权利。[4]

Dworkin 没有明确界定其所谓"生育自决权利"所涉及的范围，比方说它是否包括选择特定的生育方式（如复制人类）的权利？他更没有提及选择特定的生育方式的自由与人们自己需要面对的人生意义和价值的最根本问题有什么关联。故此，若有人企图以 Dworkin 所提出的"生育自决权利"来论证从事人的复制活动的自由，则他需要说明此一自由与人们自己需要面对的人生意义和价值的最根本问题有何重要关联。在笔者看来，选择某种生育方式的自由之所以具有重要性，主要是基于这样一个理由：倘若有关选择受到限制，则大大减小了相关个体能拥有自己的下一代的机会。而拥有自己的下一代则是一项重要且正当的价值，此一价值对于某些人而言甚至是其人生意义的一部分。[5] 由

---

[1] Robertson 采取了一个较迂回的论证：他首先论证人的生育权利包括了以"人工生殖"的方法（non-coital or assisted means of reproduction）来生育下一代的权利。他所提出的理由是，不育的夫妇和能正常生育的夫妇在生育的事情上的利益是不分轩轾的；故此，倘若能正常生育的夫妇可基于在生育的事情上的利益的重要性而得享生育的权利，那么不育的夫妇亦应基于同样的利益而得享有关权利。他继而论证由生育权利可引申出基因选择的权利。他认为倘若上述"人工生殖"和"基因选择"的生育方式是生育权利的一部分，则复制人类的生育方式亦是生育权利的一部分。因为，后者和前两者性质十分相近。J. A. Robertson, "Cloning as a Reproductive Right," in Glenn McGeeed. *The Human Cloning Debate*, Berkeley Hills Books (Berkeley California, 2000), pp. 42 - 57.

[2] John Harries, "Clones, Genes, and Human Rights," pp. 89 - 90. 笔者在别的地方也提出过类似的看法，可参考拙作 "Human Cloning, Harm, and Personal Identity," p. 196。

[3] Ronald Dworkin, *Life's Dominion* (Harper Collins, London, 1993), p. 148.

[4] Ronald Dworkin, *Life's Dominion*, p. 166.

[5] Jonathan Chan, "Human Cloning, Harm, and Personal Identity," p. 196.

此一角度来看，在某种特定的情况下，复制人类的自由是可以由生育的自决权利所确立的。

5. 儒家的生育伦理

现在让我们从儒家的道德视域，特别是从它的生育伦理观来考察以复制人类的方式来生育下一代的做法。从儒家的道德视域来看，生育是"继后世"、"广继嗣"的必须手段，而"继后世"、"广继嗣"则是一项重要的价值。儒家甚至把它们视为婚嫁的目的。试考察《白虎通义》里关于嫁娶的说法：

> 《易》曰：天地氤氲，万物化淳，男女构精，万物化生，
> 人承天地施阴阳，故设嫁娶之礼者，重人伦，广继嗣也。
> （《白虎通义·嫁娶》）

上述是援用了《周易·系辞下》的"天地纲缊，万物化淳。男女构精，万物化生"的说法来说明婚姻的目的就是为了"广继嗣"。《白虎通义》里的此一思想可以说是继承了《礼记》"昏礼者，将合二姓之好，上以事宗庙，而下以继后世也"（《礼记·昏义》）关于婚嫁意义的思想。"广继嗣"和"继后世"是指同一件事，就是延续后代。

《白虎通义》不但继承了《礼记》重视"继后世"的思想，还把它提到天地之道的高度："广继嗣"和"继后世"都是天地道化生万物的一种表现，是天地大德之彰显。《周易·系辞下》有"天地之大德曰生"的说法，孔颖达在其《周易正义》里，对"天地之大德曰生"有此一解释：

> 圣人同天地之德，广生万物……言天地之盛德在乎常
> 生，故言之，曰若不常则德之不大，以其常生万物，故云大
> 德也。（《周易正义》卷八）

根据此一说法，"常生万物"是天地之大德，故此，生儿育女这等"广继嗣"、"继后世"的行为亦应包括在天地之大德内。

宋儒周敦颐更把此一生生之德统摄到"仁义"的原则里。在其《通书·顺化》里有此一说法："天以阳生万物，以阴成万物。生，仁也；成，义也。"而北宋理学家程颢则把生生之德视为人性善的表现："'生生之谓易'是天之所以为道也。天只是以生为道，继此生理者，即是善也。"（《河南程氏遗书》卷二

上）以此观之，我们说生儿育女此等"广继嗣"、"继后世"的行为是出于人之善性和对仁义的要求亦无不可。

但是，上述儒家的生育伦理观可否被用来支持以复制的生育方式来延续后代的做法？这里涉及两个方面的问题。首先涉及的是关于复制人的本质的问题，其次是儒家的道德视域对有关本质赋予何种道德地位的问题。倘若复制人的本质和普通人的本质并无重大分别，又或者儒家的道德视域对有关本质所赋予的道德地位和一般人的并无差别，那么，以复制的生育方式来延续后代的做法就可以从上述儒家的生育伦理观来获得支持。否则的话，上述复制的生育方式能否在儒家的生育伦理观里得到支持则不无疑问。有关的问题将在下一节加以解答。

二、复制人的道德地位

对于研究复制人的道德问题而言，其中一个需要处理的问题，就是复制人究竟具有什么样的道德地位。该问题的答案部分地取决于复制人的本质，亦部分地取决于人们对有关本质所赋予的道德意义。

众所周知，复制的"生殖"方式和自然的生殖方式截然不同，和试管婴儿的生殖方式亦大不相同。虽然出生的过程并不相同，但是，复制人和普通人（包括试管婴儿）在本质上是否相同呢？他们的本质是否有分别？

1. 晚生的基因相同的双胞胎？

有不少论者喜欢用"晚生的基因相同的双胞胎"的比喻来描述复制人的本质。他们自觉或不自觉地把复制人和他的原型视为基因相同的双胞胎，只不过二人并非同时出生而已。有论者甚至把复制界定为创造年龄不同但基因相同的双胞胎的生殖方式。[①] 这样一来，复制人的本质就和一般的基因相同的孪生儿并无太大分别。倘如此，则关于复制人的个体性和身份独立性的问题便迎刃而解了。因为，倘若基因相同的孪生儿不会因为存在着一个和自己具有相同基因的人而缺乏个体性和独立身份，则复制人亦不会因为和其原型有着相同基因而

---

① Richard Dawkins, "Foreword," in J. Burleyed. *The Genetic Revolution and Human Rights* (New York: Oxford University Press, 1999), pp. v-xviii.

致使其个体性和独立性受损。

然而，用"晚生的基因相同的双胞胎"来描述复制人的本质却是具有误导性的。首先，正如不少论者所指出的，复制人和其原型的基因并非一定百分之百等同，因为，复制人的基因有一部分（虽然是很少的一部分）是来自卵细胞的线粒体。^① 倘若提供卵细胞的人并非复制人的原型，那么复制人和其原型的基因便并非完全等同。再者，正如笔者在别处所指出过的，复制人是通过复制一个现存或曾经存在过的人的基因而产生的，所以，在此一意义下复制人可以说是另一个人的"复制品"（即使不是完全相同的复制品）或"生物上的延续"。但是，产生孪生儿的过程却并非如此。简单而言，孪生儿是通过胚胎分裂（embryo splitting）产生的，而有关过程只能在胚胎形成的最初 14 天内发生。但是，在胚胎形成的最初 14 天内，有关胚胎并无确定的身份，故此，它亦不可能和任何人在身份上同一。如此一来，孪生儿就不可能是任何一个人的"复制品"或"生物上的延续"。由此观之，复制人和孪生儿有本质上的分别，两者不能相提并论。^②

不过，有关论者的说法有一点是正确的，就是复制人和他的原型虽具有相同的基因，但性格、经验和记忆可以不一样。然而，此一事实并不足以说明复制人和他的原型的独立性并没有受损。盖同一个人亦可在不同的阶段有不同的心理特性，关键在于这些心理特性在不同的阶段是否具有延续性（continuity）。就延续性这一点而言，复制人和他的原型虽不一定具有心理上的延续性，但复制人却可以说是其原型生物生命上（基因上）的延续，故此，认为复制人并非完全独立于其原型的一个新生命，是有一定的道理的。

2. 复制人的身份

有论者或许会认为是否用"晚生的基因相同的双胞胎"此一比喻是无关宏旨的，因为有关比喻旨在表明"基因相同"（genetically identical），并不含蕴"性质上同一"（qualitatively identical）。倘若复制人和其原型的基因并非百分之百等同，那么他们更非性质上同一。只要两者并非性质上同一，他们在身份上就并非同一，两者的个体性及独立性因而也就没有被削弱。

---

① R. L. Gardner, "Cloning and Individuality," in J. Burleyed. *The Genetic Revolution and Human Rights* (New York, Oxford University Press, 1999), pp. 29–37.

② Jonathan Chan, "Human Cloning, Harm, and Personal Identity," pp. 201–202.

在此等论者而言，复制人的个体性和身份的独立性并不取决于基因事实，而是取决于心理事实。只要他能意识到自己的存在、懂得理性思考以及能够按照自己的意愿来决定各种选择的优先次序，即他有自我意识，有理性及自主性，那么，他就是一个身份上独立的个体，他就有个体性和独立性。这种观点是基于由洛克提出并广为自由主义哲学家所采纳的一种人性论。根据该种人性论，人的本质及自我由有关的心理事实所构成，其身份亦由此而界定。以此观之，复制人和普通人的道德地位并无太大分别，前者亦因而应享有一个普通人所应该享有的待遇。

3. 儒家的回应

让我们把上述洛克式的关于人的本质、自我和身份的进路称为"心理学的进路"。那么，该种心理学的进路就解答有关的人性论问题而言是否唯一合理的进路？比方说我们为什么不可以采取一种"生物学的进路"（即认为人本质上是某种生物体的进路）？根据该种进路，人的本质和自我并非由某些心理事实所构成，而是由某些生物事实（例如具有某些特定的基因）所构成，其身份亦由此而界定。本文无意探讨上述两种进路之间的优劣，旨在指出除了上述的"心理学的进路"之外还有别的可能。比方说，儒家的人性论的进路就是另一种可能性。

从儒家的道德视域来看，人的本质和自我并非仅由某些心理事实所构成，还包括某种人伦关系，其身份亦由此而获得界定。程颢和程颐曾经提出过"父子君臣，天下之定理，无所逃于天地之间"（《程氏遗书》卷二）的说法。照二程的说法，人伦关系是天下之定理，每个人都被纳入此种关系之中，是没有例外的。而朱熹则进一步对五伦（即其所称的"五教"）和人的关系提出了这样的说法：

> 盖民有是身，则必有是五者，而不能一日离；有是心则
> 必有是五者之理而不可以一日离也。（《朱文公文集》卷七十
> 九《琼州学记》）

按照朱熹的此一说法，五伦和人的自身是不可分割的，倘如此，则人的本质、自我及身份当不能离开人伦关系而有其独立意义。这样一来，对于"x是y的儿子"等命题（其倘若为真则它在任何可能情况下都是真的），我们需要

通过它所表述的人伦关系来了解 x 的身份，而 x 亦无法不通过这种人伦关系而对自己有完整的了解。对于 y 而言，类似的说法是否成立则是一个需要进一步探讨的问题。依笔者的初步看法，儒家或许会采取这样一种立场：y 进入了某种人伦关系之后，他的身份和自我都产生了变化，这时 y 是 x 的父亲此一人伦关系构成了 y 的身份的一部分，不通过它我们无法对 y 的自我有完整的了解，而 y 亦无法对自己有完整的了解。以此观之，从儒家的道德视域来看，人的本质、自我及身份都必须通过人伦关系来加以了解。离开了人伦关系，人的本质、自我及身份便晦暗不明。在儒家而言，上述观点表达了一种客观的道德秩序，正如《周易·序卦》所说：

> 有天地然后有万物，有万物然后有男女，有男女然后有夫妇，有夫妇然后有父子，有父子然后有君臣，有君臣然后有上下，有上下然后礼义有所错。

此一客观的道德秩序亦同时规范了我们的行为，即我们的行为应以有关的道德秩序为依归，不可背离它。[1]

现在让我们通过儒家上述的人性论观点来考察复制人的道德地位。很明显，从儒家的角度来看，复制人并不具备完整的人性，他在亲子关系的一伦里有着无法弥补的缺陷：他无法成为别人的子女，亦无法成为别人的兄弟姊妹。他和其原型并不具备父母子女的亲子关系，他亦非其原型的兄弟姊妹（上文业已指出，复制人和其原型并不具备基因相同的孪生儿的关系），他和其原型的父母亦不具备父母子女的亲子关系。[2] 他仅是其原型生物上的延续。分析至此，对于前文所提出的能否以儒家的生育观来支持复制的生育方式此一问题，答案是明显的。从儒家的道德视域来看，由于通过复制的方式"生殖"出来的人在人性上具有无法弥补的缺陷，故此，这种生殖方式是无法在儒家的生育伦理当中得到支持的。换言之，儒家的道德群体是不应接受这种生殖方式的。

---

① 参见范瑞平：《人的复制与人的尊严：多元化的社会与儒家道德共同体》，载《中外医学哲学》，1998（3）。

② 虽则在某一意义下复制人的绝大部分基因可以说是来自其原型的父母，但在儒家而言，父母子女的亲子关系并不仅由基因的延续性所决定。

三、结语

以上我们分别探讨了自由主义和儒家的生命伦理对复制人的道德问题的看法。自由主义的生命伦理对应否允许复制人类的基本立场可以用 Harris 的观点来加以总结："除非有充分理由，否则人们的自由不应受到限制。"① "倘若你对制造人类的伦理感兴趣，那么，只要生存对于被制造的个体而言是最有利的，并且该个体将具备自主的能力，则制造该个体的动机不是道德上不相干，就是需从属于其他道德考虑。"② 儒家的生命伦理对此则持相反的立场，在儒家看来，人们不应试图复制人类，而有关活动亦不应被允许。这两种生命伦理之所以有此分歧主要由于两者对人的本质、自我及身份有不同的看法。在自由主义看来，人的本质、自我及身份取决于人的自我意识、理性及自主性；而儒家则认为人的本质、自我及身份取决于人伦关系。正是由于两者的人性论存在着分歧，致使它们对应否允许复制人类的道德立场亦存在着分歧。

---

① 转引自陈强立：《从中国生命伦理学到复制人类的道德问题———一个方法学上的省思》，65 页。
② 转引自陈强立：《从中国生命伦理学到复制人类的道德问题———一个方法学上的省思》，68～69页。

儒化中医哲学与当代基因改造人性道德争论

罗秉祥

一、导言：当代基因工程争论

当代社会一个重大的道德争议，是以基因科技改造人性应否进行。一些在学术著作中向来不讨论生命伦理学问题的西方哲学家（如 Jürgen Habermas[①]，Francis Fukuyama[②]，Michael Sandel[③]）也纷纷加入讨论，可见这一问题的划时代重要性。

简要地对背景作一交代，可以从遗传基因工程说起。人可以对两类遗传基因进行操控：体细胞中的遗传基因及生殖细胞中的遗传基因。改变前者，只会影响当事人；改变后者，将会影响当事人的后代。改变遗传基因也可出于两种不同目的：治疗（根绝遗传性疾病）及增强（enhancement，使人的天赋能力及心智有所提升）。因此，遗传基因工程大致可分为四类：体细胞基因治疗、体细胞基因增强、生殖细胞基因治疗、生殖细胞基因增强。第一类的基因工程争议最少，因为与一贯的医疗宗旨一致，此举虽然是干预自然，但却是纠正自然生命中的错乱情况。因此，只要技术安全（目前还不能担保），且视遗传基因为身体的一部分，并没有与众不同的神圣性，连不少西方神学家都赞成体细胞基因治疗。[④] 上述第四类的基因操控则争议最大，因为牵涉到生殖细胞中的

---

① Jürgen Habermas, *The Future of Human Nature* (Oxford: Polity Press, 2003).

② Francis Fukuyama, *Our Posthuman Future: Consequences of the Biotechnology Revolution* (New York: Farrar, Straus and Giroux, 2002).

③ Michael J. Sandel, *The Case Against Perfection: Ethics In the Age Of Genetic Engineering* (Cambridge, Massachusetts: Belknap Press of Harvard University Press, 2007).

④ LeRoy Walters, "Human Genetic Intervention and the Theologians: Cosmic Theology and Casuistic Analysis," in Lisa Sowle Cahill and James F. Childress ed., *Christian Ethics: Problems and Prospects* (Cleveland: Pilgrim Press, 1996), p. 243; James J. Walter, "Theological Issues in Genetics," *Theological Studies* 60 (1999): 125.

基因，所带来的改变会延续到所有后代，几乎不可逆转地影响到将来的世代；再者，其操控用意非为治病，而是为了改良人种，为了优生。

虽然遗传优生工程于纳粹德国期间在国际上声名狼藉，而且战后西方社会有时会将之与种族主义相结合（例如说白人的遗传基因比黑人的遗传基因优良），以致现时在全球发达国家中没有关于此的很强的声音（至少大家都避免用优生学，eugenics，这个词）。可是，遗传基因优生工程的思想在本世纪将会日益壮大，理由如下。研究科学史的学者发现，遗传优生的思想在科学思想史中已酝酿了很长一段时间。[①] 其中德国遗传学者 Hermann J. Müller 的思想尤其令人关注。他和一批杰出的遗传学者于 1939 年主张，人可以通过基因工程改良人种，自我控制及引导人的进化，以臻完美。[②] 人类可因此成为新人类的创造者，从事新的创造或第二次创造[③]，人因此可以像上帝一样。[④] 这种想法于二战后仍有生物学家支持，如 Joshua Lederberg（诺贝尔奖得主，斯坦福大学遗传学教授）于 1967 年也主张："作为操纵者，人过于像上帝；作为对象，人过于像机器。"[⑤] 再者，人类基因组计划已于 2003 年宣布完成，而曾参与这项工作的部分科学家认为，人类基因组中的确有不少瑕疵，待充分认识后，可加工使之完美。甚至有人用宗教的语言，说人在堕落后遗传基因组也受到损坏，将来可以通过基因工程使人恢复昔日原初之完美。[⑥]

当多利这只"复制"羊面世后，顺着讨论风向，普林斯顿大学生物学教授

---

① John Passmore, *The Perfectibility of Man* (New York: Charles Scribner's Sons, 1970), pp. 186 – 189; David F. Noble, *The Religion of Technology* (New York: Alfred A. Knoff, 1997), pp. 172 – 200.

② 1939 年，Müller 与其他 22 位杰出的遗传学者发表了一篇《遗传学者宣言》，其中一段提到将来"每一个人都可以把天才视为与生俱来的权利"。而且于全文的最后一句他们更乐观地预言人的自我拯救：基因科技"可使人类克服那些直接威胁现代文明的众罪恶"。"Social Biology and Population Improvement," *Nature* 144 (1939): 522. 另可参见 LeRoy Walters and Julie Gage Palmer, *The Ethics of Human Gene Therapy* (New York: Oxford University Press, 1997), pp. 108 – 109。

③ Noble, *The Religion of Technology*, p. 187; Paul Ramsey, *Fabricated Man: The Ethics of Genetic Control* (New Haven: Yale University Press, 1970), pp. 144, 152, 159 – 160.

④ Passmore, *The Perfectibility of Man*, p. 187.

⑤ "Man as manipulator is too much of a god; as object, too much of a machine." 转引自 Ramsey, *Fabricated Man*, p. 103。

⑥ Noble, *The Religion of Technology*, p. 200.

李·希尔佛（Lee Silver）马上写作并出版了《重造伊甸园》这本书①，旗帜鲜明地为遗传优生工程打气。身为一位遗传学家，他对生育遗传学在将来的应用充满信心且十分乐观。他认为，首先，通过把动物的某些独特基因移植至人类的基因组，人的触觉能力可大大增强（如可以看到紫外线及红外线）。人的身体可以于黑暗环境中发光（取自萤火虫及深海鱼的基因），也可发电（取自鳗鱼的基因），侦测磁场（取自鸟类的基因），得到灵敏嗅觉（取自狗的基因），及发射和反射高频率的声波，以至在漆黑环境中仍可"看见"物体（取自蝙蝠的基因）。② 换言之，人皆可以成为"千里眼"、"顺风耳"！再者，科学家更可以于实验室中制造崭新的人工合成基因，大幅扩大人类的基因组及人的天赋能力。③ 因此，Silver 更预言在将来人类会渐渐分化成两类人：自然人（naturals）及基因增强人（gene-enriched，或 GenRich）。后者由于不断接受生殖细胞的基因增强工程，身体内将会增加额外的一对染色体（换言之，一共是 24 对），以容纳经过特别设计的基因。由于基因增强人是经过精密改良的优生人种，各方面的天赋能力皆属"超重量级"，于是慢慢便出现物种分离（species separation），形成一个全新物种，如人之于黑猩猩也是一个全新物种一样。④ 如他所言：

> 在遥远的未来纪元，将存在一群智能特殊的高等生物。虽然这种高等生物的祖先可追溯至智人（homo sapiens），但他们与现今人类的差异程度，正如现今人类与太初于地球爬行的只有微小脑袋的蠕虫之间的差异。这些蠕虫进化至现今人类约需时 6 亿年，然而从现今人类自我进化成这种超级

---

① Lee Silver, *Remaking Eden: How Genetic Engineering and Cloning Will Transform the American Family* (New York: Avon Books, 1997). 台湾的中译本书名却去除了原书名的宗教色彩。李·希尔佛：《复制之谜：性、遗传和基因再造》，台北，时报文化出版社，1997。

② Silver, *Remaking Eden*, pp. 237-238.

③ Silver, *Remaking Eden*, p. 4. 因此，Silver 预言："在短期内，大部分的基因增强将多半被用于比较实际的用途上；它们将被用来治疗致命的遗传性疾病，或轻微改善某些体能及智能。可是在未来两个世纪中，各式各样的新基因，将以极高的速度扩充人类的基因组……对于那些有购买能力的父母来说，以前想象不到的基因扩充，在未来将会是不可或缺。"Silver, *Remaking Eden*, pp. 238-239，笔者中译。

④ Silver, *Remaking Eden*, pp. 4-7, 246.

智力的高等生物，需时却不会很久。[①]

当这种高等生命（基因增强人）回头再看太初混沌初开时所发生的事，也就是智人所认为是上帝的鬼斧神工创造，其实都是他们能力所及的事![②] 因此，Silver 教授把他这本书命名为《重造伊甸园》，清晰地表示了人要创造一个新人种的雄心，人要扮演上帝。[③]

Silver 这种"新亚当"构思，其实是尼采超人哲学的生物学翻版，而且是早已有人提出过的。在《重造伊甸园》出版的 18 年以前，已有另一位分子生物学家 William Day 提出人可以人为地促进自己的演化，使人类进化为"终极人"（omega man），这是一个新的物种，拥有被今天人类视为超自然的能力。[④]

通过改变人的遗传基因，我们可以改造人性。对于这个雄心壮志，我们该如何做道德评价？西方学术界关于这个题目已讨论甚多，论点日渐没有新意；传统中国思想是否能提供一个新视域，使全球对这个问题的讨论更丰富？这是本文的写作缘起。

二、医学哲学的三大基础问题与中华思想之资源

哲学的任务并非试图为人生及社会的问题给出直截了当的标准答案；相反，哲学很多时候促使人在考虑问题时，采取一种寻根究底的态度，督使人去反思一些表象背后更根源性或终极性的问题。

医学哲学也不例外。因此，医学哲学对基因改造人性的哲思，不能停留在"法律上该管制还是不该管制""为道德所不容或可容"这些表面问题上。不是说这些表面问题不重要或不迫切，而是说在对这些问题提供一些经过了深思熟虑的答案前，必须先处理一些更基本的重大哲学问题。

在浩瀚的中国文化中，到哪里可找到资源去协助我们反思基因改造人性这

---

① Silver, *Remaking Eden*, p. 249.

② Silver, *Remaking Eden*, p. 250.

③ Silver 更引用《圣经·创世记》3 章 5 节，暗示人将会进化为上帝。Silver, *Remaking Eden*, p. 197.

④ William Day, *Genesis on Planet Earth: The Search for Life's Beginning* (East Lansing, Michigan: House of Talos, 1979), pp. 390 - 392.

个当代道德争议？这个问题不容易回答。可是，假如我们先回到医学哲学的一些基本问题，便可以发现传统的中国思想中有丰富的资源协助我们去反思，并让我们与别的文化思想进行跨文化对话。

医学哲学的基本问题是什么？笔者认为，我们不妨参考卡拉罕（Daniel Callahan）的见解。卡拉罕被公认是美国生命伦理学的鼻祖之一，是影响力巨大的黑斯廷斯中心（Hastings Center）之两个创办人之一。已经第三次修订再版的《生命伦理学百科全书》中的"生命伦理学"一条目，便是由他来执笔，该文在两次修订版皆不做任何修改，因该篇文章（1995 年第一版）已成为经典。在该文中，卡拉罕说：

> 从某一角度而言，生命伦理学完全是一个现代的领域，是生命医学、环境科学及社会科学所带来惊人进步之产物。……可是从另一角度而言，这些进步所带来的问题，无非是人类自古以来所提出的悠久问题。……生命医学、社会科学及环境科学之最大能力，是它们能决定我们人类如何去理解自己及我们所活于其中的世界。表面看来，它们为我们带来新选择，及由此而产生的新道德两难。往深一层去看，它们却迫使我们去质疑习以为常的人性观，并且提出一个我们该面对的问题：我们希望成为何等样人？①

换言之，我们不应见树不见林，不应停留在问题的表面而不反思一些更深层的问题。因此，卡拉罕提出，要完备地去处理一些医学及其他生命科学所带来的道德问题，我们最终必须诉诸一幅广大悉备的人生图像：

> 一个人生的图像（或直接、或间接）会为生命伦理学的不同理论及策略提供框架。这个图像应该提供生命力让我们去：（1）过一个人自己的生活——当医学与生物学增加了人的选择时，人对如何活出自己的人生有更强的自觉；（2）过一个人与他人共活的生活——既有权利也有责任，互为依存及互相约束，创造一个大家共同的人生；（3）过一个人与大

---

① Daniel Callahan, "Bioethics," in Stephen G. Post, ed., *Encyclopedia of Bioethics*, 3rd. ed. (New York: Thomson-Gale, 2004), Vol. 1, pp. 278, 285. 笔者中译。

自然共活的生活——大自然一方面有其自身的内在规律及目
的，另一方面又为我们的人生提供了一个养育及自然
脉络。①

因此，从医学哲学角度去反思基因改造人性的争议，除了从微观角度，也
可以从宏观角度，从广大悉备的人生图像作三方面反省：（1）从人的自我理解
与定位看问题；（2）从人与他人的关系看问题；（3）从人与自然的关系看问
题。在下一节，笔者会先简单介绍一位当代西方哲学家如何从这个宏观角度来
检讨基因工程的道德得失，然后在本文的最重要部分（四至六节），笔者会介
绍中国传统医学哲学，特别是儒化了的中医哲学，提供了什么广大悉备的人生
图像。最后，在本文第七及第八节，笔者会指出这个广大视野对当代基因改造
人性道德争论的意义。

三、哈贝马斯论人的物种自我伦理定位

2001 年哈贝马斯在德国发表了一篇长文，提出论证反对：（1）容许双亲
更改后裔基因这个自由优生政策；（2）习以为常地以植前基因诊断技术（pre-
implantation genetic diagnosis）去选择"完美"的婴儿；（3）胚胎干细胞研
究。他的论证很特别，有别于一般生命伦理学者的微观论证方法。他宏观地提
出了"人的物种之伦理自我理解"，指出社会若自由地容许上述三者进行，会
影响到我们对人之所以为人的伦理观。他说：

在某些方面，基因工程会迫使我们面对一些包含了道德
判断及道德行为的实际问题。机会与选择之间的界限发生变
化影响了以道德为行为准则的人的自我理解，使他们把生命
看作一个整体。此举也使我们察觉到我们作为道德人的自我
理解，与物种伦理的人类学背景之间的相互关系。②

---

① Callahan. "Bioethics," p. 285. 笔者中译。

② Habermas, *The Future of Human Nature*, pp. 28 - 29. 笔者中译，参 pp. 25, 38, 39, 40, 41,
48, 67, 71, 72。

他的扼要结论是：

> 我们是否把自己视作个人历史的书写者，是否承认彼此生而平等，皆是有平等尊严的人，也取决于我们如何从人类学角度看待作为物种成员的自己。我们可以把通过基因干预实现物种自我转化及自我优化视为一种促进个人自主的方式吗？还是这种干预会破坏我们对于主导自己人生及彼此表达平等尊重的人的规范性自我理解？[1]

简言之，哈贝马斯认为我们对人的物种有一个伦理自我定位，我们皆是自主及平等的。对于上述三种基因科技，社会若广亮绿灯，其后果会违背我们这个物种的伦理自我定位。

因篇幅关系，这里不介绍他的复杂论证。笔者只想指出，用上述卡拉罕的大视野去处理当代基因科技伦理问题，也是目前西方学界采用的一种方法。在下文，笔者会改用传统中国哲学的广大悉备的人生视野来协助我们反思当代基因改造人性的道德争论。

四、《黄帝内经》中的天人关系

中国古代哲学的天人关系，与上述卡拉罕的三个广阔视野中的第一个（人的自我理解与定位）及第三个（人与自然的关系）皆有关。既然发展基因科技是源于医学用途，我们也可以寻求一个医学典范来协助我们思考。因此，本文会以中国医学哲学，也就是传统中医的天人关系哲学为视域。

传统中医现存最早也是最重要的典籍，当然就是浩瀚的《黄帝内经》（分《素问》与《灵枢》两部分，各有81章）。研究及发扬《黄帝内经》的学者，经常说此书的最重要哲学就是"天人合一"或"天人相应"、"天人整体观"。[2] 按笔者的研究，《黄帝内经》的"天人合一"主要针对三方面而言：（1）人与天相对应变化；（2）人与天规律相同；（3）人与天结构类似。

---

① Habermas, *The Future of Human Nature*, p. 29. 笔者中译。

② 参见王洪图主编：《内经》，248～250、286～288、290～291页，北京，人民卫生出版社，2000；王洪图主编：《黄帝内经研究大成》，2187～2190、2203～2205页，北京，北京出版社，1997；周桂钿：《中国历代思想史·秦汉卷》，89～105页，台北，文津出版社，1993。

关于第一点，人与天相对应变化，有以下文献：

> 五藏各以其时受病，非其时，各传以与之。人与天地相参，故五藏各以治时。时感于寒，则受病，微则为咳，甚者为泄，为痛。乘秋则肺先受邪，乘春则肝先受之，乘夏则心先受之，乘至阴则脾先受之，乘冬则肾先受之。(《素问·咳论篇第三十八》)①

> 春生夏长，秋收冬藏，是气之常也，人亦应之。(《灵枢·顺气一日分为四时第四十四》)

> 天温日明，则人血淖液，而卫气浮，故血易泻，气易行；天寒日阴，则人血凝泣，而卫气沉。(《素问·八正神明论篇第二十六》)

> 人与天地相参也，与日月相应也。故月满则海水西盛，人血气积，肌肉充，皮肤致，毛发坚，腠理却，烟垢着。当是之时，虽遇贼风，其入浅不深。至其月郭空，则海水东盛，人气血虚，其卫气去……当是之时，遇贼风则其入深，其病人也卒暴。(《灵枢·岁露论第七十九》)

换言之，四季的转变、日夜的更替、月亮的盈亏、天气的温寒、地域的相异，都分别对人身体情况有不同的影响。医者医病时或病人自我调理时，需要因应这些大自然的变化而做出配合。简言之，人要配合天地。

关于第二点，人与天规律相同，有以下论述：

> 天地之间，六合之内，不离于五，人亦应之，非徒一阴一阳而已也。(《灵枢·通天第七十二》)

> 故清阳为天，浊阴为地；地气上为云，天气下为雨；雨出地气，云出天气。(《素问·阴阳应象大论篇第五》)

> 可见天地之升降者，谓之云雨；人身之升降者，谓之精气。天人一理，此其为最也。(张介宾：《类经·阴阳类一》)

---

① 本文所有医学文献引文皆来自裘沛然、王永炎、邓铁涛、刘祖贻、谭新华、朱文锋主审：《中华医典》(电子光盘)，长沙，嘉鸿科技开发有限公司 (策划制作)、湖南电子音像出版社 (出版)，2007，部分标点是笔者所加。

换言之，阴阳五行既是大自然运行的基本原理，也是人身体健康变化的基本原理。人是天地一部分，要遵守同样的规律。简言之，人不能逆天。

关于第三点，人与天结构类似，最详尽是以下这段：

> 天圆地方，人头圆足方，以应之。天有日月，人有两目。地有九州，人有九窍。天有风雨，人有喜怒。天有雷电，人有音声。天有四时，人有四肢。天有五音，人有五脏。天有六律，人有六腑。天有冬夏，人有寒热。天有十日，人有手十指。辰有十二，人有足十指、茎、垂，以应之，女子不足二节，以抱人形。天有阴阳，人有夫妻。岁有三百六十五日，人有三百六十节。地有高山，人有肩膝。地有深谷，人有腋腘。地有十二经水，人有十二经脉。地有泉脉，人有卫气。地有草蓂，人有毫毛。天有昼夜，人有卧起。天有列星，人有牙齿。地有小山，人有小节。地有山石，人有高骨。地有林木，人有募筋。地有聚邑，人有腘肉。岁有十二月，人有十二节。地有四时不生草，人有无子。此人与天地相应者也。（《灵枢·邪客第七十一》）

这种天人同一的想法比较牵强，与医术也无关。

《黄帝内经》中的天人关系还比较朴素，哲思还不够深入，所以笔者要进一步分析后期的医学哲学。

五、儒化中医哲学中的天人关系之一——参天地，赞化育

以前医者在中国社会的地位低下，到了两宋才开始改变。范仲淹的"不为良相，愿为良医"说，再加上他在朝廷的推动，帝王的首肯，"掀起了朝野上下的一股'医学热潮'。有现代学者将这种状况称为'医儒合一'，指出儒医格局的产生与确立有两个重要标志，一是儒者习医之风越来越盛，发展到无儒不通医的地步；二是医者皆从儒者转来，医能述儒成为一种普遍现象"①。到了明清，由于印刷术的进步，刻印的医书大量增加，"这一时期的综合性医学著

---

① 李经纬、张志斌主编：《中医学思想史》，426 页，长沙，湖南教育出版社，2006。

作，和过去的……有了很大不同。……大多包含着著作者自己的主张和见解"①。因此，在这些医书中也常运用儒学（特别是朱熹理学）的哲学语言。

儒学的天人观，很自然地，也大量出现在元、明、清的医书中。儒学的天人观最有代表性的有两段文字："夫大人者，与天地合其德，与日月合其明，与四时合其序，与鬼神合其吉凶。先天而天弗违，后天而奉天时。"（《周易·乾》）这是其一。"惟天下之至诚，为能尽其性；能尽其性，则能尽人之性；能尽人之性，则能尽物之性；能尽物之性，则可以赞天地之化育；可以赞天地之化育，则可以与天地参矣。"（《礼记·中庸》第廿二章）这是其二。儒化医书内的哲思，较多引用《中庸》第廿二章，因为"天地化育"是指大自然中生命的化生长育，自然界所有生命体的生、长、壮、老、衰、死，所以比较接近中医的学科课题。儒化了的医书颇多使用"赞天地"、"参赞天地"、"参天地，赞化育"等词句。笔者查看了不少论述，可把这些论述分类为医书、医理、药、疗法四大类。

1. 医书乃赞化育之书

> 按《内经》序，岐伯为黄帝之臣。帝师之，问医，着为《素问》《灵枢》，总为《内经》十八卷。唐太仆王冰次注，为医之祖书，脉理、病机、治法、针经、运气，靡不详尽。真天生圣人，以赞化育之书也，今行世。（（明）徐春圃：《古今医统大全·卷之一·历世圣贤名医姓氏、五帝、天师岐伯》）

> 是集也，以摄精调经为本，兼以胎产须知之助，参究脉证，虚实寒热，斟酌加减，皆其律。集古今之秘，以成广嗣之全书，而无胶柱刻舟之弊。诚足以究圣贤之蕴，以赞化育之机者也。（（明）徐春圃：《古今医统大全·卷之八十四·螽斯广育·汪子良序》）

> 余受而读之，见其博引广征，门分类别，纲举而目张，择精而语详，与《济阴》同一机轴。可谓集医家之大成，登斯民于寿域者矣。虽然先生有济世之功，而不能保遗编之不

---

① 王晓鹤主编：《中国医学史》，34 页，北京，科学出版社，2000。

蚀于风雨，自非荫斋先生粤若稽古，详参释义，出而广布之天下，后世亦乌识古仁人君子之用心，固有如是其恳且挚者。而因以通神明，赞化育，起沉痼而跻之春台。（（明）武之望：《济阳纲目·张荫斋先生注梓济阳纲目序·一》）

治杂病者，以《伤寒论》为无关于杂病，而置之不问。将参赞化育之书，悉归狐疑之域。愚甚为斯道忧之……（（清）柯琴：《伤寒论翼·自序》）

2. 医理（尤其是"五运六气说"①）赞化育

且六气皆有左右间。一岁之间，分别循环作主。此外又有天符岁会三命之不齐，南政北政之易位，与夫气之胜与不胜，脉之应与不应，以及初终胜复，气至先后。自非通天彻地参赞位育之圣人，焉能知化穷神，洞烛无间。（（元）吕搽村：《伤寒寻源·上集·司天运气》）

夫五运六气，上古圣人所以参三才而赞化育者也。（（明）楼英：《医学纲目·运气占候补遗·序》）

夫运气之道，上古圣人所以参天地赞化育者也。盖气流行于天地间，有化有变，其化也，在人为生育；其变也，在人为疾死。故赞其化育以济其生者，必先制其疾以拯其死，此则医道之所由设，使有生者无夭折、享寿考，而其德业可与天地参矣。（（明）楼英：《医学纲目·〈内经〉运气类注·序》）

此段言运气有生克，而又有制化也。……盖生克者，运气之常数，而制之化之，又所以转五运而调六气也。圣人作经，参赞化育，义专在此。（（清）汪昂：《素问灵枢类纂约注·卷下·运气第六》）

以故分为五行，列为六气。正如声韵之有节奏，方可循

---

① "五运六气说"是中国古代研究气候变化及其与人体健康和疾病关系的学说。五运即五行，六气是指风、热、火、湿、燥、寒六种气。五运六气配上天干地支，可推论气候变化规律及其对人体健康和疾病的影响。

序调和，以归于平，此圣人法则天地，而为参赞化育之制度也。（（清）章楠：《医门棒喝·卷之一·六气阴阳论·附答问》）

恍然于医易之同原也。今夫天地间，不过此阴阳动静之理，消长变化之机，在天地与人身，原无二致。……要之人身之配天地，不过此一阴一阳之道，而医理之赞化育，不过此为升为降之理。（〔日〕丹波元胤：《中国医籍考·卷六十五·方论·四十三》）

3. 药与赞化育

例如玄参：

其味苦，已向乎阳，其气寒，未离乎阴，俨似少阴之枢象。参赞化育之元始，具备少阴之体用者也。（（明）卢之颐：《本草乘雅半偈·第四帙·玄参》）

再例如人参：

韩飞霞云人参膏服固元气于无何有之乡。此诚深知参者矣。故字从参者以其有参赞化育之妙。与天地相参伍。而其功不甚伟软。（（明）萧京：《轩岐救正论·卷之三·药性微蕴·黄芪》）

又例如阳起石[①]：

远公存心慈悯，且欲参赞化育，发明阳起石之奇，竟至改造天厌，再生子嗣，不顾及天谴乎。然而，天心随人心为转移，人心善，则天亦随人心而变化，但人宜善承之，毋负远公好善之怀也。（（清）陈士铎：《本草新编·阳起石、批文》）

或一般中药：

---

① 一种有纤维状的晶体，古代壮阳药之一。

药者，圣人之仁术，为参赞化育而设。（（清）章楠：《医门棒喝·附寒热各病治案》）

4. 疗法与赞化育

论点艾火：

此古人赞化育之一事。艾灸点火，只依取五火而已。秦汉而下，医家不识此意。（（明）高武：《针灸聚英·点艾火》）

论针灸：

否则，在造化不能为天地立心，而化工以之而息；在夫人不能为生民立命，而何以臻寿考无疆之休哉。此固圣人赞化育之一端也，而可以医家者流而小之耶？（（明）杨继洲：《针灸大成·诸家得失策》）

儿科种痘：

此说虽似渺茫，然以理拨之，却有参赞化育之功，因时制宜之妙。……施于未病之先，调于无病之日。（（清）郑玉坛：《彤园医书（小儿科）·卷后篇·痘中杂症·种痘源流》）

辨别及治疗七种痘疹：

临此等七晕之证，内有一定之主意，外用合宜之药品，举斯世之幼稚，咸出险途而跻寿域，岂非仁人君子仁心仁术，参天地赞化育乎。（（清）顾世澄：《疡医大全·朱氏辨别七晕》）

简言之，从上述这些医学典籍可看到，儒医视医学工作与研究为一项《礼记·中庸》廿二章所言参天地、赞化育的重大使命。至于医事如何赞化育，在下文会解释。

六、儒化中医哲学中的天人关系之二——补造化

首先有一点值得注意，《礼记·中庸》廿二章的从至诚、尽其性、尽人之性、尽物之性，到赞化育，该如何解释？郑玄与朱熹皆以"助"解释"赞"。然而，"诚"与"尽其性"是道德生命，如何能有助于天地自然生命的化生长育呢？程明道因此反对以"助"训"赞"，因为解释不了其所以然。① 朱熹只强调这段话表明圣人之心与天地之心为一，也没有说明圣人如何赞天地化育。② 唐君毅也感到解释上有困难，所以也不尝试使其自圆其说，而改用比喻法从另一个角度看人的道德生命与天地自然生命的相似关系。③ 但是南宋卫湜编的《礼记集说》有一条很有意思的解释，虽也没有解释道德生命如何有助于造化自然生命，但却注意到天地化育万物这项工作尚未完成，并不完备，还需要圣人做某些事去补足；是之谓赞。

> 高要谭氏曰：人者，天地所生，物亦天地所生。天地生之，圣人成之。天地化育之道，待圣人而后备，此则赞之义也。人之为号，本与天地并称，唯其在己者有所未尽，不能推之于人物，无补造化，故于天地不相似。圣人尽己之性，而进乎赞化育之功，则是上下与天地同流，此则参之

---

① "又曰：至诚，可以赞天地之化育，则可以与天地参。赞者，参赞之义，先天而天弗违，后天而奉天时之谓也，非谓赞助。只有一个诚，何助之有？"（（宋）卫湜：《礼记集说卷一三三》，收于《文渊阁四库全书电子版》。）

② "天下之理，未尝不一，而语其分，则未尝不殊，此自然之势也。盖人生天地之间，禀天地之气，其体即天地之体，其心即天地之心，以理而言，是岂有二物哉！故凡天下之事，虽若人之所为，而其所以为之者，莫非天地之所为也。又况圣人纯于义理，而无人欲之私，则其所以代天而理物者，乃以天地之心，而赞天地之化，尤不见其有彼此之间也。若以其分言之，则天之所为，固非人之所及，而人之所为，又有天地之所不及者，其事固不同也。但分殊之状，人莫不知，而理一之致，多或未察。"朱熹：《四书或问》，见朱杰人、严佐之、刘永翔主编：《朱子全书》卷六，595～596 页，上海，上海古籍出版社；合肥，安徽教育出版社，2002。

③ "本仁智以自尽其性而自诚者，乃一纯亦不已而相续无穷之历程。尽人之性与尽物之性，亦为一无穷之历程。……是正所以见圣人之圣德之无尽也。此有如天之化育万物之无疆而不已……"唐君毅：《中国哲学原论·原性篇》，修订版，66 页，香港，新亚研究所，1974。

义也。①

换言之，高氏认为人之所以能参天地之化育，是因为"天生人成"这种天人关系。具体地说，是通过补造化来完成天地所起始但尚未完成的工作。

在元朝儒医初现时，有一本论养生食疗的医书在序文中也这样说：

> 惟天地大德曰生，天地能生之，不能全之。圣人有作，才成辅相，左之右之，使民宜之。……故自格物致知，穷理尽性。参天地赞化育者，迹其粗以造于精，资于外以养其内，则汪君是书之编有裨政教，诚非细故也。（（元）汪汝懋：《山居四要·序》）

好一句"惟天地大德曰生，天地能生之，不能全之"。天地虽然赋予我们生命，但各种疾病与受伤却可使我们性命不保。因此，医者的工作就是在这方面补天地的不足，延续天地之大德，这是"天生人全"；也正因为如此，医事赞化育，参天地。因此，在元、明、清的医学文献中，特别在医书序言中，也常说医可以"补造化"、"补造化之不齐、不足、不及、缺"、"补天地"、"补天功"、"补天地之缺失"、"补天之缺憾"、"补救天"，及医事可以"挽回造化"。

最早提出"医补造化"的是金元四大医家之一的朱丹溪，他的医学思想不单有突破，影响后世（尤其是他的"阳常有余阴常不足论"及"相火论"），而且"朱丹溪受宋元理学影响较深，常援引理学解说医理。从此理学渗入医学，并影响到明代的某些医家"②。在他有名的"相火论"讨论中，他把"相火"（属天火）与"君火"（属人火）区分开来，并引用周敦颐与朱熹的一些理学思想，反驳有些人视"相火为元气之贼"的观点，他说：

> 周子又曰：圣人定之以中正仁义而主静。朱子曰：必使道心常为一身之主，而人心每听命焉。此善处乎火者。人心

---

① （宋）卫湜，《礼记集说》卷一三三，收于《文渊阁四库全书电子版》。"天地生之，圣人成之"出自《荀子》《富国》及《大略》两篇，但在《富国》篇中，荀子的原话是："故曰：'天地生之，圣人成之。'此之谓也。"所以王先谦说："古者有此语，引以明之也。"荀子著、王先谦集解：《荀子集解》，182 页，北京，中华书局，1988。换言之，"天地生之，圣人成之"这种表达方式并非荀子所独有。

② 中国大百科全书总编辑委员会《中国传统医学》编辑委员会：《朱丹溪》，见《中国大百科全书·中国传统医学卷》，673 页，北京，上海，中国大百科全书出版社，1992。

听命乎道心，而又能主之以静。彼五火之动皆中节，相火惟有裨补造化，以为生生不息之运用耳，何贼之有？（（元）朱丹溪：《格致余论·相火论》）

明朝名医家张介宾（即张景岳）也是一位受程朱理学熏陶的医学家，黄宗羲在其《南雷文定》中也为他写了《张景岳传》，他还是中医学史上第一个提出"医易同源说"的人。他除了把《黄帝内经》重新编次分为 12 类，完成《类经》这部名著，还编写了《类经图翼》和《类经附翼》这两本充满理学哲理的书。在《类经图翼》序言中他说：

夫生者，天地之大德也。医者，赞天地之生者也。人参两间，惟生而已，生而不有，他何计焉？故圣人体天地好生之心，阐明斯道，诚仁孝之大端，养生之首务，而达人之必不可废者。

惟其理趣幽深，难于穷究，欲彻其蕴，须悉天人。盖人之有生，惟天是命，天之所毓，惟人最灵。故造化者天地之道，而斡旋者圣人之能，消长者阴阳之几，而燮理者明哲之事，欲补天功，医其为最。（（明）张介宾：《类经图翼·序》）

张介宾在这里清楚指出医的终极意义就是以天地好生之心为医者之心，因而能赞天地，补天功。

在清朝不少医书的序言中，都有类似的意思。以下以八篇序文说明之。其一曰：

医学之有素问灵枢，犹吾儒之有六经、语、孟也。病机之变，万有不齐，悉范围之，不外是也。古之宗工与今之能手，师承其说，以之济世寿民，其功不可究殚。顾吾儒率专精制举，以是为方技，而莫之或习，即涉猎亦未尝及之。愚谓先王之制六经，凡以为民也。有诗书礼乐以正其德，复有刑政以防其淫，其间不顺于轨者，虽杀之而罔或惜焉，然其要则归于生之而已。至于天厉为灾，疾病愁苦，坐视其转死而莫之救。而礼乐刑政之用，于是乎或穷。是以上古圣人作为医术，用以斡旋气运，调剂群生，使物不疵疠，民不夭札，举世之所恃赖，日用之所必需。其功用直与礼乐刑政相为表里，顾安得以为方技之书而忽之欤，况其书理致渊深，包举弘博，上穷苍黅七政之精，下察风水五方之宜，中列人身赅存之数，与夫阴阳之阖辟，五行之胜复，可以验政治之得失，补造化之不齐。非深于性命之旨者，其孰能与于斯乎。（（清）汪昂：《素问灵枢类纂约注·自序》）

这里指出因为医可以补造化之不齐，所以医术对社会的贡献与礼乐刑政相等。

另一篇序文说：

原夫古圣以天地之心为心，以黎庶为子。以黎庶为子，则不忍见其死，必欲全其生。欲全其生，则必明其所以生、所以死之理，于是著《灵枢》、《素问》若干篇。圣人阐明生死之理之书，称为《内经》者，盖以性命为内为重，事物为外为轻之意也。朱子曰：天以阴阳五行化生万物，气以成形，而理亦赋焉。以其在天名理，赋物名性，同出异名，无非一灵而已。一灵乘气化以成形质，凡有血气者，皆有知觉也。惟人为万物之灵，禀阴阳五行之全气，故配天地为三才，而羲圣画卦有奇耦懿，表天地人之象也。天为阳，阳中有阴；地为阴，阴中有阳；人亦如之，故卦象必有六爻也。所以阳中有阴，阴中有阳者，阴阳互根于太极也。太极动而生阳，静而生阴，则太极为阴阳之根也。是故阴阳贵平，偏胜则偏害，偏甚则偏绝，其根脱而太极毁矣。太极者，阴阳环抱，浑元一气，人之命蒂也。主宰太极者，知觉神明，为天人合一之理，名曰性，故言天命之谓性也。一灵孕乎太极则生，阴阳气竭而太极毁则死。由是言之，所以生者，得气化之和也；所以病者，因气化之乖也；所以死者，由阴阳气绝也。故圣人详究天地阴阳五行生化之理，即以斡旋人身阴阳气血生化之源，以救其病，而保其生。呜呼！此圣人以天地之心为心，故能操造化之柄，而补天地之缺失，以垂教后

195

世，使民无夭札之苦，其流泽何可穷尽哉。（（清）章楠：
《灵素节注类编·自序》）

这里作者引用朱子理学语言（太极、理、气、性、天人合一、圣人以天地之心为心），解释生命的形成、发病、死亡，并指出医家是以天地之心参与造化之事，补天地之缺失。

第三篇这样说：

生人者天也，然寒暑不正，雨旸不时，则病患者亦天。天病患而不能治人病，惟医体天好生之心，以补其缺憾。人之一身，殆初生于天，后生于医乎？医代天工……（（清）赵术堂：《医学指归·李福祚序》）

这里也指出天地造化本身有其限制，因为人会受外在环境因素而染病，这也是天工；只有通过医之代天行道，以人为来弥补这个天工的缺憾。

第四篇意思也类似：

医之道奚起乎？造物以正气生人，而不能无夭札疫疠之患，故复假诸物性之相辅相制者，以为补救；而寄权于医，天可使寿，弱可使强，病可使瘥，困可使起，医实代天生人，参其功而平其憾者也。……《医学真传》……洵足补救斯人而为功于造物……（（清）高秉钧：《医学真传·王嘉嗣序》）

这里同样强调医者之使命是代表天，延续天的化育工作，弥补造化中人会夭、弱、病、困这些遗憾。

第五篇特别讲到有瘟疫时的简单防疫工作：

时至春和，地气转动，浮土塌陷，白骨暴露，血水汪洋，死气、尸气、浊气、秽气，随地气上升，混入苍天清净之气。而天地生物之气，变为杀厉之气。无形无影，无声无臭，从口从鼻而入，直犯脏腑。正气闭塞，邪气充斥，顷刻云亡，莫可救药。说文云：疫者，民皆病也，厉鬼为灾，斯名疫耳。《礼记·月令》云：孟春之月，先王掩骼埋，正以是月天气下降，地气上升。诚恐骼胔秽恶之气，随天地之气升降，混合为一，有害人物，故掩埋之。此予补造化，大有功也。（（清）周扬俊：《温热暑疫全书·疫病方论·附北海林先生题喻嘉言疫论序》）

预防瘟疫蔓延的简单人为措施，也可补造化天工之不足。

第六与第七篇都用到"挽回造化"这个词：

盖闻天定胜人，人定亦能胜天。医相皆能挽造化之权，故先哲有"不为良相，则为良医"之语也，迨世风日下，医道日衰，良者罕见矣。王公孟英，博雅君子也。（（清）王士雄：《归砚录·彭兰媛序》）

昔范文正有云："不为良相，愿为良医。"诚以良相辅翼圣君，燮变理阴阳，俾群生咸安化宇；良医挽回造化，拯救困危，俾个疾悉登寿域。其权异，其济世安民之心则一也。（（清）罗国纲：《罗氏会约医镜·自序》）

这里指出良医的功德与良相同等，通过医治顽疾，挽回造化中的困危病者。

最后一篇相关的序文说：

百物与人殊体，而人藉以养生却病者，何也？盖天地亦物耳，惟其形体至大，则不能无生。其生人也得其纯，其生动物也得其杂，其生植物也得其偏。顾人之所谓纯者，其初生之体然耳。及其感风、寒、暑、湿之邪，喜、怒、忧、思之扰，而纯者遂漓；漓则气伤，气伤则形败。而物之杂者、偏者，反能以其所得之性补之、救之。圣人知其然也，思救人必先知物。……由是而立本草、制汤剂以之治人。有余泻之，不足补之，寒者热之，热者寒之，温者清之，清者温之，从者反治，逆者正治。或以类相从，或畏忌各矫其弊以复于平。其始则异，其终则同。夫天地生之，圣人保之，造化之能，圣人半之，天地不能专也。（（清）徐大椿：《神农本草经百种录·自序》）

197

这里所指出的，就是现在任何一本中医基础理论教科书都会提到的病因：(1) 外感，如六淫（风、寒、暑、湿、燥、火）、瘟疫等；(2) 内伤，如七情（喜、怒、思、忧、悲、恐、惊）、饮食失宜、劳逸失度等；(3) 其他病因，如意外受伤、寄生虫、胎传等。① 人之初生原是"得其纯"，但这些病因导致人皆会生病，所以生命虽是天地所生，保存生命却是医者圣人的工作。这就是"补造化"和"挽回造化"，以及前述的"天生人全"。正因此，圣人能参赞天地的化育工作。

此外，在清朝之前的一些非医书中，也可找到一些讨论五运六气、泛论中医中药的文章，也提出医可以补造化；不再赘述。②

总而言之，医者自我理解及定位为"补造化"、"补造化之不齐、不足、不及、缺"、"补天地"、"补天功"、"补天地之缺失"、"补天之缺憾"、"补救天"，及"挽回造化"，这不单把医术提升至医道，更进而提升至天地境界。而医者的自我理解及定位，是基于人的自我理解及定位——人应参赞天地之化育。

七、当代某些西方基因伦理学背后的天人关系

正如在本文第一节中所指出的，当代有些分子生物学家及一些生命伦理学者，主张通过改变人的遗传基因，全面改造人性，创造一个比现今人类卓越很

---

① 参见印会河、童瑶编：《中医基础理论》，2 版，289～318 页，北京，人民卫生出版社，2006；方药中：《中医学基本理论通俗讲话》，147～163 页，北京，人民卫生出版社，2007。

② "其运气表曰：医时错六气于五运，所以参天地之机，补造化之缺者也。盖运有五：金、木、水、火、土是也。气有六：燥、暑、风、湿、寒、火是也。……故曰：天地之道，寒暑不时则病，风雨不节则饥。又曰：土敝则草木不长，水烦则鱼鳖不大，气衰则生物不遂。圣人有忧之，观法天地，把握阴阳，远取诸物，近取诸身，顺八风之理，处五行之用，步运行于机式，稽变化于度数，而运气制焉。是故从其类序，分其部主，别其宗司，调其气数之偏，反其和平之化，使之刚气不怒，柔气不慑，天道既顺，民气可调，五运适于平，而无害于人，各成其功，不相夺伦，此非所谓参天地之机，补造化之缺者乎。"（《四库全书·明文海卷·太学生丘君行状》）"……而三神人者（伏羲、神农、黄帝），或显卦画，辨阴阳，以露神机；或尝百草，品药性，以开医道；又或着医经，制针法，以救民生；俱能寿斯人欲绝之脉，补造化不及之功，世咸尊称之曰三皇……"（《四库全书·水云村稿·丰郡三皇庙碑》）"……以医与儒道而同，用药为民命之攸关，爰稽上古圣神，乃始创为法制，下及历代贤哲，由兹祖述益勤，补造化之玄功，救苍生之夭札……"（《四库全书文简集·景惠殿工成祭告谢赐疏》）

多的全新物种。通过选择及改革后裔的遗传基因，人用科技去改写自然生殖秩序，以科技去扩大人对后裔的选择权。这意味着人对自己生殖能力之全面驾驭，全然主宰自己的生殖命运。这种主张背后隐藏着一个重要及悠久的哲学问题：人与自然该有怎样的关系？或人所发明的科技应该与自然（自然界，自然界运行的规律）有怎样的关系？人所开拓的人文科技世界是否应摆脱（部分或完全）生物自然秩序？

Lee Silver 除了提出"重建伊甸园"的口号外，在 2006 年的另一本书中，又提出了另一个口号："挑战自然"①。在这本书的第 11 章中，他论述了"大自然中普遍的剧烈混乱"，并提倡"缓慢地，但无可避免地，人要按着我们思想中的理想世界，对整个大自然来一个全盘改造"②。

这种主张背后的天人关系，是培根式的人要利用新兴科学来征服自然。培根的主张，在哲学史上是老生常谈。③ 按照培根所说："科学的真正的，合法的目标说来不外是这样：把新的发现和新的力量惠赠给人类生活。"④ 因此，"人类知识和人类权力归于一"⑤，这种权力就是"支配自然"的力量。⑥ 在另一语录中他更详细地解释：

> 我们不妨把人类野心的三个种类也可说是三个等级来区分一下。第一是要在本国之内扩张自己的权力……第二是要在人群之间扩张自己国家的权力和领土……但是如果有人力图面对宇宙来建立并扩张人类本身的权力和领域，那么这种野心（假如可以称作野心的话）无疑是比前两种较为健全和较为高贵的。而说到人类要对万物建立自己的帝国，那就全

---

① Lee Silver, *Challenging Nature: The Clash of Science and Spirituality at the New Frontiers of Life* (New York: Harper Collins, 2006).

② Silver, *Challenging Nature*, pp. xv-xvi. 笔者中译。

③ 见诸多部经典的哲学史。[德] 文德尔班（Wilhelm Windelband）：《哲学史教程：特别关于哲学问题和哲学概念的形成和发展》下卷，525～531 页，北京，商务印书馆，1993；John Herman Randall, Jr., *The Career of Philosophy*, Vol. 1, *From the Middle Ages to the Enlightenment* (New York: Columbia University Press, 1962), pp. 221 – 229.

④ [英] 培根：《新工具》卷一，81 条，见培根：《新工具》，58 页，北京，商务印书馆，1984。

⑤ [英] 培根：《新工具》卷一，3 条，8 页。在同书卷二第 4 条中，培根再说："通向人类权力和通向人类知识的两条路是紧相邻接，并且几乎合而为一。"（108 页）

⑥ 参见 [英] 培根：《新工具》卷一，3 条，8 页。

靠方术和科学了。因为我们若不服从自然，我们就不能支配
自然。①

所谓"知识就是力量（或权力）"这句培根的名言，要在这一语境中来理解才正确。

这种培根式的利用新兴科学来征服自然的想法，已成为当代很多分子生物学家的科研动力。这种人定胜天、人支配天的思考框架，与上述儒化中医的人补天地思考框架，分歧非常大，很不协调。儒化中医哲学的思考框架是：天生之，人全之。上述这种支持基因改造人性的思考框架却是：人生之，也全之。科学家要对自然做第二次创造。② 这种现代科技的天人观比较接近很多学者对《荀子》天人观的诠释："大天而思之，孰与物畜而制之？从天而颂之，孰与制天命而用之？望时而待之，孰与应时而使之？"③（《荀子·天论》）它与《黄帝内经》的天人观（人要配合天地，人不能逆天）也相距甚远。④

八、儒化中医哲学对当代基因改造人性道德争论的意义

人与自然的关系可以用一个三分的分类法来表示：（1）人受制于自然之下，听天由命，人不应干预自然；（2）人凌驾于自然之上，有绝对自由与自主权，原则上人为改造自然是一定对的；（3）人参与及协助自然的工作。

儒化中医哲学既反对（1），也反对（2），而赞成（3）。儒化中医哲学强调医术的辅助与矫正作用。因为存在人为或非人为的因素，外因或内因，导致这个造化不是一个完美的状态，人的身体有时会阴阳失调，脏腑与经络功能失

---

① ［英］培根：《新工具》卷一，129 条，103～104 页。

② 固然，笔者这里引用的 Lee Silver 等人的言论是属于比较激进的。有些学者只赞成温和的基因改造人，如在躯体方面，只限于增加人对疾病的免疫能力，减少人的睡眠时间，延缓衰老；在智力方面，只限于增强人的记忆及智力；在行为上，只限于去除人的先天性暴力倾向。参见 LeRoy Walters and Julie Gage Palmer, *The Ethics of Human Gene Therapy*（New York：Oxford University Press，1996）。

③ 以下这些学者与研究都认为《荀子》这段引文表达了人定胜天或人征服自然的天人观。张觉：《荀子译注》，345 页，上海，上海古籍出版社，1995；郭志坤：《荀学论稿》，186、189 页，上海，上海三联书店，1991；北大哲学系注释：《荀子新注》，332 页，台北，里仁书局，1983；向世陵、冯禹：《儒家的天论》，64～65 页，济南，齐鲁书社，1991。

④ 参见上文第四节。

调，气血逆乱，津液代谢失常；不单健康不良，甚至有生命的危险。所以医者要站在天地的立场，补造化之不齐、不足、不及、缺，要挽回这个失序的造化，按天地之心去完成天地尚未完成的工作。天地给人生命，医者保护人的生命，人为与天工有清楚的分工；但由于人为是按天地之心进行，所以人为与天工也有一致的连续性。天工给了我们身体一个健康平衡系统，但由于内因外因等因素，导致这个系统失调，医者所做的只是按照天地给我们的健康平衡系统的原理，调理身体，恢复这个系统的平衡。

把这种天人关系（人参赞天地化育，人补造化之不足）引申到基因工程，我们可以说，人有自由，甚至有责任，对某些病人进行某种基因改造，但这种医道必须与天地之道吻合，而不是人独立自主随心所欲地去进行。当然，医道如何与天地之道配合需要对天地之道做出诠释，而我们的诠释可以有分歧。但其原则性的含义是清楚的，在有需要的情况下，人利用基因科技去干预自然是有必要的，但这种干预不是没有道德边界的。基因干预仍应辅助天地，而不应与天争功；其角色是延续天地已经开启的化育工作，而非反叛天地，另起一个全新的化育秩序。在本文开始时笔者介绍过，遗传基因工程大致可分为四类：体细胞基因治疗、体细胞基因增强、生殖细胞基因治疗、生殖细胞基因增强。把上述儒化中医哲学的天人关系引申到基因工程的道德议题，由于第三类及第四类都牵涉到世世代代的后裔，还需要三思，暂不宜草率进行。儒化中医哲学的天人关系可以引申为支持第一类的体细胞基因治疗，因为这是一个补造化或挽回造化的工作。① 至于第二类的体细胞基因增强，已经不是为了治疗，而是为了优生、改善人种。而且背后的天人观与儒化中医哲学的天人关系有冲突，所以儒化中医哲学难以赞成。

当代西方讨论基因工程伦理学的著作非常多，不少采用了非常精警的词句做书名。我们若不理会书的内容与结论，只看书名遣词用字所表达的基因工程任务，那么按上文的解释，儒化中医哲学的天人观可以引申为认可以下任务：

---

① 这个结论是从上述儒化中医哲学的天人关系作引申，这有别于直接从中医原理引申，因为基因治疗是一个西医程序，与中医属不同的医学典范，不能作直接引申。再加上基因治疗目前还在实验阶段，这种疗法对人体有什么影响还不明朗（如是否会导致异常的邪盛正衰，阴阳失调，脏腑与经络功能失调，气血逆乱，津液代谢失常），因此中医不会只因为这个西医治疗的意图便贸然赞成。

（1）《仅此代表上帝》（1995）①

（2）《救济人类的生存状况》（1997）②

可是却不能认可这些任务：

（1）《重造伊甸园》（1997）

（2）《从机遇到选择》（2000）③

（3）《第二次创造》（2000）④

（4）《重新设计人类》（2002）⑤

（5）《超越治疗》（2003）⑥

（6）《挑战自然》（2006）

正如法国一位女学者所提出的，大自然就像是一幅还没有完成的图画，我们要代表原创者去完成它，是按照原创者的创作意念，而不是按我们的意念把这幅画改得面目全非。⑦

这些要创造新亚当的企图，如英国当代女哲学家 Mary Midgley 所分析的，是极度不明智的，因为创造新人种能拯救人类吗？创造新人种，完全无助于解决人类目前面对的困境（如世界饥荒、核战争、种族冲突等）。⑧ 难道我们要重蹈历史覆辙，迷信某些超人可以拯救人类吗？通过基因增强来创造一个新人种，是一种盲目的创造，也是一种危险的拯救。儒化中医哲学的天人观，提醒

---

① Bruce R. Reichenbach and V. Elving Anderson, *On Behalf of God：A Christian Ethic for Biology* (Grand Rapids, Michigan：Eerdmans, 1995).

② Gerald P. McKenny, *To Relieve the Human Condition：Bioethics, Technology, and the Body* (Albany：State University of New York Press, 1997).

③ Allen Buchanan, Dan W. Brock, Daniel Wikler, and Norman Daniels, *From Chance to Choice：Genetics and Justice* (Cambridge：Cambridge University Press, 2000).

④ Ian Wilmut, Keith Campbell, and Colin Tudge, *The Second Creation：Dolly and the Age of Biological Control* (Cambridge, Massachusetts：Harvard University Press, 2000).

⑤ Gregory Stock, *Redesigning Humans：Our Inevitable Genetic Future* (Boston：Houghton Mifflin, 2002).

⑥ The President's Council on Bioethics, *Beyond Therapy：Biotechnology and the Pursuit of Happiness* (New York：Harper Collins, 2003).

⑦ Anne Fagot-Largeault, "Evaluating and Judging Bionorms vs. Human Judgment in Bioethics and Biolaw," in P. Kemp, J. Rendtorff, N. Mattsson Johansen, ed. , *Judgement of Life* (International Science and Art Publishers, 2000). pp. 274 - 339.

⑧ Mary Midgley, *Evolution as a Religion：Strange Hopes and Strange Fears* (London：Methuen, 1985), pp. 51 - 52, 57 - 58.

我们医学的正确角色是通过对疾病及受伤的治疗，辅助造化回复到天地给人的生命与健康，人为补天工；而不是自我做主，自我创造一个新的人类物种，全面改造造化的面目，人为取代天工。

本文的用意并非要提供一个决定性或最终的论证，终极地反驳所有赞成基因改造人性的论证。本文所起的作用，只在于提供一个非西方式的思考方法，以传统儒化中医哲学为资源，协助人类从多元文化角度思考当代重大道德争议。

基因改造工程——从西方生命伦理学到佛教的思考

张　颖

1998年10月，美国《科学》杂志发表了两项有关胚胎干细胞（embryo stem cells，ESC）研究的带有突破性质的研究成果：一是美国威斯康星大学的汤姆森教授（James A. Thomson）从不孕症夫妇捐赠的辅助生殖多余胚胎中提取出胚胎干细胞，建立了人类的胚胎干细胞体系；二是霍普金斯大学的吉尔哈特（John D. Gearhart）教授从流产胎儿尸体的原始生殖组织中分离出胚胎生殖细胞，建立了多能干细胞体系。这两项成就被《科学》杂志评为1998年十大科技成就的前两名。然而2006年夏季，美国总统（小）布什宣布否决联邦政府资助胚胎干细胞的研究项目的法案。由此以来，胚胎干细胞以及与之相关的人类基因工程（genetic engineering）成为欧美生命伦理学争议重大的话题。这里包含三个基本问题：（1）是否允许人类胚胎干细胞的研究？（2）是否应由联邦政府（就美国而言）出资？（3）如何处置无性复制胚胎和多余胚胎？现代科技既令人充满好奇与幻想又令人感到焦虑与不安。胚胎干细胞、基因工程、复制人——这一切意味着颠覆"何谓人"这个古老的哲学问题。也就是说，传统形而上学和宗教道德观对人和人性的定义以及对人格、家庭、人伦关系等等问题的看法，都会由于当前的生命科技而产生前所未有的改变。[①]

本文探讨由于胚胎干细胞研究以及基因改造技术的快速发展所引发的生命伦理学争议，并试图从佛教伦理的角度反观相应的议题。笔者意识到，与大多数中国传统思想一样，佛教并没有文献直接涉及当代科技的发展所产生的道德问题，但这并不影响我们从佛教的观点对当代伦理学议题进行反思和回应。通过对佛教的阐述，我们亦可以比较东西文化与思想的异同。本文从三个方面陈

---

① 2012年诺贝尔生理/医学奖颁发给英国科学家古尔登（John Gurdon）和日本科学家山中伸弥（Shinya Yamanaka），以表彰他们在细胞核重新编程领域研究的贡献，这让生命科技与生命伦理学更加成为热门的话题。

述当代生命技术所引发的伦理学上的困境：（1）对界定人性的挑战；（2）对界定人的价值与尊严的挑战；（3）对保护自然环境的挑战。文章指出，佛教的"缘起缘生"、"无我"以及"因果律"等思想为探讨这些议题提供了一个独特的角度。

一、对界定人性的挑战

　　胚胎干细胞研究以及基因改造技术对基于传统宗教和形而上的人性界定带来了前所未有的挑战。毋庸置疑，人类胚胎干细胞研究为现代医学治疗带来了重要的突破。相关技术一旦应用，许多疑难疾病如帕金森症、阿尔茨海默症、心肌梗死、糖尿病等都可能从胚胎干细胞得到彻底的根除。而复制技术一旦成熟，则可协助不孕夫妇繁衍后代，也可以"复制"适合人体（即无排斥反应或低排斥反应）的器官。然而，胚胎干细胞研究以及基因改造技术所带来的种种道德困境亦是生命伦理学课题中最具争议的话题，西方伦理学界一直存在传统宗教伦理学与俗世伦理学（包括生命伦理学）的冲突。

　　由于基因工程是利用 DNA 重组技术，按照人类的美好愿望，设计出新的遗传物质并创造出新的生物类型，这里首先涉及的是现代科技对传统神学的挑战，即对神的创造权和生死主宰权的挑战，也就是说，人类的自我改造和完善暗示着人在"扮演上帝的角色"（playing God）。由于基因改造技术有可能导致"基因决定论"（genetic determinism），而且这个基因的创造是人类可以任意操纵的，那么"何谓人"这个哲学命题便成为一个开放的命题。从效益论的角度，人可以是三头六臂，可以与其他动物混交，可以毫无限制地自我改良（self-enhancement），可以随心所欲地不断复制。

　　根据犹太—基督教的伦理学，人类和世界都是上帝创造的，因此"人"以及"人生"的意义与"创造神"必不可分。由此可以解释为什么判定细胞的生命（the cellular life）和整体生命（the individual holistic life），即"人的生命"（human life）的界限是西方生命伦理学一直争论的问题，这也涉及如何判定细胞的生命的道德地位（moral status）的问题。在美国，堕胎合法性和人类胚胎干细胞研究受到质疑的原因也在于此。对于胚胎与生命从何时开始判定的问题，基督教认为，人的生命开始于受孕的一刹那，即精子进入卵子成为受精卵之时。支持胚胎干细胞研究者认为，在受精分裂后形成囊胚期的胚胎干细胞系，只是一个比句号还要小的细胞。反对者则认为，无论这些细胞大或小，它们都是生命的一部分，而且它们有机会成为一个完整的人，因此在道德上它们拥有完全的"人的位格"或所谓的"人格"（person），如果允许人类利用胚胎干细胞进行实验，也就等同于把它们看作是可以利用的工具而不是值得尊重的生命。实际上，人类胚胎干细胞研究的最大的伦理争论在于胚胎是否具有道德地位，因为承认胚胎具有道德地位等于承认胚胎具有人格。持有这样观点的人会绝对否定胚胎干细胞研究，因为在他们眼里，为了研究牺牲胚胎与杀人在道德上没有差别。上面提到美国总统（小）布什否决联邦政府资助胚胎干细胞的研究项目的法案，原因就是他认为胚胎干细胞研究是一种谋杀行为，按照此逻辑，联邦政府当然不会出资支持一项谋谋杀行为。[1]

1982 年，英国政府成立委员会商讨有关人类胚胎的伦理问题，并作出有关前胚胎（preembryo），即少于 14 天的细胞团（cell mass）与胚胎（embryo）的区分。伦理委员会最终通过了准予复制人类胚胎的争议性法案。但该法案虽然允许复制人类胚胎，却严格限定复制人类胚胎只能用于医学研究，不能用在繁衍下一代的项目上。美国学界也接受了类似的区分，在"保护生命"和"改良生命"的抉择中采取了折中的立场。同时，另一种区分是以生殖为目的之复制行为和以医疗为目的之复制行为的不同。对于前者，目前大多数国家都有立法加以禁止。

有关胚胎是否是生命的问题，佛教传统有类似西方的说法。《大宝积经》中《佛说入胎藏会》一文提出："应知受生名羯罗蓝（kalala），父精母血非是余物。由父母精血和合因缘，为识所缘，依止而住。譬如依酪瓶钻人功，动转不已，得有酥出。异此不生，当知父母不净精血、羯罗蓝身亦复如是。"[2] 在谈到人的定义问题时，佛教学者大多倾向于从佛教的"缘起性空"或"无我"开始，诠释佛教特有的生命观。所谓"无我"是因为佛教认为人依赖于"五蕴"（skandhas）而生，即色蕴、受蕴、想蕴、行蕴和识蕴。五蕴之外不存在

---

① 参见［美］桑德尔（Michael J. Sandel）：《完美——科技与人性的正义之战》，156 页，台北，博雅书屋，2013。

② 转引自释惠敏：《佛教之生命伦理观——以"复制人"与"胚胎干细胞"为例》，载《中华佛学学报》，2002（15）。

一个固定不变、有恒不变的"我"。而属于色法的人身则是因缘法，彼由地水火风四大元素所组成。由此，人不应该过于执着"人身"的优劣。

台湾学者释惠敏指出，佛教"缘起性空"的教义说明佛教"对于'善、恶行为'与'乐、苦果报'之间的因果关系，并没有以建立'不变常一的主体'（我）来说明，而是以'不即不异'、'不常不断'之'无常'、'无我'观点来说明伦理的主体性，这些可作为生物科技时代讨论'复制人'、'基因转植'、'异种器官移植'等'非人格性的伦理'的理论与实践的参考"。释惠敏的解释显然是基于龙树的中观思想对"无我"（anatman）的看法。①那么佛教又如何在"非人格性的伦理"框架下界定人的道德身份呢？笔者认为，佛教是把讨论的重心从"主体人"转移到"因缘法"中的行为（action）以及行为之间的关系。

由此，人类基因工程的最大挑战是决定"何谓我"的"因果律"或"因缘法"，即因缘果报论，其宗旨在于强调人当为其自身行为的后果负责任："欲知前世因，今生受者是，欲知来世果，今生做者是。"（《法华经》）其思想强调"因"和"果"的关系是必然的。佛教把将会造成"苦果"的"苦因"，以及从"苦因"到"苦果"的过程分为十二个阶段，称为"十二因缘"。然而，倘若因果的种子是可以事先（人为）设计的，成为一种可以任意修改的"元结构"的遗传物质密码，由此一切与受蕴、想蕴、行蕴和识蕴相关的情绪记忆思维等活动就失去了其选择的机制，人在业报因果过程中也就完全失去了佛教因果律所涵盖的道德约束。西方思想史学者沃克迈斯特（W. H. Werkmeister）在谈因果律时认为，因果关系决定事件的开放结果，也就是说因果关系所决定的结果，并不是在事先就被固定了的。若加入一些新的因素到因果关系链中，即可改变或影响事件的过程。②沃克迈斯特这里所说的开放式的因果关系很像佛教的说法。也就是说，在因果循环中，人的行为随时可以加入新的"因"以改变其"结果"。但如果人可以随时随地改变基因的话，那么因果关系的规律势必也要被打破。

---

① 龙树的中观对"无我"给予"不即不异"的全面解释，指出"不生亦不灭，不常亦不断；不一亦不异，不来亦不出；能说是因缘，善灭诸戏论；我稽首礼佛，诸说中第一"。CBETA汉文大藏经，T30, No. 1564, p. 1, b14-17。

② 参见刘嘉诚：《佛教伦理学探究》，载《辅仁宗教研究》，2000（5）。

二、对界定人的价值与尊严的挑战

在《完美——科技与人性的正义之战》（*The Case against Perfection：Ethics in the Age of Genetic Engineering*）一书中，美国学者桑德尔（Michael J. Sandel）专门针对人类基因改造技术进行伦理学的考问。其实，该书名也可以译为《反对完美》，因为它涉及我们如何看待"不完美的人"之价值与尊严。桑德尔在书中举出人们对种种"完美"的要求：从完美的讨人欢喜的猫咪到（身高、体重、相貌、智商）完美的婴孩。这是否意味着人只有达到了某种预设的"完美"的尺度才有其存在的价值？才会受到社会的承认和尊重？如果这样，我们又如何看待身边的残疾人士呢？

不少伦理学家认为，人工制造完美之人是将人视为工具，这是对道德的践踏，是工具理性对道德理性的践踏："如果我们制造出人类干细胞，然后又在它们的利用价值完成之后予以摧毁，等于践踏一个重要的道德原则，即不能把人类视为达成某一目的的工具。"① 康德的义务论同样强调，人不能仅仅是（从目的论来评判的）手段，人本身应该是目的。在过去几十年里，中国内地因为"一胎制"的政策而大力提倡"优生学"（eugenics），即生物学上的优化效果。② 然而学界并没有人从伦理学和道德哲学的角度反思"优生学"所隐含的一系列问题，即桑德尔所质疑的"完美"。倘若大家都一样完美了，所谓的自由和平等又从何谈起？因为自由和平等的前提是人类的不自由和不平等。桑德尔在书中提及一对同性恋伴侣决定收养一个孩子，由于两个人都失聪，并以此为傲，因此决定领养一个失聪的小孩，并教导这个孩子如何有尊严地享受失聪的生活。③

西方（古典）自由主义者（libertarian）一般不会反对改变基因的"优生学"，因为他们认为这是个人选择问题。譬如诺奇克（Robert Nozick）提出"基因超市"（genetic supermarket）的理论。诺奇克提出，让父母能够自行构

---

① 《反对复制人类运动》，载《联合报》，2001-02-01。

② 新加坡政府有类似的提倡。政府通过市场鼓励高学位人士多生，低学位的人士则少生或不生。参见［美］桑德尔：《完美——科技与人性的正义之战》，120页。

③ 参见［美］桑德尔：《完美——科技与人性的正义之战》，39页。

思订做他们的后代，而这完全不会增加整个社会的负担。① 西方自由派（liberals）中亦有直接或间接支持"优生学"的学者，他们大多是从"自由选择权"的角度看待这个问题。如罗尔斯在《正义论》中提到："有更好的天赋是每一个人的利益，让人能追求想要的人生计划。"② 西方自由主义者支持人工无性生殖/复制人的理由一般也是出自尊重个人选择的自由。

但自由派也有以同样的理由反对"优生学"和基因工程的。总体来讲，他们是从个体独立和自主的角度反对基因改造技术，因为基因改造技术导致产生基因型完全相同的后代个体。譬如哈贝马斯（Jürgen Harbermas）认为，基因改造是对"自我身份"（self-identity）和"个体主权"（individual autonomy）的破坏，因为它违背了个体不受外在的（家庭、社会、国家）干涉的权利。基因技术也会带来自由主义者非常在意的个人"隐私权"的问题。哈贝马斯同时指出，人类过于依赖技术，基因工程技术更加大了人类由于受到技术的控制而产生人性异化的可能性。③

如果说支持"优生学"和基因工程的自由主义者"自由地选择"被（基因）决定的话，反对"优生学"和基因工程的自由主义者则"自由地选择"不被（基因）决定。正如哈贝马斯所说的："我们感受到自由有个参考的依据，这个参考就其本质而言，不是经过安排的……生命起点非人为安排的偶发事件……"④ 佛教有关"业"的思想也许不会赞同生命起点属于完全的"偶发事件"这种说法，但佛教会同意哈贝马斯有关"自由"以及相关的道德意涵不应是被动"安排"的思想。佛教的"业"并非绝对的"决定论"，而是一种具有自由选择余地的行为（volitional action）。

应该指出的是，"优生学"并不等同于人类基因改造技术，其不同点在于后者发展的原初目的是为了医治和改善疾病。因此在针对人类基因改造技术的伦理学争议上有治疗与改良的区分。一些对基因改造技术持有赞同意见的人也

---

① 参见［美］桑德尔：《完美——科技与人性的正义之战》，127 页。

② John Rawls, *A Theory of Justice* (Cambridge, MA: Harvard University Press, 1971), p. 107. 亦参见《完美——科技与人性的正义之战》，127 页。

③ 有关哈贝马斯对基因改造的观点，可参考 John Edgar 的文章 "The Hermeneutic Challenge of Genetic Engineering: Habermas and the Transhumanists," *Medicine*, *Health Care and Philosophy* 12 (2009): 157 - 167.

④ 转引自［美］桑德尔：《完美——科技与人性的正义之战》，132～133 页。

往往是就医治和改善疾病而言，而非无限制地改良。桑德尔指出，我们应该"将每一个体生命看作礼物，并带有感恩之心"①。桑德尔的论点其实也是基督宗教的基本教义，虽然桑德尔本人并不是基督徒。基督宗教（包括天主教和基督新教）坚持认为，每个生命都有一种相对于"品质论"（quality of life）来讲的"神圣论"（sanctity of life），无论从俗世的观点看这个生命有怎样的缺陷。基督教认为，"神圣性"是人的价值与尊严的基础，而这种生命神圣性的观点直接影响了基督教对堕胎和优生论的看法。

佛教对生命的看法既不是西方自由主义的"自我身份"的认同，也不是基督教式的源于上帝的"生命神圣论"。首先，不杀生（ahijsa）是佛教的主要戒规之一。佛教不杀生的理由一是慈悲心，二是避免杀生所造成的恶业。就"改良缺陷"而言，佛教充分认识到人由于种种因缘法所导致的不同和差异，但这些不同和差异不应该只靠外在的（技术）改变，而是在接受不同和差异的同时强调"众生平等"的思想，这一点在大乘佛教中尤为明显。另外，佛教"同体慈悲"的思想也具有尊重生命神圣性的意涵，只是佛教的"生命"的定义更为广阔，包括了有情世界的一切。由此观之，"不杀生"的原则自然包括了胚胎干细胞。西方关于"人"与"非人"之争似乎在佛教中的意义不是很大。至于因为人类基因改造工程的进步所引发的不同生命形态的区隔问题，佛教的关注点不只是人类形态的改变对"人性"的挑战，还包括诸如人工协助生殖术、胚胎分裂复制法、核移植复制法、胚胎干细胞株之研究等技术有可能引发的生态平衡问题。

再者，人的价值和尊严在很大程度上取决于人在社会中与他人的关系。那么，如何界定复制人、无性胚胎的社会伦理关系呢？更为可怕的可能是，人不再是一个完整的有机生命，而是由基因程序组成的合成物。这种人体的"去魅"导致西方传统"人格"意义的消解，也导致佛教"因果律"的消失。人最终被还原为一种遗传物质编码的表达，而人的行为也只不过是一堆编码排序变化而已。也就是说，如果人还有什么身份的话，这个身份就是一个无须道德担当的 DNA。然而佛教追求的是一个物理世界和精神世界的统一，现代生命科技有可能破坏这种统一。

① ［美］桑德尔：《完美——科技与人性的正义之战》，120 页。

三、对保护自然环境的挑战

佛教将世界划分为"小世界"、"中世界"和"大世界",每一千"小世界"为一"小千世界",每一千"小千世界"为一"中千世界",每一千"中千世界"为一"大千世界"。因"大千世界"中含有大中小三种"千世界",所以称作"三千大千世界"。佛教的"小世界",由"欲界"、"色界"和"无色界"三界所构成。根据《长阿含经》中《世记经》的记载:

> 欲界众生有十二种。何等为十二?一者地狱,二者畜生,三者饿鬼,四者人,五者阿须伦,六者四天王,七者忉利天,八者焰摩天,九者兜率天,十者化自在天,十一者他化自在天,十二者魔天。色界众六者少光天,七者无量光天,八者光音天,九者净天,十者少净天,十一者无量净天,十二者遍净天,十三者严饰天,十四者小严饰天,十五者无量严饰天,十六者严饰果天,十七者无想天,十八者无造天,十九者无热天,二十者善见天,二十一者大善见天,二十二者阿迦尼咤天。无色界众生有四种。何等为四?一者空智天,二者识智天,三者无所有智天,四者有想无想智天。[①]

佛教把宇宙看作一个开放的系统,而西方科学往往把宇宙看作一个封闭的系统,人类基因工程的前提就是一个封闭的系统。其实,当代生命科技的多数实验都是在一个封闭的实验室里进行的,而实验室所得到的结果再放在真实的世界中会产生差异。生命科技对自然环境所带来的潜在危险是无法在封闭系统的实验室里准确预测的,其局限源于科学方法论自身的局限。诸如人工协助生殖术、胚胎分裂复制法、核移植复制法、胚胎干细胞株之研究等技术有可能引发的生态平衡问题,这些都是目前生命科学无法完全掌控的。

再者,像胚胎干细胞和基因工程这样的现代科技,它的哲学思想基于人类中心说(anthropocentrism)。西方启蒙运动以后,"人扮演上帝"更是将人类

---

① 《长阿含经》,见《佛光阿含藏》,780 页,高雄,佛光出版社,1977。

置于宇宙和自然的中心位置。而佛教不同，佛教"缘起缘生"的观念强调的是一种环境整体论（environmental holism），即"在环境中的人"（man-in-environment），亦是在与人、与生物圈共同体的关系中实现的"生态大我"（ecological self）。"缘起"（pratityasamutpada）一词的含义是指现象界的一切存在都是由种种条件和合而成的，不是孤立的存在。"此有故彼有，此生故彼生……此无故彼无，此灭故彼灭。"（《杂阿含经》）华严称之为"因陀罗网"（Indra's net），《华严经》以因陀罗网为喻，说明世界上的一切事物都是重重无尽、相互含摄的关系。由此佛教认为，环境是人和自然万物共享共造的结果，人类在自我发展的同时也要对非人类个体生命界负起道德责任，而不是把自然看成可以征服和利用的"他者"。现代生态学的一个重要特征就是反对人类中心主义。

"生态"（ecology）是近十几年常用的一个词，它泛指生命体与其环境的有机联系。生态伦理就是人们对生命存在与生态环境关系的道德观念和规范。佛教把大自然看作是一个充满生命的巨大的开放系统，其中的所有事物都是有机联系的整体。因此，佛教大概不会像西方自由主义者们那样大谈人的"生殖自由权"和"身体自主权"，而是更多地讲人与自然以及其他生命世界的互依关系。也正是因为如此，佛教会反对当前植物/食品转基因技术。无情有性，珍爱自然——这是佛教自然观的基本精神。

作为社群主义（communitarianism）倡导者的桑德尔，对西方以个人主义为基础的自由主义有不少批评。在提及基因工程时，他特意用了"谦卑"、"责任"与"团结"的字眼以回应现代社会人类盲目的骄傲、自我中心和缺乏对他人、他物质和社会的责任感。[1] 笔者认为，"谦卑"、"责任"与"团结"也正是佛教的一贯立场。但佛教"谦卑"和"责任"的对象，即"他者"不仅仅是人类的社群，还应该包括整个自然环境。佛教主张对一切有生命的东西抱持一种慈悲之心（karuna），对于植物界也需秉持非暴力的（如果我们把转基因看成一种"暴力"的话）态度，因此佛教要求人类使用自然资源以及改变自然属性必须要慎重。

毫无疑问，基因改造是对保护自然环境的挑战。在佛教看来，即便基因改

---

① 参见［美］桑德尔：《完美——科技与人性的正义之战》，137 页。

造没有侵犯"上帝"的领地，至少它侵犯了"自然"的领地。这里佛教不是指对自然表达一种"奴性的敬畏"，而是充分意识到"人类中心主义"的潜在危险。

四、其他相关伦理学问题考虑

除了上述三个方面，现代生命科技如胚胎干细胞和基因工程潜在的伦理危机还包括科技自身存在的风险以及科技"商品化"的潜在危险。而这两点皆与上述人的尊严和价值问题有关联。随着当代生物技术的进步和发展，了解人类基因组密码已非天方夜谭。基因改造技术的原本目的是希望通过研究人类的基因以了解生命的密码或者为那些导致疾病的遗传因素提供基础的信息，以便医学界能够更容易地找出治疗那些疾病的方法。这些消除疾病的手段在一定程度上有助于提升人的尊严和价值。但必须指出的是，虽然基因治疗与干细胞研究的确为很多病人带来了新的希望，但是基因治疗和改造毕竟属于高端科技，牵扯到许多目前不可知的领域。就像食品的基因改造一样，不少危险不是目前可以认清和界定的。在复制人技术的实施过程中，对人体可能产生的危险性或对剩余人体细胞的处置方法等议题，人们还处在探索阶段。譬如食品的基因改造，由于基因改造涉及通过生物技术把基因片断从生物中分离出来，然后植入另一种生物，不少科学家也承认，转基因食品的安全性研究都是短期的，因为我们无法有效地评估这些食品在今后几十年对人类健康的影响，因此我们不能只看到眼前的利益而忽视潜在的伦理和道德问题。①

再者，生殖细胞基因治疗或改良所牵涉的对象不只是受者/患者之个体，还包括这一个体有可能产生的下一代。但是按照西方自由主义的原则，个人拥有绝对的自主权利去决定他/她的命运。因此，即便受者/患者被告知治疗过程会有潜在的危险，他/她仍有权利接受改造，因为他们有自由选择的权利。这里的伦理困境是：父母是否有权利替还没有出生的子女决定他们的基因？佛教的缘起论会审视每一个决定所带来的因果关系，不仅是某一个体所产生的因

---

① Stewart Lockie："Capturing the Sustainability Agenda：Organic Foods and Media Discourses on Food Scares，Environment，Genetic Engineering，and Health，"*Agriculture and Human Values* 23 (2006)：313 - 323.

果，而且是整个关系网中的因果。因此，佛教不会用"人权"或"自由"作为理由，支持具有潜在危险性的医疗科技。

就复制人而言，复制人所复制的只是基因，而意识并不能被复制，因此，复制人如果不像一般人一样经过养育的过程，他们就无法完成人所具备的思想和行为。在佛教看来，人格的意义在于包括意识的"五蕴"，人的外在躯体，即便可以被复制，也不能形成人之所以为人的（意识）内容。如果复制技术不成熟，制造复制人时十个会有六七个出错，而这种错误往往又是不可逆转的，那么这种复制实验就是不负责任的行为。人类发展的历史证明，任何一种技术一旦被发明出来，它遭到"创造性的"滥用而没有按照原设计的路径行事的例子比比皆是。譬如，当初汽车的发明是想要方便人们日常生活的活动，但如今却成为造成严重环境污染的一个主要原因。想想近几年北京所遭遇的雾霾天气，又有多少人后悔当初政府快速发展汽车行业和技术的政策。

另外，科技"商品化"的潜在风险也是不能忽略的伦理议题。我们不得不承认，胚胎干细胞、基因改造技术和人类再生技术（human regenerative technology）具有巨大的商业利益，因此市场的诱惑也成为生命伦理学必须面对的课题。2011 年，香港媒体转载国外报纸这样一则新闻：《再生医学产业史上最大一笔交易》，文章这样写道：

> 今年，我们目睹了再生医学有史以来的最大一笔交易。生物制药龙头 Shire 以 7.5 亿美元现金收购 BioHealing。这是一件明显的例证，再生医学投资者可从现金交易获得现金回报。这笔交易打破了长期的 VC 规条："医疗保健回报无法与科技回报配合。"①

从经济学的角度看，有市场就会有市场价值（market value）。然而这里所说的风险与生命伦理学中人们所忧虑的"市场"问题，比如器官移植市场化的问题类似。所谓的市场，其实就是穷人向富人、穷国向富国出售人体器官的一种婉转说法，是社会一部分人对另一部人的控制和利用。这显然是让某些人的身体"工具化"，将他们的生命"唯物化"。因此如何限制生命科技产品的商业

---

① 《2011 年的再生医学与细胞治疗产业》，译自英文文章 Regenerative Medicine and Cell Therapy Industry in 2011，见 http：//stemcellassays.com/2011/12/industry-2011/，2013 - 02 - 15。

交易是一个不能回避的伦理问题。像基因、胚胎、人体器官这种与生命有关的东西，是否可以像"商品"一样地自由"制造"和自由"买卖"也直接关乎人的价值和尊严问题。凯斯（Leon Kass），原（小）布什总统时期美国的生物伦理委员会主席，曾表示干预人类的生殖意味着进一步地把人也变成了人造物。因此，当一个社会允许"复制"的行为时，即是默许生殖变成制造，并把儿童当成可以随意设计、塑造的东西和商品。①

佛教认为，生死疲劳，人的罪恶一切从贪欲开始，所以贪被列入"三毒"之一。因此，人类在开发生命科技的同时，应该从道德上警惕以及从法律上防范由于人类自身的贪婪而将生命科技"商品化"的倾向。

在讨论有关胚胎干细胞研究问题时，香港学者范瑞平曾经指出："对于ESC研究这样的议题，如果不考虑任何特定宗教或文化的具体道德假设——例如基督教或儒教，是很难提出实质性的回答的。"② 这里，范瑞平质疑西方自由主义那种基于抽象理性的自主权和自由观可以摆脱生命科技的种种道德困境。在这一点上，佛教抱有类似的观点。具体地讲，佛教否定存在一个非"依他起"的纯粹的、独立的道德哲学。在佛教看来，世间万物都是"因缘法"，道德哲学也不例外。

至于如何看待"保护生命"和"改良生命"的关系，即如何看待"生命神圣论"和"生命质量论"之间的关系这个议题，佛教大概会采用"中道"的立场，主张在具体情境中"善权方便，为利他故"，而不是抽象地去评判谁对谁错，给出一个"放之四海而皆准"的标准答案。

---

① 参见美国生命伦理学家兼律师克劳茨考（Arlene J. Klotzko）：《复制人的迷思》（*A Clone of Your Own*），35 页，台北，天下远见出版股份有限公司，2004。

② 范瑞平：《当代儒家生命伦理学》，288 页，北京，北京大学出版社，2011。

第三部分
传统伦理、人权与医疗

　　本部分要处理另一些重要的生命伦理学及医疗伦理问题。

　　首先，在《从道家的道德视域看人权与生命伦理》一文中，陈强立指出 2005 年 9 月 30 日至 10 月 2 日，在加拿大蒙特利尔（Montréal）一个讨论人权及基本药物获取的研讨会上，与会者草拟了一份《蒙特利尔获取基本药物的人权宣言》（以下简称《宣言》）。《宣言》主要针对贫穷国家的人民无法获得基本药物去治疗一些普通疾病而备受痛苦煎熬的状况，并指出："我们有责任去达成一种社会的和国际的秩序，在这种秩序中的人权，包括取得基本药物的权利，是获得充分实现的。这项责任必须在制度和政策制定上得到确认及体现出来。在个别国家及全球层面上，那些政策、规则和制度必须促使'取得基本药物'这一权利得以实现。"该文并不反对为贫国人民争取合理的待遇，该文所要探讨的是《宣言》把社会及国际秩序奠基在人权（包括取得基本药物的权利）上是否有充分的理论根据这一问题。该文的基本论旨是：人权倘若被理解为一种自由主义式的自然权利，那么人权就并非人类的共同道德的核心。文章通过泰勒（Charles Taylor）称为"原子论"（atomism）的一种社会哲学观点来说明自由主义式的自然权利的性质，并由此而证成上述论旨。如此一来，《宣言》把社会及国际秩序奠基在人权（包括取得基本药物的权利）上是否有充分的理论根据就再无疑问。

　　在《人权与国际生命伦理》一文中，陈强立进一步分析，西方医疗技术全球化的趋势引起了生命伦理学家的关注，有的生命伦理学家指出有必要把国际性的生命伦理学（international bioethics）放进生命伦理学的研究议程。要确立国际性的生命伦理关键在于找出一组具普遍性，能跨越文化、地域和年代的生命伦理原则。但是，到哪里去找这样的一组原则呢？有的生命伦理学家认为人权理论能够为我们提供这样一组原则。比如 Beauchamp 就认为人权是人类的共同道德（common morality）的核心部分。倘若 Beauchamp 的此一观点是正确的，那么我们就可以通过人权理论来确立国际性的生命伦理。对此该文持相反意见。该文的基本论旨是：人权并非人类的共同道德的核心。该文的一个出发点是"道德多元化"的事实。所谓"道德多元化"，并非表述某一哲学的论旨，它是要指出人类所面对的一种恒常的道德境遇，那就是事实上人们恒常地持有互相冲突的整全的信念系统；而不同的整全的信念系统则含有不同的道德观，这些道德观亦往往是互相冲突的。必须指出的是，道德多元化虽是一个没有逻辑必然性的事实，但它却是恒常存在的，至少在可见的将来它仍会是存在的。认为人权是人类的共同道德的核心的论者必须照顾到此一事实。有关论者需要确证下述两点：（1）这些互相冲突的道德观有互相交叠的部分；（2）此一部分含有人权思想。该文从儒家的道德观出发论证（2）是错误的。作者所要论证的是人权的哲学思想和儒家的道德观并不相容。倘若作者上述观点正确，那么，人权就并非儒家道德观的一个部分，这样一来，人权亦不可能是人类的共同道德的核心部分。

接下来的两篇文章都与当代中国医疗有关。首先是医德的问题，在《传统中国医疗伦理对当代美德医疗伦理学可作的贡献》一文中，罗秉祥提醒我们晚近 20 年英语世界道德哲学的最重大发展是美德伦理学的复兴。除了新亚里士多德学派，还有休谟学派、尼采学派及基督教学派等。同样的复兴在医疗伦理学中也在发生。影响世界的 Beauchamp 与 Childress 的《生命医疗伦理学原则》，也在最新版本（第 6 版，2009 年）中不再批评美德伦理学，而且承认其优点。罗秉祥从此书的第 3 版开始分析，看作者如何在以后三次修订中，修改自己对美德伦理学的立场。与现代西方不同，古代中国医疗伦理的著述是规则导向与美德导向并重，这肯定受了儒家文化的影响。儒家伦理学一直是美德导向的，今天西方美德伦理学也要向孔孟取经。礼失求诸野，今天西方的医疗伦理学都强调美德的重要性，中国的医疗伦理学难道还只停留在讨论四个道德原则的运用吗？再者，我们要提出切合这个时代需要的修养功夫，这样不单是对当代中国医疗伦理的建设，也是对世界性美德医疗伦理学的贡献。

最后一篇文章把传统中国思想的讨论扩大到墨家，在《从墨家思想看中国的医疗改革》一文中，张颖指出，在中国传统文化各学派的哲学思想与如何建构中国生命/医学伦理学这个议题上，有关儒家伦理资源的反思趋于成熟，不少学者认为，儒家思想，特别是其家庭伦理思想对回应当代生命伦理学的一些问题具有启示意义。与此同时，以佛、道为基础的生命伦理学探讨，虽然不及儒学广泛，亦有学者，特别是台湾学界较为关注。相比之下，学界对墨家与当代生命/医学伦理学关系的探讨仍处于滞后的状态。这种滞后一方面来自墨家本身的问题，即墨家已不再是一个"活传统"，因此缺乏一个真实的"生命世界"；另一方面，这种滞后来自墨家与儒家在伦理思想上的对立与冲突。但作者以为，墨家提倡兼爱互利，不但与中国传统的医道精神契合，而且具有实际的操作考虑。该文由墨家伦理和方法入手，通过对兼爱、义利、志公等方面的讨论，挖掘墨家思想对当代中国医改的启示。

从道家的道德视域看人权与生命伦理

陈强立

一、导言

2005 年 9 月 30 日至 10 月 2 日，在加拿大蒙特利尔（Montréal）的一个讨论人权及基本药物获取的研讨会（International Workshop on "Human Rights Access to Essential Medicines: The Way Forward"）上，与会者草拟了一份《蒙特利尔获取基本药物的人权宣言》①（以下简称《宣言》）。该《宣言》的前三节指出：

（1）现时，20 亿人仍然无法取得基本药物，这导致了无数苦难的出现：它们包括痛苦、恐惧以及生命和尊严的丧失。每天有 4 万人因此而死亡，而其中大部分是 5 岁以下的儿童。

（2）穷人无法取得有关药物，主要是由于有关医药的研究和发展并不以他们的健康需要为优先，亦由于医疗系统的不完善，更是由于现时的医疗药物是穷人无法负担得起的。

（3）这样的境况是违反伦理及法律责任的，其中包括人权方面的责任。现有的政策、规则及制度导致了大规模剥夺穷人获取基本药物的权利的情况。改变这些政策、规则及制度是刻不容缓的。我们有责任去建立一种社会的和国际的秩序，这种秩序中的人权，包括取得基本药物的权利，是获得充分实现的。这项责任必须在制度和政策制定上得到确认及体现出来。在个别国家及全球层面上，那些政策、规则和制度必须促使"取得基本药物"这一权利得以实现。至少，有关贸易协议、知识产权法例、贷款、援助以及各种国际上的安排和个别国家的制度、法律及政策均必须避免违反有关权利。

---

① 有关《宣言》的英文版本于普格（Thomas Pogge）评论该《宣言》的一篇文章内重印［Thomas Pogge, "Montréal Statement on the Human Right to Essential Medicines," *Cambridge Quarterly of Healthcare Ethics* (New York: Cambridge University Press, 2007), Vol. 16, Issue 1, pp. 97 – 108］。

上述《宣言》主要是针对贫穷国家的人民，因无法获得基本药物以治疗一些普通的疾病，因而饱受痛苦煎熬的状况。本文并不反对为贫国人民争取合理的待遇，但本文所要探讨的是，《宣言》把社会及国际秩序奠基在人权（包括取得基本药物的权利）上是否有充分理论根据。

一直以来，生命伦理学深受英美的道德哲学（尤其是自由主义）影响，这是毋庸置疑的。大部分当代生命伦理学的著作都是从自由主义的道德前提出发，论证有关生命伦理课题的结论，而人权则是自由主义者所共同接受的道德准则。不少自由主义者认为人权具有普遍的道德意义。首先，它的普遍性建基在其"普遍适用性"之上：人权是每一个人应该享有的，无论你生于哪一个国家，属于什么社会阶层，拥有什么肤色、性别或宗教信念，只要你是人就能享有这种权利。其次，其普遍性建基于人权的价值中立性之上：无论你持有什么人生价值，你都可以肯定人权，不仅如此，人权亦有助于维持价值多元化的事实，它为人们选取人生价值的自由提供了必要的保障。较准确地说，所谓"人权具有价值中立性"的意思就是，人权理念对于各种人生观（包括各种人生价值）或宗教信仰也是中立的，它不排斥任何特定的人生观或宗教信仰，只要这些人生观或宗教信仰不要求它的信奉者干涉别人的信仰。

然而，必须提出的问题是：从事生命伦理学的探究是否必须从自由主义的道德前提出发？丹尼尔斯（Norman Daniels）等生命伦理学家在 *From Chance to Choice：Genetics & Justice* 一书的一篇附录里指出，自由主义的道德架构是目前得到最佳表述和辩护的道德思想架构，其言外之意是我们理所当然地应从此一架构的道德前提出发去从事生命伦理学的探究。[①] 然而，倘若我们接受著名道德哲学家麦金太尔（Alasdair MacIntyre）对道德探究的看法，我们就不会同意丹尼尔斯等人的看法。麦金太尔认为自由主义只是众多的道德传统之一，他在 *Whose Justice? Which Rationality?* 一书里指出，并没有跨越不同传统的理性标准可用以支持自由主义具有普遍的合理性。相反，他认为不同传统本身就具备了它的合理性。[②]

---

① Allen Buchanan, *From Chance to Choice：Genetics & Justice* (Cambridge：Cambridge University Press, 2000), pp. 371 – 375.

② Alasdair MacIntyre, *Whose Justice? Which Rationality?* (Notre Dame, Ind.：University of Notre Dame Press, 1988).

　　笔者并不打算在此讨论麦金太尔的观点。本文主要的工作是要检视由自由主义的前提，特别是人权的道德准则出发，来论证关于生命伦理课题的结论的正当性（legitimacy），并尝试指出从道家的道德视域出发亦能得出关于生命伦理课题的合理结论。本文的基本论旨是：人权倘若被理解为一种自由主义式的自然权利，那么人权就并非人类共同道德的核心。[①] 本文的一个出发点是"道德多元化"的事实。所谓"道德多元化"并非表述某一个哲学的论旨，它是要指出人类所面对的一个恒常的道德境遇，那就是事实上人们恒常地持有互相冲突的整全信念系统；而不同的整全信念系统则含有不同的道德观，这些道德观亦往往是互相冲突的。必须指出的是，道德多元化虽是一个没有逻辑必然性的事实，但它却是恒常存在的，至少在可见的将来它仍会是存在的。认为人权是人类共同道德的核心的论者必须注意此一事实。本文所要论证的是：第一，"人权"含蕴个人主义的道德视域（P1）；第二，"人权"所含蕴的个人主义的道德视域并无道德的普遍性（P2）。

二、"人权"概念的性质

　　让我们先论证（P1）（"'人权'含蕴个人主义的道德视域"）。本文的论证主要是通过分析"人权"的性质来建构的。"人权"的性质究竟是什么？下文将会采取某种社会结构模式来说明"人权"的性质，此一社会结构模式可以用下面的一组语句来加以描述：

　　（S1）社会乃由像原子（atom）般的个人所组成。

　　（S2）有关的社会组成是个人基于自决原则所作的集体决定的结果。

　　（S3）在作出此一集体的决定之前，社会制度并不存在。

　　著名社群主义哲学家泰勒（Charles Taylor）把持上述社会观的社会哲学立场称为"原子论"（atomism）。[②] 必须说明的是，（S1）、（S2）与（S3）并非事

---

　　① 本文并不否定我们可以提出一种非自由主义式的人权观的可能性。不过，到目前为止还没有哲学家能提出一套融贯的非自由主义式的人权观来。故此，下文关于人权概念的分析均是针对自由主义式的人权观，并没有把非自由主义式的人权观区分开来。

　　② Charles Taylor, *Philosophy and the Human Sciences* (Cambridge: Cambridge University Press, 1985), pp. 187－210.

实陈述，它们是对合理社会的本质的一种哲学断定。顺着泰勒的说法，我们可以把具有这样一种社会结构的社会，称为"原子论式"（atomistic）社会。在"原子论式"的社会里，"个人自主"（personal autonomy）的原则，即"自主性原则"（principle of autonomy）或"自决原则"（principle of self-determination）是终极的道德原则。这就是说，尊重个体（在自愿情况下）关于其个人生命或生活方式的决定是这个社会最根本的道德原则，政府的权力根据、法律的权威和个体的道德责任都建基在这条道德原则上面。这并不是说自主性原则是这个社会唯一的道德原则，"原子论式"的社会可以有其他道德原则，但是，它们都是从自主性原则中引申出来的。比方说，尊重各种个人权利的道德原则都可以说是自主性原则中的引申。以宗教自由权为例，该项权利的核心是，人们可以选择自己的宗教是一项十分重要的价值，有关权利就是要为此一价值提供道德保护。明显地，宗教自主是生活上自主的引申。让我们再看看生命权和人身安全权。首先，生命和人身安全均是生活上自主必须具备的条件，而生命权和人身安全权则为有关条件提供了道德保护。由此观之，人权原则可以说是自主性原则的逻辑引申。

以上，我们论证了由自主性原则如何能引申出人权原则。而且，有关论证不仅说明了自主性原则和各种人权原则的逻辑关系，亦同时说明了"人权"概念的性质。上述论证表明，人们可以在生活上自主（即可以自由选择自己想过的生活），此一价值构成"人权"概念的核心，而人权的主要道德功能就是对有关价值提供道德保护。但是，如此一来，"人权"概念即含蕴着一种个人主义的道德视域。很明显，可以自由选择自己想过的生活，不受传统或其他价值所制约，这是一种个人主义的道德视域。

三、道家的整体主义的道德视域

下面，我们将证明（P2）（"'人权'所含蕴的个人主义的道德视域并无道德的普遍性"）。在上一节我们得出这样的结论：人们可以在生活上自主（即可以自由选择自己想过的生活），此一价值构成"人权"概念的核心，而人权的主要道德功能就是对有关价值提供道德保护。本节要提出的问题是：这种强调个人自主的价值具有普遍性吗？它是所有道德视域所共同肯定的吗？本节的一个主要工作就是从道家的道德视域出发论证它没有这样的普遍性。

现在让我们看看道家的道德视域。我们可以通过下面的一组表述来说明道家的道德视域。

1. 道家的最高价值为"自然"。此一价值可见于《老子》第二十五章，以"人法地，地法天，天法道，道法自然"一段为代表。

2. 所谓"自然"非指大自然之自然，而是指万物、天地以及道本身的一种"自然而然"的状态或性质。我们可以通过以下两个原则来加以分疏。

（1）宇宙总体的自然原则：宇宙总体处于一种自然和谐的状态，此即有关宇宙总体的一种理想状态。

（2）个体的自然原则：个别事物在上述整体自然和谐的状况下所处的一种自然而然的状态，即为该个体的理想状态。

3. 道家的最高道德原则：法自然。法自然可分为积极的原则和消极的原则。

（1）所谓法自然的积极原则即《老子》第六十四章"以辅万物之自然"所说的原则。"辅万物之自然"主要是以上述的总体之自然原则和个体之自然原则为准。

（2）法自然的消极原则即无为原则。所谓无为原则即不干扰整体的自然和个体的自然。

上述三组表述简要地描述了道家的道德视域。必须指出的是，上述所列出的表述并非有关道德视域的全部表述，有别的表述是可以补充进去的。但就本文的目的而言，本文只需援用上述三组表述。有关道家整体主义的道德思想，已有不少学者论述过，试阅下面这一段描述道家哲学的文字：

> 在中国思想中，一向把自然当成有生命的系统，以有机的相互联系性去观察万事万物……彼此相融和合无间，老子哲学尤为能发挥此中之信息，以表达自然整体的意识。①

上述的一段文字表达了老子哲学的整体主义的宇宙观：宇宙万物之间存在

---

① 魏元珪：《老子哲学的自然整体意识与生态观》，见国际道德经论坛论文集编委会编：《和谐世界，以道相通：国际道德经论坛论文集》下卷，334 页，北京，宗教文化出版社，2007。

着一种有机的相互联系性，它是宇宙万物得以彼此相融、和合无间的根据。试看另一段描述《老子》和谐哲学的文字：

> 万物与人之间有生命源头的同根性及共同属性……具有机体的相辅相成作用及共生的一体性……人与人、人与自然物兼具互相依存的自化及同根共生性的同化。其中，自化是个体性的原理，一体同化系人与自然万物共同隶属于机体的同一性而言。①

这段文字分述道家的整体性原则和个体性原则。"万物与人之间有生命源头的同根性及共同属性"、"具有机体的相辅相成作用及共生的一体性"和"一体同化"均属整体性原则；"自化"则属个体性原则。

笔者以下将会论证"人权"所含蕴的个人主义或"原子论式"的道德视域和道家的"自然"、"无为"所含蕴的道德视域是不相容的。关键在于，人权所含蕴的"原子论式"的道德视域是以个人自主或自决原则为最高原则，此一原则和道家的宇宙总体自然原则并不一致，因为据道家的此一原则，个人的自主并不是最高的价值，在某些情况下，为了整体的自然和谐，个人需要放弃某种程度的自主性。以虐待动物的行为为例，人权的道德视域并不谴责有关行为，因为有关行为并未违反他人的自主性，因而并没有违反他人的权利。然而，根据道家的"自然"、"无为"的原则，有关行为是应当被批评的。又以过度砍伐树木的行为为例，有关行为或会为人们带来短暂的经济利益，但却破坏了地球的自然和谐，若以人权的道德视域来看，除非有关行为会引致他人的权利受损，否则，该行为在有关道德视域的框架里应免受谴责。但从道家的道德视域来看，有关行为违反了宇宙总体的自然原则，是应加以批评的。由此观之，人权与道家的道德视域并不相容。

四、结语

本文从道家的道德视域出发论证人权（包括取得基本药物的权利）缺乏普

---

① 曾春海：论《〈道德经〉中的玄德与和谐》，见国际道德经论坛论文集编委会编：《和谐世界，以道相通：国际道德经论坛论文集》下卷，341 页。

遍性，但这并不是说我们不应该照顾贫穷国家的人民的基本药物需要。从道家的道德视域来看，我们应照顾有关人民的需要，这主要是基于个体的自然原则的要求，根据此一原则和法自然的积极原则，我们应辅助个体的自然。有关辅助则包括维持个体的正常健康状况。

人权与国际生命伦理

陈强立

过去的一个世纪，西方医学尤其是医疗技术方面的发展可以说是一日千里，它的影响几乎延伸至世界每一个角落。西方医疗技术全球化的此一趋势对世界各地的医疗制度和文化所带来的冲击是难以估量的。生命伦理学家对此一全球化的趋势亦十分关注，并从伦理学的视野来检讨此一趋势。有的生命伦理学家更指出有必要把国际性的生命伦理学（international bioethics）放进生命伦理学的研究议程。

要确立国际性的生命伦理，关键在于找出一组具有普遍性，能跨越文化、地域和年代的生命伦理原则。但是，到哪里去找这样的一组原则呢？有的生命伦理学家认为人权理论能够为我们提供这样的一组原则。该等论者认为人权具有普遍的道德意义，而人权思想则是放诸四海皆准的道德理论：人权是每一个人所应该享有的，无论你生于哪一个国家，属于什么社会阶层，拥有什么肤色或性别，只要你是人就能享有这种权利。比如 Beauchamp 就认为人权是人类的共同道德（common morality）的核心部分：

> 共同道德所含的规范约束着每一个地方的每一个人。在
> 近年来，最能表达此一普遍的道德核心的形式就是
> 人权……①

倘若上述关于人权的观点是正确的，那么我们就可以通过人权理论来确立国际性的生命伦理。但是，倘若我们采取麦金太尔（Alasdair MacIntyre）等相对主义者的哲学观点，我们就会认为，人权理论是西方现代社会的产物，它具有强烈的现代性；它作为一种道德理念并不具有普遍意义，因为它只是自由主义哲学传统的一项衍生事物，而自由主义仅是众多不可共量的哲学、宗教或

---

① Tom Beauchamp, "The Mettle of Moral Fundamentalism: A Reply to Robert Barker," *Kennedy Institute of Ethics Journal* 8 (1998): 394.

道德传统的其中一个。①

一、道德的多元性——文化多元主义与后现代主义

在 20 世纪末发表的一篇文章里，Robert Baker 对传统的人权思想提出类似的批判。② 在该篇论文里，Baker 试图论证"道德的基要主义"（moral fundamentalism）在"哲学上破产"（philosophically bankrupt），而传统的人权思想正是"道德的基要主义"的典型。他从两个不同的方向来批判道德基要主义：第一，文化多元主义（multiculturalism）；第二，后现代主义（post-modernism）。Baker 把"文化多元主义"化约为下述三个基本命题：

> （M1）接受预设（the acceptance postulate）：道德原则
> 之所以具有约束力乃由于至少在某些意义下，受该等原则约
> 束的人接受它们。
> （M2）差异宣称（the difference claim）：不同文化和时
> 代接受不同的道德原则。
> （M3）道德因而具有多元文化的特性。

（M1）含蕴下述观点：对于一个文化或时代而言，任何道德原则倘若不是该文化或时代所接受的道德原则，那么对该文化或时代的人就不具道德约束力。如此一来，（M1）和（M2）含蕴：不同时代和文化受不同的道德原则约束。由此引申，不同时代和文化有不同的道德，这亦即是（M3）所说的"道德具有多元文化的特性"的意思。Baker 认为传统的人权思想作为道德基要主义的主要形态受到文化多元主义的严峻挑战。他认为（M1）是明显的，而（M2）则为人类学研究所得出的结论所支持。

Baker 认为，由于人们对事物的性质有不同的"解读"或"表述"，故即使人们接受相同的道德原则，这亦不能保证大家可做出相同的道德判断。Baker 认为此一结论可以由后现代主义引申出来。根据 Baker 的看法，后现代主义

---

① Alasdair MacIntyre, *After Virtue* (London：Duckworth，1981) and *Whose Justice? Which Rationality?* (London：Duckworth，1988).

② Robert Baker, "A Theory of International Bioethics：Multiculturalism, Postmodernism, and the Bankruptcy of Fundamentalism," *Kennedy Institute of Ethics Journal* 8 (1998)：201-231.

（的道德哲学）可化约为下述三个命题：

  （P1）并不存在一种以理性为基础的具有实质内容的道德。

  （P2）由于并不存在这样的一种道德，因此，没有所谓共同的道德文化。在社会上存在的只是互相竞争的道德视域或观点。

  （P3）任何具有主导地位的观点只能建基在权力上而非原则上。

  现在让我们解释一下所谓"道德视域"的意思。依 Baker 的说法，一个特定的"视域"为人们提供一个特定的"概念化、诠释和观察的架构"（conceptual-interpretive-perceiving framework），此一特定的架构为人们提供对事物的某种特定的"表述"或"解读"。根据后现代主义，即使在同一个文化里，人们亦可持有不同的"视域"（即不同的"概念化、诠释和观察的架构"），而人们事实上亦持有不同的"视域"。正是由于这个缘故，同一个文化里的人对同一件事可有不同的"解读"或"表述"。这样一来，即使人们接受相同的道德原则，这亦不能保证大家可得出相同的道德判断。从这个角度来看，后现代主义较文化多元主义更为极端，因为，后现代主义否定即使在同一个文化里也有共同的道德。

  本文无意探讨道德基要主义和文化多元主义与后现代主义孰是孰非的问题。固然，倘若文化多元主义和后现代主义能够被确立，则道德基要主义无疑需面对"哲学上破产"的窘境。但要确立前两者却并非易事。要确立文化多元主义，除了必须确立"差异宣称"（M2）之外，还需确立"接受预设"（M1）。但 Baker 并没有提出具说服力的论证来确立（M1）。依笔者的看法，（M1）的合理性是值得商榷的。一个道德原则倘若是正确的，则它具有道德的约束力，就好像一个正确的逻辑原则具有理性的约束力一样，这并不取决于人们是否接受它。问题在于我们能否确立有关原则的正确性。这一点则触及后现代主义的根本立场，即（P1）此一命题。本文并不打算讨论后现代主义的哲学问题。本文所要处理的是一个较小的问题，那就是"人权是否人类的共同道德的核心？"本文所要确立的论旨是：人权并非人类的共同道德的核心。这并不是要否定人类有共同的道德核心，关于这一点本文基本上是采取存而不论的态度的。

本文的一个出发点是"道德多元化"此一事实。所谓"道德多元化"并非表述某一哲学的论旨，它是要指出人类所面对的一个恒常的道德境遇，那就是事实上人们恒常地持有互相冲突的整全的信念系统；而不同的整全的信念系统则含有不同的道德观，这些道德观亦往往是互相冲突的。必须指出的是，道德多元化虽是一个没有逻辑必然性的事实，但它却是恒常存在的，至少在可见的将来它仍是会存在的。① 认为人权是人类的共同道德的核心的论者必须照顾到此一事实。有关论者需要确证下述两点：（1）这些互相冲突的道德观有互相交叠的部分；（2）此一部分含有人权思想。在下面笔者将会从儒家的传统出发论证（2）是错误的。笔者所要论证的是人权的哲学思想和儒家的道德观并不相容。那么，人权就并非儒家的道德观的一个部分。这样一来，人权亦不可能是人类的共同道德的核心部分。

二、人权概念的哲学预设

让我们先分析"人权"此一概念所含的道德哲学预设。试考察下述句子：

（1）凡人皆有生命不被剥夺的权利。

由上述句子我们可以推出：

（2）我们有责任不去剥夺别人的生命。

（1）和（2）是两个不同的道德陈述，因为，由前者可以推论出后者，但反之不然。倘若（1）和（2）等同，那么理应由后者亦可以推论出前者，亦即意味着"权利"和"责任"这两个概念是可以互相化约的，但明显它们是不能互相化约的。由此观之，（1）和（2）之所以并不等同，主要是由于它们援用了两个截然不同的道德概念（即"权利"和"责任"）。我们可以把上述的结论加以推广，试考察下述的两个句子：

（3）x 享有对 y 的权利。

（4）z 有责任不去干涉 x 享有 y。

任何（3）和（4）的相应的代换个例都是两个不同的道德陈述。而（1）

---

① John Rawls, *Political Liberalism* (New York: Columbia University Press, 1993), pp. 36 - 37.

和（2）则分别是上述两个句子（经过代换后）的特例。明显地，所有人权原则都是（3）的特例，如此一来，要分析清楚人权原则的哲学预设，其中的一个关键在于分析清楚（3）。

要分析清楚（3），最终可能需要提出一个完整的"权利"的理论（a theory of rights），但本文不拟进行这项工作。在下面笔者仅集中分析权利的几个主要性质。① 首先，权利的一个重要的界定性特征（defining feature）就是，它是断定某人需负上某些责任或把某些责任加诸某人（ground of duties in others）的一个根据，而它本身则以个体的利益为根据。② 此一界定性特征可以通过下述定义清楚地表明：

（D1）x 享有对 y 的权利，当且仅当 x 的某些利益是引

申出某些个体 z 有责任去做（或不做）某些事情以使 x 能享

有 y 的充分理由。③

（D1）含蕴下述的逻辑结果：第一，严格来说，涉及人们的权利的道德原则（例如（1））本身并非道德规范而是某些道德规范的根据。换言之，这些原则为有关的道德规范提供了哲学上的确证根据。第二，由权利引申出来的责任是以个体的利益而非其他的道德考虑为其确证基础的。倘若我们认为没有任何个体的利益可以充作确证人们应履行某些责任的充分理由，而是要诉诸其他的道德考虑，比方说诉诸我们的行为对整体社会的利益的影响，那我们就等于否定了有所谓权利这回事。第三，由此可以引申出，人权原则含有这样的一个哲学预设：

（I1）个体的（某些）利益可以充作人们的（某些）道

---

① 本文对"权利"概念的分析主要采纳了 Ronald Dworkin, H. J. McCloskey, Joseph Raz 以及 Jeremy Waldron 等哲学家的观点。他们的有关著作可参考 Ronald Dworkin, *Taking Rights Seriously* (Cambridge, Massachusetts, 1977); H. J. McCloskey, "Rights—Some Conceptual Issues," *Australian Journal of Philosophy*, 54 (1976): 99 - 115; Joseph Raz, *The Morality of Freedom* (Oxford: Oxford University Press, 1986) Ch. 7, Ch. 8; Jeremy Waldron, *Theories of Rights* (Oxford: Oxford University Press, 1984), Introduction, pp. 1 - 20; Jeremy Waldrom, *Liberal Rights* (Cambridge: Cambridge University Press, 1993)。

② Joseph Raz, *The Morality of Freedom* (Oxford: Oxford University Press, 1986), p. 167.

③ 该定义主要参考了 Joseph Raz 的提法，Joseph Raz, *The Morality of Freedom*, p. 166。

德责任的充分（的确证）根据。

这主要是由于，人权原则肯定人有某些权利，如此一来，则根据（D1），有关的人权原则亦需同时肯定个体的某些利益是某些道德责任的充分根据，因而亦预设了（I1）。

现在让我们进一步考察（I1）的性质。（I1）本身表达了一种特定的道德哲学立场，而这种哲学立场并不是所有的道德系统都能容纳的。明显地，（I1）赋予个体的（某些）利益一种极高的道德重要性，其重要程度足以引申出人们的一些必须履行的责任。不过，（I1）并没有说明此等个体利益为什么具有这样高的道德重要性。[1] 这样一来，就此一问题而言，（I1）可以容纳多个不同的答案。比方说，有的论者就认为（I1）可以接受一种效益主义式解释：

> （U）设 y 为任一个体的一项利益，y 的（道德）重要性足以引申出人们的一些必须履行的责任当且仅当 y 能在最大的程度上增加整体社会的快乐。[2]

例如华兹（Joseph Raz）在谈及记者的数据源保密的权利的时候，就曾经表示过，有关权利所要保障的（记者能自由搜集有关资料的）利益，其重要性主要源于它能促进公众利益。[3] 华氏的此一看法是否站得住脚，是不无疑问的。首先，倘若我们接受（U），则个体的权利就必须建立在效益主义的原则上。这样一来，对于确证道德责任这件事情而言，权利此一概念在原则上是可有可无的。其次，人权原则所要保障的各种个人的利益，就大部分的情况而论，它们的重要性是无法以（U）来加以说明的。以"每一个人皆有生命权"为例，此一原则对个体的生存利益赋予了一种极高的道德重要性，并且它的重要性是独立于效益主义（即使是规则的效益主义）式的计算结果的，比方说，有关原则并不允许以大多数人的一些较次要的利益为理由去剥夺一个个体的生存利益。有的人权原则甚至不允许以大多数个体的较重要的利益为理由去剥夺

---

① 当我们说"利益 y 是责任 D 的充分根据"时，意思是说：基于一组说明 y 的重要性的前提，我们可以推论出关于 D 的结论。如此一来，当我们断言某项利益 y 是某些责任 D 的充分根据的时候，我们必须说明 y 的重要性。

② 关于"整体社会的快乐"、"整体社会的福祉"、"整体社会的利益"等词语，就本文的目的而言无须详加区别，本文把它们看成是一些可以交替使用的词语。

③ Joseph Raz, *The Morality of Freedom*，p. 179.

一个个体的较次要的利益，比如人身安全权的原则就不允许我们强迫一个个体借出他的身体器官去救活其他的病人。

由此观之，人权原则是从个体的观点来衡量个体的利益的重要性的，它对个体的（某些）利益所赋予的重要性（称此为"α地重要"）不仅独立于效益主义式的计算结果，亦同时为人们在谋求整体社会的福祉的事情上设下了某种不可逾越的规限。我们可以把人权原则所含的这种道德哲学预设陈述如下：

（I2）（i）设 Ω 为各种基本人权所要保障的个体利益（或权利）所构成的集合，那么，γ 为 Ω 的一份子当且仅当 γ 具有 α 程度的重要性。

（ii）y 是"α地重要"当且仅当（1）y 是个体 x 的一项利益，并且是断定某 z 需负上某些责任或把某些责任加诸某 z 的一个充分根据；（2）y 的重要性独立于任何其他 z（个人或某个群体，甚至整个社会或文化传统）的福祉①；（3）y 的重要性为人们在谋求其他 z（个人或某个群体，甚至整个社会或文化传统）的福祉的事情上设下了某种不可逾越的规限②。

（I2）是确立基本人权的一个必要的哲学前提。如前文所指出的，人权建基于个体的利益之上，与此同时，人权亦为社会定下了一些不可逾越的道德界限（道德规限）以保障个体的一些重要的利益，这些界限限制政府或社会以各种名义（如传统道德、宗教甚至整体社会的利益）侵犯个体的有关利益。但倘若（I2）被否定，个体的利益如何能有上述的道德优先性呢？比方说，倘若我们采取（U），我们如何解释，有关的个体利益为何能够充作限制政府（或社会）以整体社会的福祉的名义去侵犯个体的有关利益的充分根据？从（U）这个原则来看，个体利益本身所具有的（对个体而言的）重要性并不含蕴这样的一种道德优先性。试想一下那些不仅对社会无贡献还反过来要社会帮助的弱势群体（如精神病患者、高危病患者、残障人士等），或许更极端一点的，想想

---

① y 的重要性独立于 z 的福祉当且仅当 y 的重要性并非源于它对 z 的福祉的贡献。（2）并不含蕴 y 不需要和其他的个体利益竞争，比方说，可自由地表达意见和名誉不受损害是两种需要互相竞争的利益。（2）仅含蕴 y 的重要性并非源于它对别的 z 的福祉的贡献。

② "不可逾越的规限"仅是一种修辞上的说法，它并不意味着有关的规限是绝对的。

那些有反社会倾向的人士（如黑社会分子、惯匪、邪教组织的成员、有诉诸暴力的倾向的政治组织成员），此等人士的个人利益对促进整体社会的福祉究竟有什么重要性？倘若没有，他们的个人利益又如何能够充作限制政府（或社会）的决策的充分根据？（我们固然可以基于整体社会的福祉的理由限制政府或社会侵犯个体的有关利益，但那是另一回事，因为我们这时所诉诸的根据是整体社会的福祉而非个体的利益。）不仅如此，（U）和"个体的某些利益是限制政府（或社会）以增加整体社会的福祉为理由去侵犯个体的有关利益的充分根据"的说法甚至是互相冲突的。设 y 是个体的一项利益。试考察下述的两个句子：

（5）y 是限制政府（或社会）的某些决策的充分根据。

（6）有关决策虽然对 y 造成损害，但却在最大的程度上增加了整体社会的福祉。

（U）含蕴（5）和（6）是不可能同时成立的，因为，倘若（6）是正确的，那么，根据（U），y 就不可能是限制政府（或社会）的有关决策的充分根据。[①]

现在让我们总结一下以上对"人权"概念所含的道德哲学预设的分析。从上文的分析我们可以看出"人权"概念含有（I1）和（I2）两个道德哲学预设。这就是说，（I1）和（I2）是确立基本人权的一个必要的哲学前提，倘若我们摒弃它们，就等于摒弃人有基本人权的信念。倘若上述结论是正确的，那么人权就不可能如 Beauchamp 所说的是人类的共同道德的核心。因为（I1）和（I2）这两个预设所含的道德哲学立场，并不是所有的道德系统都能容纳的。下文将会论证（I1）和（I2）这两个预设和儒家的道德观是互相冲突的。

---

① 上述的说法并没有否定某种形式的（间接的）效益主义可以确证社会需要定下有关的道德界限以充分保障个体的重要利益。在笔者而言，任何形式的（包括间接的）效益主义都必须肯定（U），然而，（U）和"社会应定下一些不可逾越的界限以充分保障个体的重要的利益"此一道德判断并无冲突，（U）虽然否定个体利益具有任何上述意义的道德优先性，但我们可以设想，定下这些保护界限，长远而言会在最大的程度上促进整体社会的快乐。换言之，通过某种形式的（间接的）效益主义确证有关的保护界限原则上是有可能的（至于实际上效益主义者是否能够提出有关的确证则端视乎具体情况）。不过，即使效益主义能提出这样的一种确证，有关的确证亦不能是建基于个体利益本身的道德重要性之上的。

三、儒家的道德观

在这一节里面，本文所要确立的基本论旨是，人权思想和儒家的道德观是不兼容的，这主要是由于儒家的道德系统和人权原则所含的道德哲学预设（即（I1）和（I2））互相冲突。下文将会从两个方面来论证上述论旨：一是儒家的义利之辨；二是儒家伦理的义务论性格。义利之辨一直是儒家的一个重要主题，从此一主题，我们可以看到儒家道德哲学的基本预设，有关预设涉及儒家对道德责任的基础和个体利益的道德地位等方面的看法。现在让我们先考察一下儒家关于义利之辨的说法：

> 子曰："放于利而行，多怨。"（《论语·里仁》）
>
> 子曰："君子喻于义，小人喻于利。"（《论语·里仁》）

孔子上述的说法虽简短但却透露了儒家的两个重要的道德立场：（1）儒家的轻利思想。儒家认为人们不应过于重视利益①，不应以利益作为行为的根据，人们过于重视利益、以利益作为行为的根据是社会上不和谐的根源；（2）义利对立。在儒家而言，"义""利"不仅是彼此独立的两个概念，并且是道德上对立的。②

或许有人会认为，孔子所要否定的是自利的行为，而非个体利益的重要性。对于这个看法，笔者仅提出以下两点作答。首先，这并非孔子的说法，孔子并没有说他所谓的"利"仅指自利；其次，此一解释亦与后来的儒家学说（如孟子、程颢等人的学说）中的义利之辨的观点不一致，试考察孟子的一个关于义利之辨的重要说法：

> 孟子见梁惠王。王曰："叟不远千里而来，亦将有以利吾国乎？"孟子对曰："王何必曰利？亦有仁义而已矣。王曰'何以利吾国'？大夫曰'何以利吾家'？士庶人曰'何以利吾身'？上下交征利而国危矣。……万取千焉，千取百焉，

---

① 主要是指个人方面的利益，对于整体社会的利益，孔子是重视的，孔子有"因民所利而利之"的说法。

② 至少就行为的动机而言，两者在道德上是对立的。

> 不为不多矣。苟为后义而先利，不夺不餍。未有仁而遗其亲
> 者也，未有义而后其君者也。王亦曰仁义而已矣，何必曰
> 利。"（《孟子·梁惠王上》）

如上述引文所示，孟子认为义利是对立的，但明显地他所谓的"利"不仅指自利，孟子所谓的利亦包括了"利吾国"和"利吾家"。孟子把"利"从"义"之中排除出去的观点受到宋代学者李觏的批评：

> 利可言乎？曰：人非利不生，曷为不可言乎？……孟子
> 谓何必曰利，激也，焉有仁义而不利者乎？（《李觏集》）

李觏对孟子的批评为笔者上述的说法提供了有力的助证。

然而，李觏对孟子的批评却引申出儒学必须探讨的一个理论上的问题，那就是关于道德的基础的问题：倘若把"利"从"义"之中排除出去，那什么是"义"的根据呢？我们又是否真的可以把"利"从"义"之中排除出去？对于上述的第二个问题，由于篇幅所限，笔者仅提出以下几点。从儒家的观点来看，我们没有必要完全否定利，其实孟子亦强调君主需行仁政，而行仁政即孔子所说的"因民之所利而利之"（《论语·尧曰》）；儒家所要否定的是以利益（无论是个体的利益抑或是一个国家的整体利益）作为我们的行为的根据；从儒家的观点来看，我们的行为必须基于某些理由，但有关理由却非个体或一个国家的整体利益。

对于上述的第一个问题，笔者亦是仅提出以下几点作答。依儒家的观点，"义"的根据是人的"恻隐之心"或"仁心"，而"仁心"则以孝悌为其本。关于"仁之本"在《论语》中有很清楚的说明：

> 君子务本，本立而道生。孝悌也者，其为仁之本与！
> （《论语·学而》）

从儒家的观点来看，"仁心"本出于对亲族的感情，但又不仅限于这种感情。儒家强调我们应把这种爱护自己亲人的感情推而广之，应用到别人甚至是所有的事物身上。关于这一点，孟子有很明确的说法：

> 君子之于物也，爱之而弗仁；于民也，仁之而弗亲。亲
> 亲而仁民，仁民而爱物。（《孟子·尽心上》）

宋代理学家程颢更把上述的"亲亲而仁民，仁民而爱物"的观点提到"仁者浑然与物同体"的高度去：

> 若夫至仁，则天地为一身，而天地之间，品物万形为四肢百体。夫人岂有视四肢百体而不爱者哉？圣人仁之至也，独能体是心而已。（《河南程氏遗书》卷四）

因此，依儒家的观点，人类的道德行为并非以利益（无论是个体还是整体的利益）为其根据，而是以使人类能够达致"浑然与物同体"的"仁心"为其根据。一个仁者固然不会损害别人的一些正当的利益，更不会去损害整体社会的利益，但有关利益却并非他的道德行为的充分根据。[①] 有的论者认为儒家的道德理论是一种义务论，就上述儒家的道德哲学观点来说，这个看法是有相当的道理的。[②] 以个体利益或整体利益作为人们的道德责任的（充分）根据，那是某些"道德典范"（moral paradigm）里的事物，儒家的道德哲学属于另一种"道德典范"。[③]

四、结语

依上文的分析，我们可以得出这样的结论：儒家的道德哲学预设与基本人权的道德哲学预设是互相冲突的。首先，儒家义利之辨的道德哲学立场否定了个体利益可充作道德责任的充分根据。再者，按照儒家的"仁者浑然与物同体"的观点，明显地儒家否认个体利益有独立于群体（甚至整个社会或文化传统）的道德意义。儒家的这两种立场与人权原则的道德哲学并不兼容：首先，上述的第一种立场和（I1）互相冲突；其次，由于人权原则肯定人有某些基本权利，那么根据（I2），个体的（某些）利益具有独立于任何其他个人或群体甚至整个社会和文化传统的道德重要性，由此引申，（某些）个体利益有独立于群体（甚至整个社会或文化传统）的道德意义，这和儒家上述的第二种立场

---

① 这一点可以由"爱物"此一观念清楚看出，明显地"爱物"并不物的利益为其根据，因为物根本就谈不上是否有利益。

② 就本文的目的而言，义务论在原则上是否排斥以个体或整体的利益为道德责任之根据的哲学立场此一问题是可以暂且搁置一旁的。

③ 上述的说法并没有否定有"混合的道德典范"此一可能性。

互相冲突。倘若上述所得出的结论是正确的，那么，我们可以下结论说：从儒家的道德观来看，人权不可能如 Beauchamp 所说的是人类的共同道德的核心。有一点必须指出，就是上述的说法并不含蕴儒家的价值系统必然排斥基本人权所确认的道德规范（即人们必须履行的某些责任）此一结论，盖儒家所否定的乃是基本人权的哲学根据而没有否定其所要确证的道德规范。由此观之，上文是从根本上否定了儒家的道德理论可以衍生出（无论是直接还是间接）基本人权的说法，这样一来，即使我们可以成功证明儒家的道德理论可以容纳基本人权所确认的道德规范，也不能由此推论出儒家的道德理论和人权并无冲突。

传统中国医疗伦理对当代美德医疗伦理学可作的贡献

罗秉祥

一、美德伦理学在西方道德哲学的复兴

晚近 20 年英语世界道德哲学的最重大发展是美德伦理学的复兴。除了新亚里士多德学派，还有休谟学派、尼采学派及基督教学派等，百家争鸣，都在发扬美德伦理学。同样的复兴也在医疗伦理学领域发生。这复兴可从奇尔德雷斯（James F. Childress）和比彻姆（Tom L. Beauchamp）合写的名著《生物医疗伦理学原则》（*Principles of Biomedical Ethics*）说起。这本影响全球的教科书的两位作者，前者任教于弗吉尼亚大学宗教研究系，后者执教于乔治城大学哲学系，并是该校肯尼迪伦理学研究所的骨干成员。这两位作者都不是医疗人员，但却受过严谨的伦理学训练，而且也长期从事医疗伦理学的研究。他们把严谨的哲学伦理学及宗教伦理学框架、理论、思考方式及各种学术争议，与传统的由医疗界主导的医疗伦理学全面结合，使医疗伦理学脱胎换骨，不再只是医疗人员内部的专业伦理，而成为社会大众都可以关心及参与讨论的社会伦理议题。作者并且认为，他们提出的四个道德原则[①]，既是放之当代西方而皆准，反映了社会中深思熟虑的"共同价值"，而且是充分的，足够解决所有医疗与生命科学的道德争议。他们承认，这个道德理论框架来自英国哲学家 W. D. Ross 于 1930 年出版的《对与善》。按这本书的看法，道德判断是错综复杂的，以任何一个根本原则（不论是康德式的还是效益主义式的）统摄一切道德规范，都会在某些情形中扭曲我们的道德意识。所以，作者以七个"乍看义务"（prima facie duties）为所有道德判断的依据。这就是《生物医疗伦理学原则》中四个原则的思想源头。

[①] 即自主原则、不伤害原则、行善原则、公正原则。

二、美德与医疗伦理学

这本名著从 1977 年第 1 版起，到 2009 年，一共出版了 6 版，每版都有重要修改。在 2009 年的最新版本（第 6 版）中，该书已不再批评美德伦理学，而且承认其优点。最初这本书只强调四个道德原则，但逐渐可以看到书中对于美德伦理学的态度起了变化，从完全忽视，到批评，到承认其优点，到最后赞扬美德伦理学。

三、《生物医疗伦理学原则》的重要修改

1. 第 3 版

在第 1 版及第 2 版中美德伦理学都缺席了，所以我们从第 3 版开始讨论。在第 3 版中，八章中有四章分别讨论四个"道德原则"。在第二章"道德理论的种类"中，道德理论只介绍了两种：功利主义和义务论。只不过在这章讨论结束时，已承认以原则及规则为本的道德有其限制。[1] 所以在最后一章中特别讨论道德理想、美德及认真尽责。[2] 这已经开始触及美德伦理学所关心的课题。

所谓道德理想，并不只是遵守那四个道德原则，而是有一些特别值得他人赞赏的行为。因此，医者的人格，并不只是停留在守规则、履行义务而已，而是向往更高的人生境界。义务与超义务之间并没有鸿沟，而是有连续性，超义务行为也应该成为我们的理想。再者，作者指出该书一直提倡的道德原则与美德之间并没有冲突，而且相辅相成[3]，并以表格形式列出了四个原则与四个美德的对应关系[4]；而比较次要的规则也与次要美德可以联系起来，互相吻合。

---

[1] Tom L. Beauchamp and, James F. Childress, *Principles of Biomedical Ethics*, 3rd ed. (New York: Oxford University Press, 1989), pp. 54 – 55.

[2] Beauchamp & Childress, *Principles of Biomedical Ethics*, 3rd ed., pp. 366 – 399.

[3] Beauchamp & Childress, *Principles of Biomedical Ethics*, 3rd ed., p. 379.

[4] Beauchamp & Childress, *Principles of Biomedical Ethics*, 3rd ed., p. 380.

Fundamental Obligations 基本原则	Primary Virtues 首要美德
Respect for Autonomy 尊重自主	Respectfulness 尊敬
Nonmaleficence 不伤害	Nonmalevolence 无恶意
Beneficence 行善	Benevolence 善良
Justice 公正	Justice or Fairness 正义或公平

Derivative Obligations 衍生原则	Secondary Virtues 次要美德
Veracity 讲真话	Truthfulness 诚实
Confidentiality 保密	Confidentialness 值得信任
Privacy 隐私不受干扰	Respect for Privacy 尊重隐私
Fidelity 对患者忠实	Faithfulness 忠诚

该书在"结论"部分特别声明，尽管书中主要讨论的是四个原则及其他的规则，但是这个道德框架，有赖美德与道德理想来支持，并使其内容更加丰富。这种立场与第一章及第二章提出的道德原则与规则的限制首尾呼应。①

2. 第 4 版

在第 4 版中有一个重要变化。第 3 版只介绍了两种道德理论，而在第 4 版第二章中却介绍了多种理论：后果为本理论、义务为本理论、美德为本理论、权利为本理论、群体为本理论、人伦关系为本理论、个案为本推理及原则为本的共同道德理论。该版的突破在于所阐述的各种道德理论中，其中一种是以美德为本理论，也称为品德伦理学。

对于上述各种道德理论，该书都分别提出它们的优点与缺点。所以对美德伦理学也一样，既有赞赏也有批评②，而批评主要是：（1）与陌生人相处时（在医院往往如此），由于都不知对方的品格如何，所以还是以一些原则来规范彼此的交往，比较保险。（2）美德不能提供适当的行动指引，高尚人格也可以

---

① Beauchamp & Childress, *Principles of Biomedical Ethics*, 3rd ed., p. 394.

② Tom L. Beauchamp and, James F. Childress, *Principles of Biomedical Ethics*, 4th ed. (New York: Oxford University Press, 1994), pp. 62 - 69.

做错事，好人可以做坏事。把道德对错的判准放在"一个正常的道德行动者会做的事"并不足够，还需要有一些清楚的行动规范来指引，而不是含糊地告诉大家，什么事应该做，什么事不准做。（这种批评，是当时西方道德哲学界对美德伦理学的常见批评。）对美德伦理学的赞赏有：（1）任何一种道德理论都必须包括美德与行为动机，该道德理论才完整。人是活的，规则是死的，一个心肠好、品德好的医护人员，比一个只是脑袋知道规则是什么的医护人员，更能敏锐判断在不同场合中该做什么事。（2）从道德生活长远来看，培养美德（如忠诚、可靠、对服务对象恪守承诺等）比只是遵守原则规则更重要。[①]

第4版的最后一章（"专业生涯中的美德与理想"）也有重要的修改，新增了对美德的讨论，并且列出及解释了医疗专业中的四个主德：慈悲恻隐、洞悉力、可靠、诚信。每一个医护人员，都需要培养这四种美德；只知道书中提倡的四个道德原则，还并不足够。全书的结论重申了尽忠职守、有道德理想、追求卓越道德生活的重要性，并重申了医疗伦理只靠原则、规则、义务、权利来规范并不足够。作者并且指出："几乎所有重大的道德理论都会合于一个结论，人的道德生活的最重要成分，是拥有一个健全的人格；因为只有健全的人格才能提供选择对与善的内在动机与力量。"[②] 全书就以这句话来画上句号。

3. 第5版

第5版又有新的突破。原第4版第二章"道德理论种类"，在第5版中被大动作地挪后到倒数第二章（即第八章）。美德伦理学，在第4版中原是当作百家争鸣的其中一个道德理论来处理；在第5版中，却把美德伦理学独立出来，放在第二章（"道德品格"）。[③] 美德伦理学脱颖而出，在书中编排上占了一个特别优越的位置，凸显出美德伦理学受到作者的高度重视。

再者，在第5版的"序言"中特别提到，美德与理想人格在当时流行的生命医疗伦理学中常受忽视或被低估了重要性，所以作者特地将它提出来，独立地放在第二章。然后，从第三章开始才用四章分别介绍该书一直以来提倡的四

---

① Beauchamp & Childress, *Principles of Biomedical Ethics*, 4th ed. , p. 69.

② Beauchamp & Childress, *Principles of Biomedical Ethics*, 4th ed. , p. 502.

③ Tom L. Beauchamp and, James F. Childress, *Principles of Biomedical Ethics*, 5th ed. （New York: Oxford University Press, 2001）, pp. 26 - 56.

个道德原则。① 在这个全新的第二章里新增的内容有：（1）医疗人员的主德从四个增加到五个（新增了认真尽责）；（2）独立有一节讨论美德与道德原则的密切关系，重申这本书虽然以道德原则为本，但这四个原则与其他规则，都有相对应的美德（所列出的表格，比第 3 版的更详尽）。所以，透过这些相对应的原则及规则，美德可以提供行动指引。但是，与之前版本不同，作者在这一版中特别声明，有很多美德没有相对应的责任，这并非美德伦理的缺点；恰恰相反，这是美德伦理学的优点。很多美德，如关注、恻隐、关怀、同情、勇气、耐心、谨慎、诚信、真诚、忠诚等，尽管没有提供具体的行动指引，但却在道德生活中扮演了非常重要的角色。② 换言之，医德并不局限在遵守该书所提倡的四个原则。人不是机器，不能只计算在什么场合用什么原则去指导，而应该自然而然地去做该做的事。培养美德，就是使一些好的习性在我们性格中根深蒂固，所谓习惯成自然。当美德成为我们个性的一部分的时候，德性就会驱使我们自然而然地乐于选择及实践对与善。在这个基础上，作者才展开了对四个原则的说明及讨论。③

4. 第 6 版

第 6 版是 2009 年出版的。"道德品格"这一章仍然保留在全书的第二章④，美德伦理学保持独特的优越地位，而不是与其他道德理论（第九章）相提并论。在第二章讨论美德伦理学时，本版又特别增加了"美德与行动指引"这一节。这个话题，在第 5 版其实已经有过充分讨论。可是，由于学界还是有一些人对美德伦理学持批评态度，认为这条进路不能对人的道德生活提供足够指引，所以作者特别利用一节来处理这个问题。

其实，该书的第 4 版也同样对美德伦理学有这样的责怪。但 15 年后，作者的立场完全改变。第 6 版书中特别引述了 Rosalind Hursthouse 对美德伦理学的辩护："每一个美德都产生一个指令，而每一个恶习也产生一个禁令。"⑤

---

① Beauchamp & Childress, *Principles of Biomedical Ethics*, 5th ed., p. vii.

② Beauchamp & Childress, *Principles of Biomedical Ethics*, 5th ed., p. 39.

③ Beauchamp & Childress, *Principles of Biomedical Ethics*, 5th ed., p. 51.

④ Tom L. Beauchamp and, James F. Childress, *Principles of Biomedical Ethics*, 6th ed. (New York: Oxford University Press, 2009), pp. 30 – 63.

⑤ Hursthouse, *On Virtue Ethics* (Oxford: Oxford University Press, 1999), p. 17.

因此，美德为本伦理学的行为规范，与原则为本伦理学的行为规范很接近。该书所强调的四个道德原则与其他规则及所有义务，都可以在美德伦理学中找到。再者，在解决道德两难方面，美德理论的处理方式与道德原则理论的方式其实雷同，彼此都没有一个易学易用的硬性规则去化解五花八门的道德两难，而是要全盘考虑，权衡轻重。该书作者说："我们接受这个结论。"①

从以前批评美德伦理学，到现在第 6 版肯定美德伦理学，《生物医疗伦理学原则》这本畅销全球的教科书在立场上发生了很大的变化。但是，这不是说作者同意美德进路优于原则进路（这是美德伦理学者如 Hursthouse 的立场），而只是说作者承认这两者之间的密切关系。② 作者认为不能把美德与道德原则二分，泾渭分明，因为不管什么伦理学到最后都要提倡美德，鼓励建立良好的习性。所以，以前有些学者以"原则主义"（principlism）来定位这本书的立场，但这本书发展到第 6 版，就已经完全超越了"原则主义"的狭隘进路。

四、传统中国美德伦理对医学伦理学的贡献

1. 中国传统医疗伦理

中国以前的医疗伦理受儒、释、道的影响。道家、佛家都讲美德，但更讲规则，因为佛、道二教都讲戒律，戒律就是规则。与佛、道比较，儒家伦理更是以美德为导向。所以，古代中国医疗伦理的著作，是规则导向与美德导向并重。规则导向可以明代外科医家陈实功的《医家十要》及《医家五戒》为代表；尤其后者，更是非常清晰的行动指引，而不是美德。而美德导向则可以孙思邈的《大医精诚》为代表。

以《大医精诚》中最重要的一段为例："凡大医治病，必当安神定志，无欲无求，先发大慈恻隐之心，誓愿普救含灵之苦。"这里说明作为一个医者应该具备的志向、立心、感情及习性，这明显是美德导向。然后，孙思邈马上说："若有疾厄来求救者，不得问其贵贱贫富，长幼妍蚩，怨亲善友，华夷愚智，普同一等，皆如至亲之想。"作者在这里立刻转变为规则导向：在治疗病人时，要完全忽略他们的家境、年岁、样貌、种族、才华，只专注于他们要得

---

①② Beauchamp & Childress, *Principles of Biomedical Ethics*, 6th ed., p. 47.

到医治的需要,一视同仁,这是一种典型的规则导向。孙思邈提出了一个具体的行为指引,而不是一种品德习性。接着,孙思邈说:"亦不得瞻前顾后,自虑吉凶,护惜身命,见彼苦恼,若己有之,深心凄怆,勿避险巇,昼夜寒暑,饥渴疲劳,一心赴救。"这里又回到习性美德,是讲人的内心、动机、恻隐、志向。

可见,古代中国医疗伦理的著述,是规则导向与美德导向并重。这与当代西方医疗伦理重规则轻美德很不同。事实上,汉语古今都常用的"医德"一词中的"德",就是指美德或德性。"医疗伦理"是晚近用语,而"生命伦理学"就更晚近了。

2. 儒家美德伦理学可扮演的角色

从中国传统儒学的进路,我们能更好地发扬美德伦理学,这是美国最前沿的伦理学发展。[①] 儒学强调培养人的各种美德,如仁、义、礼、智、信,为的是使人的生命或人格有所提升,不沦落为禽兽、小人,而是提升至君子,甚至是圣人人格。但儒家伦理学的一个独特之处,是不只高谈阔论道德理想,而且也强调实践。所以儒学是一门修身之学,讲究修养功夫,使人正心诚意,修身齐家。所以梁漱溟指出儒学并不只是一套哲学,而更重要的是一种修持涵养之学,必须有实践功夫。宋明儒学有非常丰富的功夫论,例如:静坐内观、悟、诚、敬、慎独,读圣贤典籍去提升自己的道德生命、体察历史人物经历以把握为圣之道、观天地万物气象而感应德性生命之义理等。西方道德哲学尽管讲美德,但几乎没有什么功夫论。(在西方文化里,只有在宗教生活中,才讲究灵修操练功夫。)所以这是中国儒家美德伦理学对西方美德伦理学可以有贡献的地方。

除了梁漱溟,中国当代另一位大儒是冯友兰。冯友兰在多本著作中都提到人生有四个境界:自然境界、功利境界、道德境界、天地境界;人必须在人生中提升自己的精神。医疗人员若毕生在功利境界打滚,钱是赚了,但心灵与精神生活却是穷光蛋,境界太低。宣扬医疗道德,必须要采取美德伦理学的进

① 参见余纪元:《德性之境:孔子与亚里士多德的伦理学》,北京,中国人民大学出版社,2009;May Sim, *Remastering Morals with Aristotle and Confucius* (New York: Cambridge University Press, 2007); Byran W. Van Norden, *Virtue Ethics and Consequentialism in Early Chinese Philosophy* (New York: Cambridge University Press, 2007).

路，使人不只是注意不犯法、不违规、安于在道德底线徘徊。没有美好的道德习性，人往往是作恶虽然无胆，为善却是无力。理欲交战，知与行人格分裂，是大部分人的道德实况。只有建立美德，培养良好习性，人才不管在什么情况下，都能从心所欲不逾矩，发而皆中节。

《生物医疗伦理学原则》第5版提出的医疗人员五个主要德目（慈悲恻隐、洞悉力、可靠、诚信、认真尽责），我认为儒学伦理学也会赞成。礼失求诸野，西方的医疗伦理学都强调美德的重要性，中国的医疗伦理学难道还只停留在讨论四个道德原则的运用吗？没错，当社会中很多人都不守规矩的时候，我们要强调遵守道德规矩的重要性，这是最低限度的要求。但我们也应该更进一步，不单鼓励大家遵守道德规矩，而且要出于良好动机，不断地而不是偶尔地遵守道德规矩，以至于惯性地遵守道德规矩，习惯成自然，最终目标是大家都自然而然地遵守道德规矩，美德就这样养成了。

美德导向的医疗伦理，既不会忽视行动指引，也更符合中国文化。中国古代医者在读医书的时候，同时也在读儒学经典来修身养性。现在呢？现在中国的医疗工作者要如何修养自己的人格呢？有何修养功夫可做？这都是值得医疗人员及社会思考讨论的课题。当然，在吸收传统资源的同时，我们也应该谦虚学习当代西方的美德伦理学，不要自我封闭在自家传统中。

从墨家思想看中国的医疗改革

张　颖

一、序言

在中国传统文化各学派的思想与如何建构中国生命/医学伦理学这个议题上，有关儒家伦理资源的反思趋于成熟，不少学者认为儒家思想，特别是其家庭伦理思想对回应当代生命伦理学的一些问题（如家庭医疗储蓄制度的改革，知情同意的家庭内涵）具有一定的启示意义。与此同时，以佛、道为基础的生命伦理学探讨，虽然不及儒学广泛，亦有学者，特别是在台湾学界，对一些重大的伦理议题（如安乐死、器官移植等）有所涉及，以此证明佛、道的生死观与现代生命伦理的关系。

相比之下，学界对墨家与当代生命/医学伦理学关系的探讨仍处于滞后的状态。这种滞后一方面来自墨家本身的问题，即墨家已不再是一个"活传统"（a living tradition），因此缺乏一个真实的"生命世界"（a lifeworld）；另一方面，这种滞后来自墨家与儒家的对立，即大多儒家学者不愿意提及墨家对儒家的质疑。但笔者以为，墨家提倡兼爱互利，不但与中国传统的医道精神契合，而且具有实际的操作考虑。本文由墨家伦理和方法入手，通过对兼爱、义利、志公等方面的讨论，挖掘墨家思想对当代中国医改的启示。自从上世纪80年代以来，随着中国社会经济的改革，医疗体制的改革日益成为人们关注的问题。而医改涉及的是伦理实践的义涵，含有"应然"（should or ought to）的陈述，因此体现一定的价值取向。以往对于医学伦理的研究，学者们大多倾向于借助西方哲学或伦理学的原则，如当代西方生命伦理学较为流行的"四原则"，即自主原则、行善原则、不伤害原则和公正原则。[①] 本文试图探索中国

---

① 即 the principle of autonomy; the principle of beneficence; the principle of non-maleficence; the principle of justice. 参见 T. L. Beauchamp, J. F. Childress, *Principles of Biomedicalethics*. 5th ed. (Oxford: Oxford University Press, 2001).

传统文化影响下的医道精神，借中国古人之智慧思考今日之伦理实践，针对中国当下的情境和问题，探求回归墨家传统的可能性和必要性。

当前中国医疗体制和医疗实践存在着诸多的问题，主要表现为以下四个方面：

(1) 医患之间缺乏应有的相互的信任；

(2) 医疗机构与医师没有基本的敬业动力；

(3) 中国式"关系考虑"的弊端；

(4) 社会公正与公平之体制的缺失。[1]

根据墨家的思想体系，参照西方生命伦理学四原则，笔者这里提出墨家的四个基本原则，以回应当代中国的医改，尤其是医患关系上所存在的问题：

(1) 兼爱仁人原则；(2) 不伤害原则；(3) 互利原则；(4) 公正原则。

二、兼爱仁人原则

墨家认为，宇宙体现大兼，其体与端皆为"分于兼"，同时"不外于兼"。也就是说，宇宙是一个整体（totality）。正是基于这种整体的宇宙观，墨家视社会为一体，主张"爱人若己"，提出"兼相爱，交相利"的思想。墨子曰："兼以易别。"（《兼爱下》），墨家希望以"兼爱"原则促使社会达到不分亲疏、不别贵贱的目的，并以此达到君惠、臣忠、父慈、子孝、弟悌和谐的境地。这里，兼爱不同于儒家"亲亲而仁民，仁民而爱物"之说，因为后者将爱的原则建立在家族血亲的关系基础上。墨子认为兼爱是"天志"，它使人能够超越人类本能（亲亲）的情感。在中国传统文化各学派的思想中，墨家所提倡的无差等之爱与传统医道精神最为契合。兼爱贵义、淑世救人与中医提倡的"大医精诚"一脉相承。

在墨子看来，人类缺乏相爱是社会弊病的乱源之一，而解决问题的方案就是强调兼爱。"天下之人皆相爱……夫爱人者，人必从而爱之；利人者，人必从而利之。"（《兼爱中》）兼爱来自"天"的大爱，天之爱是人间效法的对象。

---

① 近年来，中国内地出现一些影视作品，直接反映类似的医疗体制问题。如电视剧《医者仁心》、《心术》和《无限生机》，从不同的角度，对目前社会关心的医患矛盾、医生职业道德等焦点问题进行了思考。

《经说》解释道：人与我同出于兼，所以爱人如爱己。所谓"互爱"就是人与我双方都承担"爱"的义务，同时都享有"被爱"的权利。"爱人者，人必从而爱之"（《兼爱中》），"爱人者必见爱也"（《兼爱下》）。"兼爱"即"平等之爱"，超越"别爱"和"差序之爱"的儒家理念，感受"为彼若为己也"（《兼爱下》）的精神，从而实现"厚人不外己，爱无厚薄"（《大取》）的理想。与儒家相似，墨家亦视"伦理"为人类社群生活的行为规范和价值取向，其中包括社会秩序以及人际互动原则。但墨辩首先将伦理思想放入"天下人"之范畴，提出"视人之国，若视其国；视人之家，若视其家；视人之身，若视其身"（《兼爱中》）。墨家对儒家"人伦主义"的批评并非在于人伦观念本身，而在于其思想所预设的血亲等级观念，以及由此可能产生的对"陌生人"的忽视。墨子指出，兼爱即"仁人"，是一种理想的道德境界。此境界也可以理解为墨家的"仁人原则"（类似西方伦理学中的"行善原则"，principle of beneficence），即对他人或物的慈爱表现。墨家认为，自私自利是人性的弱点，亦是社会混乱的根源，故"仁人原则"需破除对"爱"之对象的含混认知，做到"兼以易别"，将主体我的自觉心与关联我的兼爱心统一起来，建立社会彼此的共存共荣。

以"兼"代"别"对于医师的专业道德来讲十分重要。相对于不伤害原则这一强制性的"道德义务"（moral duty），"仁人原则"属于道德理想（moral ideal）。在现代医疗体系中，医师一般境况下面对的是所谓的"陌生人"，而非"亲亲"的关系，所以墨家不分亲疏的兼爱理念更有其现实的意义。当然，儒家"仁爱"的思想也有"外延"的成分，在医学上亦提出对待病人要"皆如至亲之想"。但从墨家的角度看，儒家的大义博爱带有太多的情感成分，这种建立于"至亲"的道德情感是不可靠的。特别是现代社会流动性大，医疗的模式也不具有传统的"家庭性"的基础，以此，"至亲之想"缺乏原有的社会条件。

在当前内地的医疗体系中，人们之所以拉关系、找路子，其背后深层的文化意涵是人们对"陌生人"的怀疑和不信任。特别是当今中国社会，人情淡漠，相互猜疑，"皆如至亲之想"成为天方夜谭。儒家的"别爱"演变为对权贵的顶礼膜拜，"关系"成为最为重要的"社会交换资源"（the resource of social exchange），而由"社会关系"逻辑所导致的医德问题成为人们日益关注的社会问题。虽然儒家传统也强调医乃仁术，但在现实生活中，人们所面临的更多是人际关系和人情法则：关系＝医术（即最佳医疗方案），其背后是对陌生人的不信任。因此，"拉关系，走后门"的现象有增无减，医患关系更是成为社会的"面子交易"。就现实层面来讲，墨子更具有理性的兼爱思想对社会要么"至亲"，要么"陌路"的这种二元分化带有一定的救治功用，可以改善社会人与人的紧张关系，促进建立合理的医患伦理关系。

墨辩中提到当人们处在权衡轻重利害的情境中时，要"体爱"，甚至"杀自以存天下"（《经上》）。当然，这种思想不能作为一个硬性原则要求每一个人。"行善原则"在西方应用伦理学中也会引起争议，其中的疑问就是这一原则是否由于其自身的理想色彩而导致对人的过高要求（如"利他"的美德）。尽管如此，面对目前失序的社会，尤其是医德遭到质疑的时候，兼爱观念作为理想的道德精神仍具有现实的意义。

三、不伤害原则

墨家认为，人们之间的相互憎恨、仇视、欺诈、残害都是因为人们之间缺乏相爱。墨子指出，"内者父子兄弟作怨恶，离散不能相和合。天下之百姓，皆以水火毒药相亏害"（《尚同上》）。家庭内若父子兄弟相互怨恨、互相使坏，推及天下百姓，亦互相亏害，国家就会离散灭亡。从墨家角度来看，伤害他人往往出自人的自私之心，即"亏人自利"，最终导致人与人之间的"交相恶"。

在西方伦理体系中，不伤害原则（principle of non-maleficence）特指不应对任何人（或物）造成伤害，防止怨恶而促进善行。就医学伦理而言，不伤害原则是指医师在诊治过程中不使病人的身心受到不应有的损伤，所谓伤害包括主动伤害与被动伤害（如疏忽）。就医师专业精神来看，不伤害是一种道德义务（moral duty），是医务工作者应遵循的基本原则。不伤害包括对他者肉体、精神、物质资产的损害，它是"仁术"的底线。《内经·素问》里早已提出"天覆地载，万物悉备，莫贵于人"的思想，强调人之生命的宝贵性，即"济群生"的基本观点。

因此，医师应把人的生命放在首要的位置上，避免对病人造成不应有的伤害，这是医师的职责和使命。以西方医学伦理学所提倡的"知情同意"为例，它最初的意义是为了防范医师和医院在活体实验中对人体的伤害，要求医方尽量降低潜在的风险，并保障包含人体受试者的研究对社会的利益最大化。然而现实社会中，我们会看到某某医院或某某医师为了某种特殊利益，放弃应有的风险评估，在病人不知内情的状况下，实行超出医学伦理范畴的实验，导致不应发生的医疗事故。所以，医学伦理学首先应该提倡医师严守职业道德，不能为名誉和金钱所左右，最终做出为利益伤害患者的事情，这就是墨家所说的"义"。令人担忧的是，今日商业社会，不少人把"利"看作单向的行为，因而丧失了墨家所说的最基本的"公义"。如果说仁人的德行是一种常人难以做到的"超义务"行为，不伤害原则乃是道德的底线，对于一般人，特别是医师来讲，并非什么过分的要求。

墨家的不伤害原则，从今天的角度来看，不仅符合社会的期许、病人的期望，还有助于提升医院的组织绩效，这也正体现了墨家兼爱交利的思想。因此，墨家思想教育应该被引入医师之教育培训课程。特别是在现代商业化消费社会情境下，墨家的贵义、兼爱应当成为医疗机构组织管理之最高目标，以促使组织伦理的形成，帮助医师医道精神的提升。另外，即便是从墨家"效益主义"的伦理出发，任何伤害行为都违背社会效益/功利的原则（principle of utility）。由此推论，医院注重风险与效益评估，既符合墨家的思想，也符合医患双方的共同利益。

四、互利原则

如果说仁人原则或兼爱原则强调医师的"大医精诚"，那么交利原则则强调兼爱原则所能达到的实际效果。兼相爱，交相利，一方面提倡利他原则、视人若己，一方面主张互助合作、互助互惠。从墨家的角度看，医患是利益的共同体。由于医患伦理属于关系伦理，兼爱互利可以成为人我互动的内在道德基础。墨家的兼相爱常与交相利相提并论，体现利与义的密切关系。《墨经》说："义，利也。"《天志上》云："义，正也。"墨家的"利"指的是公利或正利，并且具有实际效果之利。正如《经上》所云："利，所得而喜也。"值得注意的是，"正利"，一种公正的利益，包括了"以上正下"的善政，在上位者要匡正在下位者，这里的"上"包含最高的"天"，所谓的"志以天下为芬，而能能利之，不必用"（《经说上》）①。

应该指出的是，墨家所讲的利与儒家不同，孔门弟子称孔子"罕言利"，《论语》中亦有"君子喻于义，小人喻于利"（《论语·里仁》）这样的语言。孟子在见梁惠王时也说："何必曰利？亦有仁义而已矣。"（《孟子·梁惠王上》）然而墨家与儒家不同，墨家认为，"兼爱"思想来自人的"自利"的本性，也包括互利、互报的本性。墨家强调，人是相互依存的理性动物，而知恩图报亦是人的一种本性。所以，《兼爱下》引用《诗经·大雅》中"投我以桃，报之以李"的诗句说明这一观点的普遍性。由此，墨家不会单一地提倡"患者利益至上"的原则，而是互利。这在医疗体制上表现为保护医师和医院正当的报酬，以及平衡医方在分配负担与利益上的冲突。

另外，"交利"与"为"有关，墨家的"为"即是"志行"，意指将理论的知识予以自觉地实践。仁义不是有关圣人情结的空谈，而是要与实际生活结合起来。墨子思想本重实践，在墨经中，谈求知的问题，亦特别注重以实际生活体验来求得知识，从"志"与"功"的关系论理想性与实用性的辩证统一。墨家把"为义"解释为"兴天下之利，除天下之害"，把百姓之利作为三表法中"用之者"的标准。在墨家看来，"圣人有爱而无利，倪日之言也，乃客之言也"（《大取》）。这里，墨家将儒者称为"客"，认为他们空谈仁爱而忽略实际利益。后期墨家在《墨经》中对"爱"与"利"的通约关系作了进一步的说明："爱利，此也。所爱、所利，彼也。爱利不相为内外；所爱利亦不相为外内。"（《经说下》）也就是说，无论在付出者一方还是接受者一方，爱和利都不能有内外之分。这是墨家对道德价值和利益价值关系的深刻概括。由此可以看出，"兼爱"说实际上是墨家对孔孟儒学的重新改造，这种改造集中表现为墨家以"爱"释"仁"，以"利"释"爱"，从而使儒家的纯情"仁爱"道德有了坚实的"利益"内核。

我们可以这样说，墨家一方面怀抱救世心怀，倡行兼爱，以此杜绝祸乱的根源；一方面强调功利，看重效率，以此确立实现终极关怀的根基。因此，墨家思想既有理想的层面，也有实际操作的可能性。在现实生活中，我们也可以看到互惠性（reciprocity）在医患关系中至关重要，尤其是在医疗体制由于市

---

① 严灵峰编：《墨子简编》，98 页，台北，东大图书公司，1996。

场化导致从"关系资本"向"经济资本"转化时。互利在医患之间形成了契约关系,并作为道德原则的补充机制,具有义务与利益双向的功能。互惠既是利益的相互性,也是道德的相互性。随着中国医疗卫生体制改革进程的深入,医师对患者、医院和社会承担的责任越来越大,部分医师对自己的职责和使命感到疑惑,无法摆正患者利益和自身及医院利益的位置;患者对医师的要求愈高,医患矛盾就愈激烈。这里,医患的对立性被放大,从而忽视了医患之间的互利性。就"红包"或"卖药"现象而言,其背后的原因是医疗机构与医师没有正当的"获利"渠道,所以只能靠一些歪门邪道来为己牟利。因此,医疗改革应该保障医院、医师合法获利的基本权利,而不能一味强调医务人员的道德情操。

五、公正原则

说到当今中国医疗体系的混乱状况,不少人认为这是医疗市场化的结果,也就是说,市场化必然导致恶性竞争,其结果是社会"公正性"的丧失。然而,什么是公正?在有限的资源下,如何分配资源才是"公正"呢?这个问题相当复杂,涉及经济、政治、法律、伦理等诸方面的因素。西方伦理中所谓的社会正义之理论,就有罗尔斯(John Rawls)与诺齐克(Robert Nozick)对"正义"的内涵完全不同的诠释。①

墨家的正义观与罗尔斯的"公平"(fairness)思想有相似之处,尽管墨学体系中完全没有"权利"的概念。墨子坚持,"公正"亦称"正义"或"公道"(justice);公正原则首先是道德原则上的普遍性、平等性与无偏私性。墨家的公正思想,一方面来源于超越于人的天志,一方面来源于对社会生活的关怀。《墨经》指出:"我有天志,譬若轮人之有规,匠人之有矩。"(《天志上》)"天之行广而无私。"(《法仪》)天下需要明法,应建立一个人人都要遵循的标准,而不仅仅是儒家所强调的道德直觉。墨子之所以相信客观标准是因为他相信上

---

① 诺齐克反对罗尔斯的所谓"分配的正义"(distributive justice),因为它会误导人们认为自己具有某种天经地义的(entitlement)权利,而且属于一种"强制的行为"。诺齐克只承认"获得的正义"(justice acquisition)和"转让的正义"(justice in transfer),这两点都是强调程序性的正义。有关这方面的详尽论证,可参见诺齐克的《无政府主义、国家和乌托邦》(Anarchy, State, and Utopia)一书。

天具有一视同仁的本性。再者，墨学伦理来源于中下层百姓生活，反映一般百姓具体的需求。例如《非乐上》指出："民有三患：饥者不得食，寒者不得衣，劳者不得息。"现在多数的百姓不必为衣食担忧，但是"患者不得医"的担忧难道不正是社会新的大患吗？依照墨子的思想，人应当"有力者疾以助人，有财者勉以分人，有道者劝以教人"（《尚贤下》）。特别应该指出的是，墨子及其弟子强调济弱扶贫的精神，是基于一种平民阶层的立场，是悲天悯人的情怀。当前，中国内地由于医疗资源的有限性和城乡、地域不均衡的发展，导致一些明显的资源不平衡现象。墨家的"平等主义"思想是基于对弱势的关怀。目前中国医疗改革需要照顾弱势群体，实现社会基本的医疗保障制度，这正是墨家民胞物与的公正精神。

无可否认，任何一种基本医疗保障制度都预设了"公平分配"之原则。当前医学界提倡在医疗卫生体系中促进公平的原则，包括医疗卫生资源的公平分配。那么公正原则是否意味着罗尔斯"正义论"所说的"分配的正义"呢？墨家又会如何看待社会公平原则？墨家是否赞成福利性医疗保障制度？笔者认为，墨家的"兼爱"原则含有平等之意，即墨家所谓的"官无常贵"、"民无常贱"的思想。同时墨家强调社群公义，认为理想社会中社会成员是命运共同体，彼此祸福相关，休戚与共。就西方现代平等思想而言，平等的主体可以是个体，亦可以是群体。墨家的平等思想更多是群体意义上的共存共荣，这里包括"资源的平等"和"福利的平等"。另外，墨家更注重理性的原则主义会在医疗改革中让人们关注程序上的公平和正义，即所谓的"照章办事"，而不是片面地讲灵活性和人情的重要。

至于说如何对有限的资源进行公平分配，并做到与道德义务相协调，墨家的观点并不明确。虽然墨家把公平称作"公义"，但同时也意识到"义"有多种形态。墨家之所以提出"尚同"的主张，是因为意识到在一个群体生活中绝对"同一"和"同质"的困难。墨子坚持，只有互惠才是真正的公平，这就意味着公平不能以伤害其中一方为代价。一方的"给予"是为了其今后的"获得"。另外，因为墨家的公正与公平带有"效益主义"（utilitarianism）的色彩，即结果的计算，所以墨家的公正原则与罗尔斯的"正义论"有本质的不同。

最后要指出的是，墨家的公利与公义的思想可以发展出现代公民意识的文化，而与此同时，公正原则亦可以促进民间社团的发展。众所周知，墨家在历史上特别强调民间社团的力量，这些社团往往是超越家族血亲的关系，因而产生了不同于儒家的"群己伦理"。由于儒家的伦理观基于"差等之爱"的家族文化理念，因此儒家的"爱"更注重人情伦理和社会等级，但缺乏现代意义上的群体与公民意识，也没有发展出应对现代生活（由于现代化与城市化所导致的家庭模式的改变）的公平和正义的思想。笔者认为，解决目前中国医疗体制的公正问题，除了政府要有相应的法律、政策以外，更重要的是保护公民社群，强调公民社群在社会生活，包括医疗体系中的作用。这里，公民社群的定义是：（1）自由组合，非强制性的社会团体；（2）围绕共同利益、目的及价值的社会团体、信仰共同体、在家族与国家政府之间的中间社会。随着城市化、现代化所带来的宗族观念的消失，信仰社群可以起到传统家庭所起的作用。我们看到，在健康的民主体制中，经常会出现许多坚持公正原则的非政府组织（NGO）等民间团体，形成一股牵制性的力量，主导着各种议题的社会运动，成为少数（或人数虽属庞大但政治力量相对弱势的）族群的代言人，推动相关法律与政策的实施，中国的医改同样需要这种社会意识。

六、"原则主义"的局限性

应当指出的是，无论是从内容还是形式，生命伦理学都是西方（欧美）伦理思想与道德实践的产物。然而，伴随着全球化的进程，伴随着生命科技在全世界的广泛运用，生命伦理学所关注的问题无疑已成为一个超越欧美的、关乎全人类的重要问题。那么，我们如何看待生命伦理学与不同文化之间的关系便成为一个不能忽略的问题。前面提到的西方生命伦理学四原则所强调的是道德哲学的一般性（generality）或普遍性/共性（universality）。四原则的开创者坚持这些原则是建立在人类共性的基础上，亦即"共同的道德性"（common morality），因而可以超越特定的族群、宗教和文化的局限。按照这样的思维模式，那么带有"前缀"的"儒家生命伦理学"、"佛教生命伦理学"、"墨家生命伦理学"，乃至"中国生命伦理学"这些表述方法似乎带有画蛇添足之嫌。①不少学者认为，虽然四原则是抽象的、一般性的原则，但它们是带有标杆性的

---

① 有关这方面的争议可参见 Soraj Hongladarom, "Universalism and Particularism in Asian Bioethics," *Asian Bioethics Review* (December, 2008): 1–14.

规范伦理和道德判断，其共性可以指引具体的道德实践活动。如是原则主义的立场正是《生物医疗伦理学原则》（*Principles of Biomedical Ethics*）一书的作者，比彻姆（T. L. Beauchamp）和奇尔德雷斯（J. F. Childress）所期盼的。

在西方，与原则主义不同的"多元主义"（pluralism）、相对主义（relativism）和"情境主义"/"脉络主义"（contextualism）则强调道德哲学的特定性（specificity）或特殊性（particularity）。他们认为，一般性道德原则与日常道德经验之间会有一定的距离，因为日常道德经验是多样的、多变的、非一致性的。从元伦理学的角度看，规范性的道德原则往往是一种"由上至下"（top-down）的模式程序。譬如，美国学者萨姆纳（L. W. Sumner）和博伊尔（Joseph Boyle）在其编辑的《哲学视域下的生命伦理学》（*Philosophical Perspectives on Bioethics*）一书中指出："坚持生命伦理学的一般性论者（generalists）支持道德原则或伦理在论证或思考中的重要角色。他们雄心勃勃地试图证明，若要做好生命伦理学，我们需要支持一个完美的规范理论。因此，道德论证或思考是以一种'由上至下'（top-down）的模式进行的，即从一般性原则到特定性的事件……为了响应这些问题，坚持生命伦理学的特殊性论者（particularists）则提出一个相反的模式，即'由下至上'（bottom-up）的模式。按照此思维方式，我们的起点是一切有关的情境和细节，并由此处理和解决个别的事件。"①

其实，应用伦理学与规范伦理学最大的不同，就是它的"由下至上"的特征，尽管应用伦理学也包括规范伦理的部分。"应用"涉及具体操作层面，由此，它对"一般性"或"标准性"原则的诠释和理解不可避免地涉及情境主义者所关注的具体的道德内容和道德经验。如果情境主义所关注的是抽象道德中的"情境变数"（contextual variable），那么，这些变量的确立需要具体文化、历史、场景作为道德判断的思想资源。再者，一旦原则被当成普遍性、共性的前提时，它所能覆盖的、那些所谓达到"共识"的道德内容是否会变得匮乏，以致成为空泛的名号而无法提供实质性的道德指引？

美国著名的生命伦理学家恩格尔哈特（H. Tristram Engelhardt）曾多次

---

① L. W. Sumner and Joseph Boyle eds, *Philosophical Perspectives on Bioethics* (Toronto: University of Toronto Press, 1996), p. 4.

指出，生命伦理学四原则发展源于 20 世纪下半叶的美国，四原则受到具体的西方社会和历史的影响。然而，即便生命伦理学出自西方的美国，在道德多元的西方社会里，四原则也无法避免在实际操作上的模糊性与不确定性，以确保一个共识的论证前提和论证理据。也就是说，在具体实践中，四原则的作用不在于找到特定的（particular）、标杆性的（canonical）、内容丰富的（content-full）道德规范，而最多只能展现有关道德议题的一系列"家族相似"原则（family resemblance）。① 根据恩格尔哈特的观点，包含具体内容的道德必须植根于历史、植根于社会生活的脉络之中。而单靠纯粹理性论证的道德原则到头来将无法摆脱无穷后退和循环论证的窠臼。按照这样的说法，不能不承认，本文所建议的墨家原则也具有同样的局限性，也就是说，墨家的原则并非可以回应生命伦理学和当代中国医疗体制改革中所面临的所有问题。但这并不等于说，墨家思想不可以用来弥补其他思想，如儒家伦理学的不足。

总之，无论是对西方生命伦理学原则的探讨，还是对中国自身文化传统（儒道）的反思，都离不开伽达默尔（H. G. Gadamer）所说的"诠释学的循环"（hermeneutical circle），以及古代思想和现代思想、中国文化和西方文化、本土的方法论和外来的方法论"在视域上的交融"（a fusion of horizons）。毕竟，目前生命伦理学所探讨的很多议题（如干细胞研究技术、安乐死等）并非传统中国伦理学所面临的问题，目前中国的社会结构随着现代化的进程也早已不是儒墨的时代。但这一切并不会影响我们在传统中找到内涵丰富的资源，并通过我们的诠释让它们与现实对话。

---

① 具体论点可参见 H. Tristram Engelhardt，Jr.，"Towards a Chinese Bioethics：Reconsidering Medical Morality after Foundations"［《走向中国生命伦理学——重审后基础之医学道德》（张颖译）］，载《中外医学哲学》，2012（1）。

图书在版编目（CIP）数据

生命伦理学的中国哲学思考/罗秉祥等著．—北京：中国人民大学出版社，2013.6
ISBN 978-7-300-17658-1

Ⅰ．①生… Ⅱ．①罗… Ⅲ．①生命伦理学-研究-中国 Ⅳ．①B82-059

中国版本图书馆 CIP 数据核字（2013）第 126225 号

生命伦理学的中国哲学思考

罗秉祥　陈强立　张　颖　著

Shengminglunlixue de Zhongguozhexue Sikao

出版发行	中国人民大学出版社			
社　　址	北京中关村大街 31 号		**邮政编码**	100080
电　　话	010 - 62511242（总编室）		010 - 62511398（质管部）	
	010 - 82501766（邮购部）		010 - 62514148（门市部）	
	010 - 62515195（发行公司）		010 - 62515275（盗版举报）	
网　　址	http://www.crup.com.cn			
	http://www.ttrnet.com(人大教研网)			
经　　销	新华书店			
印　　刷	北京宏伟双华印刷有限公司			
规　　格	170 mm×230 mm　16 开本		**版　　次**	2013 年 6 月第 1 版
印　　张	16.5 插页 3		**印　　次**	2014 年 7 月第 2 次印刷
字　　数	265 000		**定　　价**	49.00 元